21世纪高等学校新理念教材建设工程

电工学学习指导

(第二版)

辽宁工业大学电工教研室 编

东北大学出版社
·沈阳·

© 辽宁工业大学电工教研室 2010

图书在版编目（CIP）数据

电工学学习指导 / 辽宁工业大学电工教研室编. — 2 版. — 沈阳：东北大学出版社，2010.12（2013.12 重印）

（21 世纪高等学校新理念教材建设工程）

ISBN 978-7-81102-498-2

Ⅰ. ①电… Ⅱ. ①辽… Ⅲ. ①电工—高等学校—教学参考资料 Ⅳ. ①TM1

中国版本图书馆 CIP 数据核字（2010）第 249940 号

出 版 者：东北大学出版社
　　　　　　地址：沈阳市和平区文化路 3 号巷 11 号
　　　　　　邮编：110004
　　　　　　电话：024—83687331（市场部）　83680267（社务室）
　　　　　　传真：024—83680180（市场部）　83680265（社务室）
　　　　　　E-mail：neuph @ neupress.com
　　　　　　http：//www.neupress.com
印 刷 者：沈阳中科印刷有限责任公司
发 行 者：东北大学出版社
幅面尺寸：184mm×260mm
印　　张：13
字　　数：333 千字
出版时间：2010 年 12 月第 2 版
印刷时间：2013 年 12 月第 3 次印刷
责任编辑：王兆元
责任校对：李　莉
封面设计：唯　美
责任出版：唐敏志

ISBN 978-7-81102-498-2　　　　　　　　　　　　　　定　价：16.00 元

《电工学学习指导》编委会

（第二版）

主 编　李亮之　魏　玲

　　　　朱延枫　王　巍

编 委　秦晓光　闫　芳

　　　　耿大勇　何晓坤

　　　　李振刚　王春霞

第二版前言

本书由辽宁工业大学出版基金资助出版。本书参照教育部制定的"高等工科院校电工学课程教学基本要求"及《电工学教学大纲》，以秦曾煌主编的面向二十一世纪课程教材《电工学》第七版（上、下册）的内容为主，并根据编者多年的教学实践经验，在第一版内容基础上总结提高、全面修订编写而成。在第二版修订中，我们严格按照秦曾煌主编的面向二十一世纪课程教材《电工学》第七版（上、下册）的自然章编写，并结合实际教学应用中所反馈的情况，同时吸收同行和读者的意见和建议，保留了原辅导教材的基本内容，同时又做了适当的精选、修改、调整和补充。每一章的内容构成包括学习要点、内容提要、典型例题解析、课后习题选解和自测题等五部分内容，并在书后附以"电工技术模拟试题"、"电子技术模拟试题"及自测题参考答案，力求使本书整体结构更加严谨、内容更加准确、习题更加典型充分。

本书第1章～第11章由朱延枫负责修订编写，第14章～第23章由魏玲负责修订编写，自测题、模拟题及参考答案由王巍、朱延枫、魏玲负责编写。全书由魏玲统稿，马文阁教授主审。

本次修订得到了辽宁工业大学教务处和电气工程学院的领导、老师以及东北大学出版社的大力支持和帮助，在此谨表示衷心的感谢。

由于编者水平有限，修订版中的缺点和不足之处在所难免，希望广大读者提出批评和修改意见，以便今后修订提高。

编 者

2010年10月

前言

本书由辽宁工业大学出版基金资助出版。

《电工学》课程是高等理工科院校非电类专业学生的必修课程，其主要任务是为学生学习专业知识和从事工程技术研究打好理论基础，并使他们受到必要的基本技能的训练。但是，电工学范围广，内容多，分析过程繁杂，这使得许多学习者感到困难。为帮助学生学好这门课，并配合注重培养高素质知识型人才的需求，编写本书，期望为学习者提供一本行之有效的课程学习辅导书。

本书根据教育部制定的"高等工科院校电工学课程教学基本要求"及《电工学教学大纲》，以秦曾煌主编的面向21世纪课程教材《电工学》第六版的内容为主，兼顾国内其他统编教材及一些重点院校的优秀教材，并结合编者多年从事电工理论教学与研究的经验编写。

本书章节的划分及内容顺序参照了《电工学》（秦曾煌主编，第六版）一书，共十八章。本书的每一章内容包括学习要点、内容提要、例题和习题选解四部分。学习要点告诉学生学习本章应分别了解、掌握（理解）和熟练掌握的内容。内容提要简明扼要地阐述了本章的主要概念、基本理论和分析方法，其目的是帮助学生抓住学习要点，以利于学生快速地掌握所学内容。例题注重基本概念、基本理论的应用，选题与本章讲述内容密切配合，解题运用的是基本分析方法，目的是帮助学生更深入地理解本章的重点内容，更好地掌握解题方法和技巧。习题选解对《电工学》（秦曾煌主编，第六版）教材中有代表性的大部分习题进行了详细解答，注重阐述解题思路、方法、步骤、特点和技巧，以提高学生分析问题和解决问题的能力。

本书所用公式、符号及解题格式力求与教材一致，在量和单位的使用上贯彻了国家标准——GB 3100～3102—93。

本书第1章、第2章、第8章、第17章由秦晓光编写；第3章、第5章、第6章、第14章由耿大勇编写；第4章、第16章由李亮之编写；第7章、第10章、第11章、第15章由闫芳编写；第9章由李振刚编写；第

12 章由朱延枫编写；第 13 章由王巍编写；第 18 章由何晓坤编写。全书由李亮之统稿。

本书由辽宁工业大学马文阁教授主审。

在本书的编写过程中，得到了辽宁工业大学教务处及信息科学与工程学院院长王艳秋教授、刘毅教授和东北大学出版社的鼎力支持和帮助，在此一并表示感谢。

本书主要供学习《电工学》的同学使用，也可作为考研同学的辅助教材。由于编者的水平和能力有限，书中存在缺点和错误在所难免，恳请广大读者批评指正。

编　者

2007 年 10 月

目 录

第1章　电路的基本概念与基本定律…………………………………………… 1
　1.1　学习要点 ……………………………………………………………… 1
　1.2　内容提要 ……………………………………………………………… 1
　1.3　典型例题解析 ………………………………………………………… 4
　1.4　课后习题选解 ………………………………………………………… 6
　　第1章自测题 …………………………………………………………… 10
第2章　电路的分析方法 …………………………………………………… 11
　2.1　学习要点 ……………………………………………………………… 11
　2.2　内容提要 ……………………………………………………………… 11
　2.3　典型例题解析 ………………………………………………………… 13
　2.4　课后习题选解 ………………………………………………………… 15
　　第2章自测题 …………………………………………………………… 23
第3章　电路的暂态分析 …………………………………………………… 25
　3.1　学习要点 ……………………………………………………………… 25
　3.2　内容提要 ……………………………………………………………… 25
　3.3　典型例题解析 ………………………………………………………… 28
　3.4　课后习题选解 ………………………………………………………… 29
　　第3章自测题 …………………………………………………………… 32
第4章　正弦交流电路 ……………………………………………………… 34
　4.1　学习要点 ……………………………………………………………… 34
　4.2　内容提要 ……………………………………………………………… 34
　4.3　典型例题解析 ………………………………………………………… 39
　4.4　课后习题选解 ………………………………………………………… 44
　　第4章自测题 …………………………………………………………… 51
第5章　三相电路 …………………………………………………………… 53
　5.1　学习要点 ……………………………………………………………… 53
　5.2　内容提要 ……………………………………………………………… 53
　5.3　典型例题解析 ………………………………………………………… 56

5.4　课后习题选解 …… 57
第 5 章自测题 …… 61

第 6 章　磁路和铁芯线圈电路 …… 62

6.1　学习要点 …… 62
6.2　内容提要 …… 62
6.3　典型例题解析 …… 66
6.4　课后习题选解 …… 67

第 7 章　交流电动机 …… 69

7.1　学习要点 …… 69
7.2　内容提要 …… 69
7.3　典型例题解析 …… 73
7.4　课后习题选解 …… 74
第 7 章自测题 …… 78

第 10 章　继电接触器控制系统 …… 79

10.1　学习要点 …… 79
10.2　内容提要 …… 79
10.3　典型例题解析 …… 80
10.4　课后习题选解 …… 81
第 10 章自测题 …… 88

第 11 章　可编程控制器及应用 …… 89

11.1　学习要点 …… 89
11.2　内容提要 …… 89
11.3　典型例题解析 …… 90
11.4　课后习题选解 …… 91

第 14 章　半导体器件 …… 95

14.1　学习要点 …… 95
14.2　内容提要 …… 95
14.3　典型例题解析 …… 100
14.4　课后习题选解 …… 101
第 14 章自测题 …… 104

第 15 章　基本放大电路 …… 105

15.1　学习要点 …… 105
15.2　内容提要 …… 105

15.3 典型例题解析 …… 115
15.4 课后习题选解 …… 115
第 15 章自测题 …… 117

第 16 章 集成运算放大器 …… 119

16.1 学习要点 …… 119
16.2 内容提要 …… 119
16.3 典型例题解析 …… 122
16.4 课后习题选解 …… 125
第 16 章自测题 …… 130

第 17 章 电子电路中的反馈 …… 131

17.1 学习要点 …… 131
17.2 内容提要 …… 131
17.3 典型例题解析 …… 134
17.4 课后习题选解 …… 136
第 17 章自测题 …… 137

第 18 章 直流稳压电源 …… 138

18.1 学习要点 …… 138
18.2 内容提要 …… 138
18.3 典型例题解析 …… 141
18.4 课后习题选解 …… 144
第 18 章自测题 …… 147

第 20 章 门电路和组合逻辑电路 …… 148

20.1 学习要点 …… 148
20.2 内容提要 …… 148
20.3 典型例题解析 …… 154
20.4 课后习题选解 …… 157
第 20 章自测题 …… 160

第 21 章 触发器和时序逻辑电路 …… 161

21.1 学习要点 …… 161
21.2 内容提要 …… 161
21.3 典型例题解析 …… 168
21.4 课后习题选解 …… 172
第 21 章自测题 …… 176

第22章 存储器和可编程逻辑器件 …………………………………… 177
22.1 学习要点 ………………………………………………… 177
22.2 内容提要 ………………………………………………… 177
22.3 典型例题解析 …………………………………………… 179
22.4 课后习题选解 …………………………………………… 180

第23章 模拟量和数字量的转换 …………………………………… 182
23.1 学习要点 ………………………………………………… 182
23.2 内容提要 ………………………………………………… 182
23.3 典型例题解析 …………………………………………… 183
23.4 课后习题选解 …………………………………………… 183

电工技术模拟测试题 ………………………………………………… 186

电子技术模拟测试题 ………………………………………………… 189

附录 各章自测题参考答案 ………………………………………… 192

第1章 电路的基本概念与基本定律

1.1 学习要点

(1) 了解电路模型及理想电路元件的意义。
(2) 理解电压、电流参考方向的意义。
(3) 掌握基尔霍夫定律并能正确应用。
(4) 了解电源的有载工作,开路与短路状态,并能理解电功率和额定值的意义。
(5) 掌握分析与计算简单电路和电路中各点电位的方法。

1.2 内容提要

1.2.1 电路及其组成

(1) 电路:电流的通路称电路,连续电流的通路必须是闭合的。
(2) 电路的组成:电路有三个组成部分——电源、负载及中间环节。

1.2.2 电路模型

电路模型:就是将实际电路元件理想化,即在一定条件下突出其主要的电磁性质,而忽略其次要因素。由一些理想电路元件所组成的电路就是实际电路的电路模型。理想电路元件(如电阻元件、电感元件、电容元件和电源元件等)分别由相应的参数来表征,用规定的图形符号来表示。今后分析的都是指电路模型,简称电路。

1.2.3 电压与电流的参考方向

电压和电流有实际方向和参考方向之分。
(1) 电流的参考方向
电流的实际方向:正电荷运动的方向。
电流的参考方向:为分析和计算电路,任意选定某一方向作为电流的参考方向(或称正方向)。所选的电流参考方向并不一定与电流的实际方向一致。当所选的电流参考方向与其实际方向一致时,则电流为正值;当方向相反时,则电流为负值。在参考方向选定后,电流值才有正负之分。
电流参考方向的表示方法:
① 用箭头表示电流的参考方向。
② 也可用带有双下标的字母表示,如 I_{ab} 表示电流的方向由 a 指向 b。
(2) 电压的参考方向

电压和电动势都是标量,但在分析电路时,和电流一样,也说它们具有方向。

电压的方向规定为由高电位("+"极性)端指向低电位("-"极性)端,即为电位降低的方向。电源电动势的方向规定为在电源内部由低电位("-"极性)端指向高电位("+"极性)端,即为电位升高的方向。

在分析与计算电路时,任意选定某一方向作为电压的参考方向,或称为正方向。所选的参考方向不一定与其实际方向一致。当所选的参考方向与其实际方向一致时,则电压为正值;反之,则为负值。因此,在选定参考方向之后,电压之值也才有正负之分。

电压参考方向的表示方法:

① 用"+""-"号表示:"+"号表示参考方向的高电位,"-"号表示参考方向的低电位。

② 也可用带有双下标的字母表示,如 U_{ab} 表示 a 为参考方向的高电位,b 为参考方向的低电位。

(3) 关联参考方向与非关联参考方向

图 1.1 所示为关联参考方向,也叫电压 U 与电流 I 参考方向一致。

图 1.1　关联参考方向　　　　图 1.2　非关联参考方向

图 1.2 为非关联参考方向,也叫电压 U 与电流 I 参考方向相反。

1.2.4　欧姆定律

流过电阻的电流与电阻两端的电压成正比,电阻 R 为一常数。

当电阻两端电压 U 与电流 I 为关联参考方向时,欧姆定律为:$R = \dfrac{U}{I}$;

当电阻两端电压 U 与电流 I 为非关联参考方向时,欧姆定律为:$R = -\dfrac{U}{I}$。

在单位国际制中,电阻的单位为欧(姆),符号为 Ω,计量高电阻时,则以千欧($k\Omega$)或兆欧($M\Omega$)为单位。

1.2.5　电源有载工作、开路与短路

(1) 电路的工作状态

电路的三种工作状态见表 1.1。

(2) 功率的平衡

在一个电路中,电源产生的功率与负载吸收的功率及电源内阻和线路电阻上所损耗的功率是平衡的。

(3) 电源与负载

在图 1.3 中,如果 U 和 I 的参考方向即为实际方向时,

电源:U 和 I 的实际方向相反,电流从"+"端流出,发出功率;

负载:U 和 I 的实际方向相同,电流从"+"端流入,吸收功率。

也可由 U 和 I 的参考方向来确定电源与负载。

表 1.1　　电路的三种工作状态

工作状态	有载状态	空载（开路）	短路状态
电路图			
负载电阻	R_L	∞	0
电路电流	$I_L = \dfrac{U_s}{R_0 + R_L}$	$I_L = 0$	$I_s = \dfrac{U_s}{R_0}$ 很大 $I_L = 0$
电源端电压	$U = U_s - I_L R_0$	$U_0 = U_s$	$U = 0$
电源输出功率	$P_s = U_s I_L$	$P_s = 0$	$P_s = U_s I_s$ 很大
负载消耗功率	$P_L = U I_L = I_L^2 R_L = U^2 / R_L$	$P_L = 0$	$P_L = 0$
电源内阻消耗功率	$P_{R_0} = I_L^2 R_0$	$P_{R_0} = 0$	$P_{R_0} = I_s^2 R_0$ 很大
功率平衡关系	$P_s = P_L + P_{R_0}$	$P_s = P_L + P_{R_0} = 0$	$P_s = P_{R_0}$ 烧坏电源

当电压 U 与电流 I 的参考方向一致时，如图 1.4 所示。如果 $P = UI < 0$（负值），则为电源；如果 $P = UI > 0$（正值），则为负载。

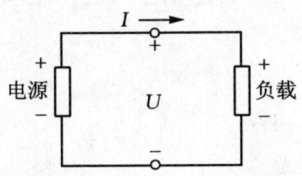

图 1.3　由 U 和 I 的实际方向
确定电源与负载

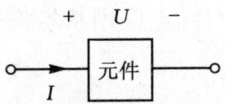

图 1.4　由 U 与 I 的参考方
向确定电源与负载

当 U 和 I 的参考方向选得相反时，如果 $P = UI > 0$（正值），则为电源，如果 $P = UI < 0$（负值），则为负载。

（4）额定值与实际值

各种电器设备的电压、电流和功率都有一个额定值，额定值是制造厂为了使产品能在给定的工作条件下正常运行而规定的正常容许值。使用时的实际值不一定等于额定值。

1.2.6　基尔霍夫定律

（1）基尔霍夫电流定律（KCL），反映了汇合到电路中任一结点的各支路电流之间相互制约的关系。其实质是电流连续性原理，

即　在任一瞬时，流向某一结点的电流之和应该等于由该结点流出的电流之和。

基尔霍夫电流定律通常应用于结点，也可以推广应用于包围部分电路的任一假设的闭合面。

(2) 基尔霍夫电压定律(KVL)，反映了一个回路中各段电压间相互制约的关系。其实质是电位单值性原理，即在任一瞬时，沿任一回路循行方向(顺时针方向或逆时针方向)绕行一周，则电位升之和必然等于电位降之和。

基尔霍夫电压定律不仅应用于闭合电路，也可以推广应用于回路的部分电路。

1.3 典型例题解析

例 1.1 在图示电路中，已知 $R = 1\Omega$，若(1) $I_s = 2A$，$U_s = 1V$；(2) $I_s = -1A$，$U_s = 1V$。试分别求出两种情况下各电源的功率，并判断它们是电源还是负载。

解 (1) $I_R = \dfrac{U_s}{R} = \dfrac{1}{1}A = 1A$，$I_{U_s} = I_R - I_s = (1-2)A = -1A$

故 $P_{I_s} = I_s U_s = 2 \times 1 W = 2W$

(参考方向不一致，$P > 0$，是电源)

$P_{U_s} = I_{U_s} U_s = (-1 \times 1)W = -1W$

(参考方向不一致，$P < 0$，是负载)

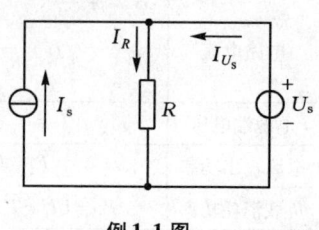

例 1.1 图

(2) $I_R = \dfrac{U_s}{R} = \dfrac{1}{1}A = 1A$，$I_{U_s} = I_R - I_s = [1-(-1)]A = 2A$

故 $P_{I_s} = I_s U_s = -1 \times 1 W = -1W$ （参考方向不一致，$P < 0$，是负载）

$P_{U_s} = I_{U_s} U_s = 2 \times 1 W = 2W$ （参考方向不一致，$P > 0$，是电源）

例 1.2 在图示电路中，已知：$I_{s1} = 3A$，$I_{s2} = 2A$，$I_{s3} = 1A$，$R_1 = 6\Omega$，$R_2 = 5\Omega$，$R_3 = 7\Omega$。用基尔霍夫电流定律求电流 I_1，I_2 和 I_3。

解 分别对结点应用基尔霍夫电流定律，得

$$I_1 = I_{s3} - I_{s2} = (1-2)A = -1A$$
$$I_3 = I_{s1} - I_{s2} = (3-2)A = 1A$$
$$I_2 = -I_{s3} - I_3 = (-1-1)A = -2A$$

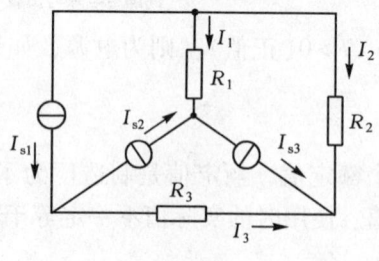

例 1.2 图

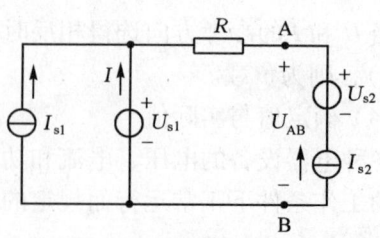

例 1.3 图

例 1.3 在图示电路中，已知：$U_{s1} = U_{s2} = 5V$，$I_{s1} = 2A$，$I_{s2} = 1A$，$R = 2\Omega$。求：(1) 电路中的电流 I 和电压 U_{AB}；(2) 指出哪些元件是电源，并求电源发出的功率。

解 对结点应用基尔霍夫电流定律，得

$$I = -(I_{s1} + I_{s2}) = -(2+1)A = -3A$$

对右边回路应用基尔霍夫电压定律，得

$$U_{AB} = U_{s1} + I_{s2}R = (5 + 1 \times 2)\text{V} = 7\text{V}$$

(2) 电流源 I_{s1} 两端电压为 U_{s1}，所以

$$P_{Is1} = I_{s1}U_{s1} = 2 \times 5\text{W} = 10\text{W} \quad (\text{参考方向不一致}，P>0，\text{是电源})$$

$$P_{Us1} = IU_{s1} = (-3) \times 5\text{W} = -15\text{W} \quad (\text{参考方向不一致}，P<0，\text{是负载})$$

电压源 U_{s2} 中的电流为 I_{s2}，所以

$$P_{Us2} = I_{s2}U_{s2} = 1 \times 5\text{W} = 5\text{W} \quad (\text{参考方向不一致}，P>0，\text{是电源})$$

电流源 I_{s2} 两端的电压为 $U_{Is2} = U_{AB} - U_{s2} = (7-5)\text{V} = 2\text{V}$

所以 $P_{Is2} = U_{Is2}I_{s2} = 2 \times 1\text{W} = 2\text{W} \quad (\text{参考方向不一致}，P>0，\text{是电源})$

例 1.4 在图示电路中，已知：$U_{s1} = 6\text{V}$，$U_{s2} = 10\text{V}$，$R_1 = 4\Omega$，$R_2 = 2\Omega$，$R_3 = 4\Omega$，$R_4 = 1\Omega$，$R_5 = 10\Omega$。求电路中 A，B，C 三点的电位 V_A，V_B，V_C。

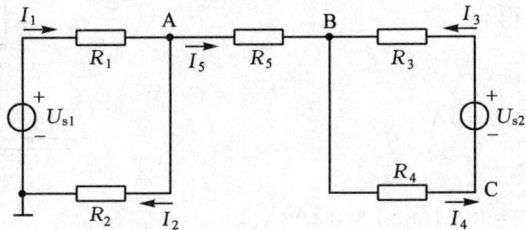

例 1.4 图

解 对左边回路应用欧姆定律，得 $I_1 = I_2 = \dfrac{U_{s1}}{R_1 + R_2} = \dfrac{6}{4+2}\text{A} = 1\text{A}$；所以 $V_A = R_2 \times I_2 = 2\text{V}$；

对右边回路应用欧姆定律，得 $I_3 = I_4 = \dfrac{U_{s2}}{R_3 + R_4} = \dfrac{10}{4+1}\text{A} = 2\text{A}$，$I_5 = 0\text{A}$；所以 $V_B = V_A = 2\text{V}$，$V_C = V_B - U_{BC} = 2\text{V} - R_4 I_4 = (2 - 1 \times 2)\text{V} = 0$。

例 1.5 一只 110V/8W 的指示灯，现在要接在 380V 的电源上，问要串多大阻值的电阻？该电阻应选用多大瓦数的？

解 由指示灯的额定值求额定状态下它的电流 I_N 和电阻 R_N：

$$I_N = \dfrac{P_N}{U_N} = \dfrac{8}{110}\text{A} = 0.073\text{A}$$

$$R_N = \dfrac{U_N}{I_N} = \dfrac{110}{0.073}\Omega = 1507\Omega$$

在 380V 电源上指示灯仍保持 110V 额定电压，所串电阻

$$R = \dfrac{U - U_N}{I_N} = \dfrac{380 - 110}{0.073}\Omega = 3700\Omega$$

其额定功率 $P_N = RI_N^2 = 3700 \times (0.073)^2 = 19.6\text{W}$

故可选用额定值为 3.7kΩ，20W 的电阻。

例 1.6 图示为用变阻器 R 调节直流电机励磁电流 I_f 的电路。设电机励磁绕组的电阻为 315Ω，其额定电压为 220V，如果要求励磁电流在 0.35~0.7A 的范围内变动，试在下列三个变阻器中选用一个合适的：(1) 1000Ω，0.5A；(2) 200Ω，1A；(3) 350Ω，1A。

解 当 $R=0$ 时，
$$I = \frac{220}{315}\text{A} = 0.7\text{A}$$
当 $I=0.35\text{A}$ 时，
$$R + 315 = \frac{220}{0.35}\Omega = 630\Omega$$
$$R = (630-315)\Omega = 315\Omega$$

因此，只能选用 350Ω，1A 的变阻器。

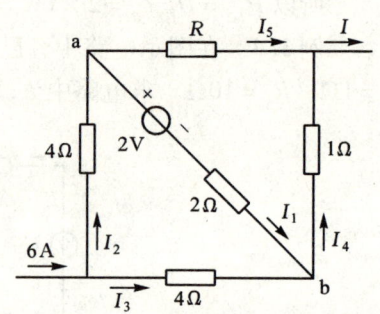

例 1.6 图

例 1.7 试求图示部分电路的电流 I、I_1 和电阻 R，设 $U_{ab}=0$。

解 由基尔霍夫电流定律可知，$I=6\text{A}$。
由于设 $U_{ab}=0$，可得
$$I_1 = -1\text{A}$$
$$I_2 = I_3 = \frac{6}{2}\text{A} = 3\text{A}$$

并得出
$$I_4 = I_1 + I_3 = (-1+3)\text{A} = 2\text{A}$$
$$I_5 = I - I_4 = (6-2)\text{A} = 4\text{A}$$

因 $I_5 R = I_4 \times 1$

得 $$R = \frac{I_4}{I_5} = \frac{2}{4}\Omega = 0.5\Omega$$

例 1.7 图

例 1.8 试求图示电路中 A 点的电位。

解 由电路图可知，电阻 4Ω 支路中电流为零，
$$V_A = \left(6 - \frac{3}{2+1} \times 1\right)\text{V} = 5\text{V}$$

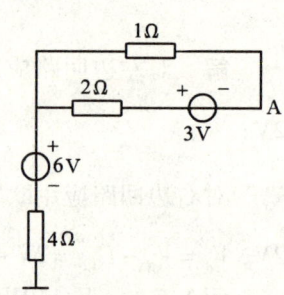

例 1.8 图

1.4 课后习题选解

【1.5.9】 图示电路中，五个元件代表电源或负载。电流和电压的参考方向如图中所示。今通过实验测量得知 $I_1 = -4\text{A}$，$I_2 = 6\text{A}$，$I_3 = 10\text{A}$，$U_1 = 140\text{V}$，$U_2 = -90\text{V}$，$U_3 = 60\text{V}$，$U_4 = -80\text{V}$，$U_5 = 30\text{V}$。

（1）试标出各电流的实际方向和各电压的实际极性。
（2）判断哪些元件是电源？哪些是负载？
（3）计算各元件的功率，电源发出的功率和负载取用的功率是否平衡？

解 （1）各电流的实际方向和各电压的实际极性如图所示。

（2）元件 1，2 为电源；3，4，5 为负载。

（3）$P_1 = U_1 I_1 = 140 \times (-4)\text{W} = -560\text{W}$
$P_2 = U_2 I_2 = (-90) \times 6\text{W} = -540\text{W}$

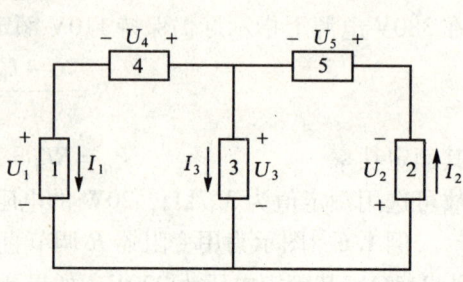

题 1.5.9 图

$P_3 = U_3 I_3 = 60 \times 10 \text{W} = 600 \text{W}$

$P_4 = U_4 I_1 = (-80) \times (-4) \text{W} = 320 \text{W}$

$P_5 = U_5 I_2 = 30 \times 6 \text{W} = 180 \text{W}$

电源发出功率 $P_E = P_1 + P_2 = (560 + 540) \text{W}$
$= 1100 \text{W}$

负载取用功率 $P = P_3 + P_4 + P_5 = (600 + 320 + 180) \text{W} = 1100 \text{W}$

两者平衡。

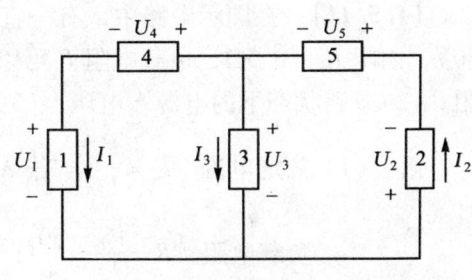

解题 1.5.9 图

【1.5.10】 在图示电路中，已知 $I_1 = 3 \text{mA}$，$I_2 = 1 \text{mA}$。试确定电路元件 3 中的电流 I_3 和其两端电压 U_3，并说明元件是电源还是负载。校验整个电路的功率是否平衡。

解 根据基尔霍夫电流定，列出：

$$-I_1 + I_2 - I_3 = 0$$
$$-3 + 1 - I_3 = 0$$

得 $I_3 = -2 \text{mA}$

I_3 的实际方向与图中的参考方向相反。

根据基尔霍夫电压定律（选左侧网孔），可得

$U_3 = U_1 + I_1 R_1 (30 + 10 \times 10^3 \times 3 \times 10^{-3}) \text{V} = 60 \text{V}$

题 1.5.10 图

确定元件为负载还是电源可以采用下面的任何方法。

方法（1）：从电压和电流的实际方向判别。

电路元件 3：电流 I_3 从"＋"端流出，故为电源；

80V 元件：电流 I_2 从"＋"端流出，故为电源；

30V 元件：电流 I_1 从"＋"端流入，故为负载。

方法（2）：从电压和电流的参考方向判别。

电路元件 3：U_3 和 I_3 的参考方向相同

$P = U_3 I_3 = 60 \times (-2) \times 10^{-3} \text{W} = -120 \times 10^{-3} \text{W}$（负值），故为电源；

80V 元件：U_2 和 I_2 的参考方向相反

$P = U_2 I_2 = 80 \times 1 \times 10^{-3} \text{W} = 80 \times 10^{-3} \text{W}$（正值），故为电源；

30V 元件：U_1 和 I_1 的参考方向相同

$P = U_1 I_1 = 30 \times 3 \times 10^{-3} \text{W} = 90 \times 10^{-3} \text{W}$（正值），故为负载。

两者结果一致。

最后校验功率平衡。

电阻消耗功率 $P_{R_1} = R_1 I_1^2 = 10 \times 3^2 \text{mW} = 90 \text{mW}$

$P_{R_2} = R_2 I_2^2 = 20 \times 1^2 \text{mW} = 20 \text{mW}$

电源发出的总功率 $P_E = U_2 I_2 + U_3 I_3 = (80 + 120) \text{mW} = 200 \text{mW}$

负载取吸收的总功率 $P = U_1 I_1 + R_1 I_1^2 + R_2 I_2^2 = (90 + 90 + 20) \text{mW} = 200 \text{mW}$

两者平衡。

【1.5.11】 在图示电路中，有一直流电源，其额定功率 $P_N = 200W$，其额定电压 $U_N = 50V$，内阻 $R_0 = 0.5\Omega$，负载电阻 R 可以调节。试求：(1)额定工作状态下的电流及负载电阻；(2)开路状态下的电源端电压；(3)电源短路状态下的电流。

解 （1）额定电流 $I_N = \dfrac{P_N}{U_N} = \dfrac{200}{50}A = 4A$

负载电阻 $R = \dfrac{U_N}{I_N} = \dfrac{50}{4}\Omega = 12.5\Omega$

（2）电源开路电压
$$U_0 = E = U_N + I_N R_0 = (50 + 4 \times 0.5)V = 52V$$

（3）电源短路电流
$$I_s = \dfrac{E}{R_0} = \dfrac{52}{0.5}A = 104A$$

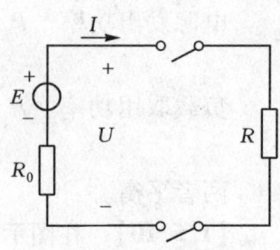

题 1.5.11 图

【1.5.17】 图示为电源有载工作的电路。电源的电动势 $E = 220V$，内阻 $R_0 = 0.2\Omega$；负载电阻 $R_1 = 10\Omega$，$R_2 = 6.67\Omega$；线路电阻 $R_l = 0.1\Omega$。试求负载电阻 R_2 并联前后：(1)电路中电流 I；(2)电源端电压 U_1 和负载端电压 U_2；(3)负载功率 P。当负载增大时，总的负载电阻、线路总电流、负载功率、电源端和负载的电压是如何变化的？

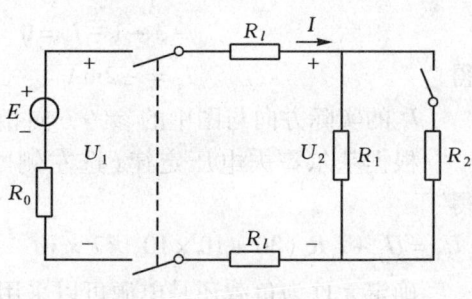

题 1.5.17 图

解 R_2 并联前，电路总电阻
$$R = R_0 + 2R_l + R_1 = (0.2 + 2 \times 0.1 + 10)\Omega = 10.4\Omega$$

（1）电路中电流
$$I = \dfrac{E}{R} = \dfrac{220}{10.4}A = 21.15A$$

（2）电源端电压
$$U_1 = E - R_0 I = (220 - 0.2 \times 21.15)V = 215.8V$$

负载端电压
$$U_2 = R_1 I = 10 \times 21.2 V = 211.5V$$

（3）负载功率
$$P = U_2 I = 211.5 \times 21.15 W = 4.47kW$$

R_2 并联后，电路总电阻
$$R = R_0 + 2R_l + \dfrac{R_1 R_2}{R_1 + R_2} = \left(0.2 + 2 \times 0.1 + \dfrac{10 \times 6.67}{10 + 6.67}\right)\Omega = 4.4\Omega$$

（1）电路中电流
$$I = \dfrac{E}{R} = \dfrac{220}{4.4}A = 50A$$

（2）电源端电压
$$U_1 = E - R_0 I = (220 - 0.2 \times 50)V = 210V$$

负载端电压

$$U_2 = \frac{R_1 R_2}{R_1 + R_2} I = \frac{10 \times 6.67}{10 + 6.67} \times 50 \text{V} = 200 \text{V}$$

（3）负载功率

$$P = U_2 I = 200 \times 50 \text{W} = 10000 \text{W} = 10 \text{kW}$$

可见，当负载增大后，电路总电阻减小，电路中电流增大，负载功率增大，电源端电压和负载端电压均降低。

【1.6.3】 在图示电路中，已知 $I_1 = 0.01 \mu\text{A}$，$I_2 = 0.3 \mu\text{A}$，$I_5 = 9.61 \mu\text{A}$，试求电流 I_3，I_4 和 I_6。

解 由基尔霍夫电流定律可列出：

$$I_6 - I_2 - I_4 = 0$$
$$I_1 + I_2 - I_3 = 0$$
$$I_3 + I_4 - I_5 = 0$$

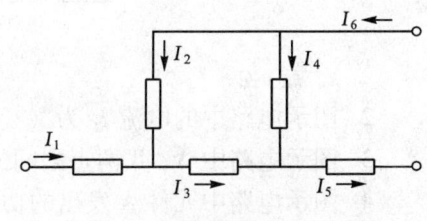

题 1.6.3 图

由上三式可解得

$$I_3 = I_1 + I_2 = (0.01 + 0.3) \mu\text{A} = 0.31 \mu\text{A}$$
$$I_4 = I_5 - I_3 = (9.61 - 0.31) \mu\text{A} = 9.3 \mu\text{A}$$
$$I_6 = I_2 + I_4 = (0.3 + 9.3) \mu\text{A} = 9.6 \mu\text{A}$$

【1.7.4】 试求图示电路中 A 点和 B 点的电位。如将 A、B 两点直接连接或接一电阻，对电路的工作有无影响？

解 电路包含左、右两个回路，对左边回路有

$$I_1 = \frac{20}{12 + 8} \text{A} = 1 \text{A} \quad 得 \quad V_A = 8 I_1 = 8 \text{V}$$

对右边回路有

$$I_2 = \frac{16}{4 + 4} \text{A} = 2 \text{A} \quad 得 \quad V_A = 4 I_2 = 8 \text{V}$$

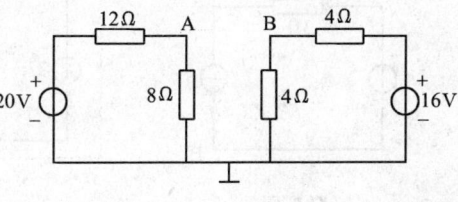

题 1.7.4 图

因此，A、B 两点等电位，将 A、B 两点直接连接或接一电阻，对电路的工作无影响。

【1.7.6】 在图示电路中，求 A 点电位 V_A。

解 $I_1 - I_2 - I_3 = 0$ （1）

$$I_1 = \frac{50 - V_A}{10}$$ （2）

$$I_2 = \frac{V_A - (-50)}{5}$$ （3）

$$I_3 = \frac{V_A}{20}$$ （4）

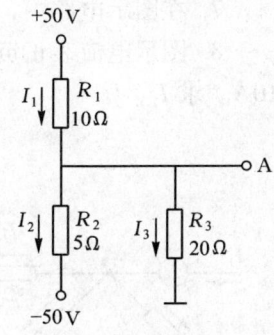

题 1.7.6 图

将式(2)，(3)，(4)代入式(1)，得

$$\frac{50 - V_A}{10} - \frac{V_A + 50}{5} - \frac{V_A}{20} = 0$$

$$V_A = -14.3 \text{V}$$

第1章自测题

1. 图示电路中 U_{BC} 为（　　　）V。

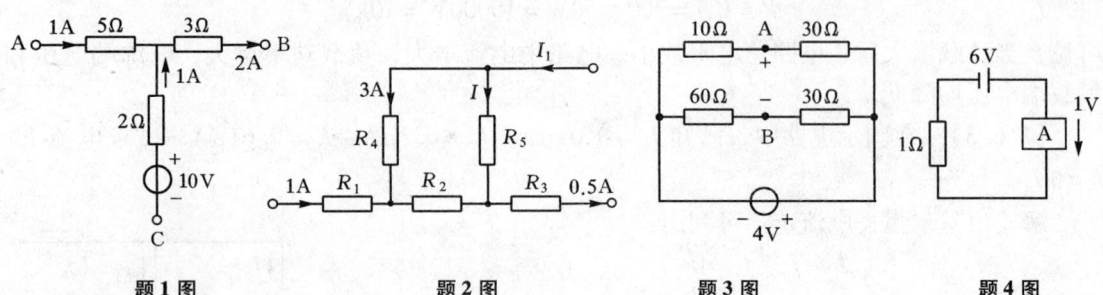

题1图　　题2图　　题3图　　题4图

2. 图示电路中的电流 I_1 为（　　　）A。
3. 图示电路中 A、B 两点之间的电压 U =（　　　）V。
4. 图示电路中元件 A 发出的功率为（　　　）W。
5. 在图示电路中，已知 $U_S = 12$ V，$I_S = 2$ A。该电路中电压源发出的功率为（　　　）W，电流源发出的功率为（　　　）W，在该电路中起电源作用的元件是（　　　）。

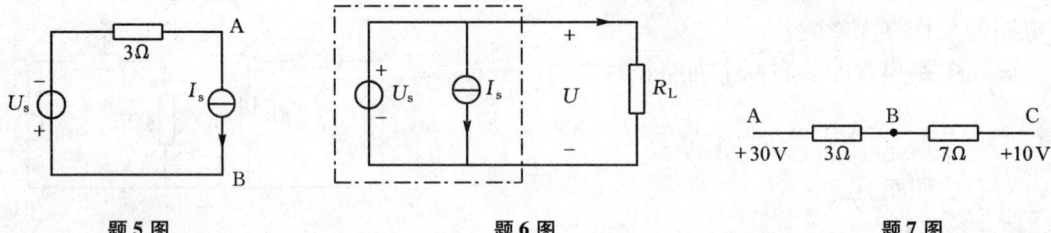

题5图　　题6图　　题7图

6. 图示电路中，对负载电阻 R_L 而言，点划线框中的电路可用一个等效电源代替，该等效电源是（　　　）。
7. 在图示电路中，B 点的电位 V_B =（　　　）V。
8. 图示电流表正负接线端用"＋"、"－"号标出，电流表指针正向偏转，其示数为 10A。求 I_1，U。

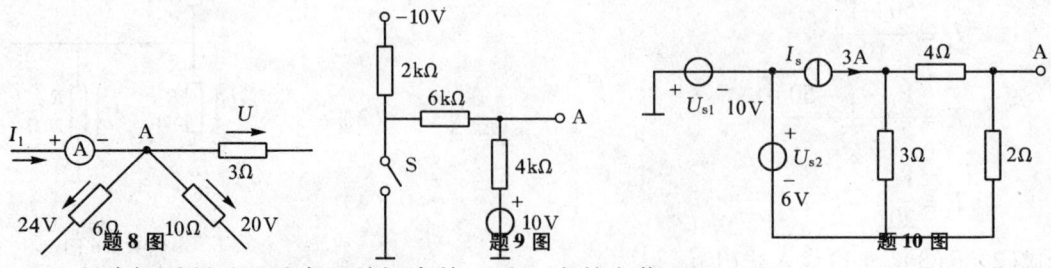

题8图　　题9图　　题10图

9. 电路如图所示，试求开关闭合前、后 A 点的电位 V_A。
10. 求图示电路中 A 点的电位 V_A。

第 2 章 电路的分析方法

2.1 学习要点

（1）掌握用支路电流法、结点电压法、叠加定理和戴维宁定理分析电路。
（2）理解实际电源的两种模型及其等效变换。
（3）了解非线性电阻元件的伏安特性及静态电阻、动态电阻的概念，以及简单非线性电路的图解分析法。

2.2 内容提要

本章介绍的是电阻电路分析方法。在这些分析方法中，支路电流法最为基本，可直接应用基尔霍夫电压定律和电流定律列出联立方程求解；叠加定理和戴维宁定理是重点，在本课程的学习中要经常用到。

本章的难点是电流源和理想电流源，它不像电压源那样为人熟悉和具体，学习时要建立电流源和理想电流源的概念。如何分析电流源两端的电压和功率，是学习的难点。

2.2.1 电阻串并联联接的等效变换

1. 电阻的串联

两个串联电阻可用一个等效电阻 R 来代替，等效的条件是在同一电压 U 的作用下电流 I 保持不变。等效电阻等于各串联电阻之和，即

$$R = R_1 + R_2$$

两个串联电阻的电压分别为

$$U_1 = R_1 I = \frac{R_1}{R_1 + R_2} U$$

$$U_2 = R_2 I = \frac{R_2}{R_1 + R_2} U$$

2. 电阻的并联

两个并联电阻可用一个等效电阻 R 来代替，等效电阻的倒数等于各个并联电阻的倒数之和，即

$$\frac{1}{R} = \frac{1}{R_1} + \frac{1}{R_2}$$

两个并联电阻上的电流分别为

$$I_1 = \frac{U}{R_1} = \frac{RI}{R_1} = \frac{R_2}{R_1 + R_2} I$$

$$I_2 = \frac{U}{R_2} = \frac{RI}{R_2} = \frac{R_1}{R_1+R_2}I$$

2.2.2 电压源与电流源及其等效变换

（1）电压源模型是电动势为 E 的理想电压源和内阻 R_0 串联的电路。

（2）电流源模型是电流为 I_s 的理想电流源和内阻 R_0 并联的电路。

（3）电压源模型和电流源模型的等效关系只是对外电路而言，即等效后端口处的电压和电流保持原来的数值不变；而对内电路，则等效关系不成立。

（4）理想电压源和理想电流源不存在等效变换的条件。

（5）两种电源等效变换的条件为（见图2.1）

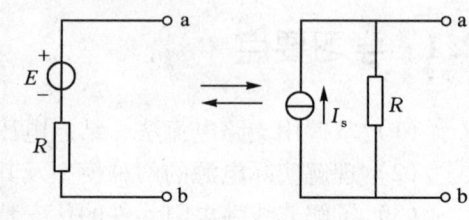

图2.1 电压源与电流源

$$I_s = \frac{E}{R} \quad \text{或} \quad E = RI_s$$

2.2.3 支路电流法

（1）从所给电路图上找出支路数 b 和结点 n 各有多少，以支路电流为未知数，共需列出 b 个方程；

（2）在电路图上标出电压和电流的参考方向；

（3）应用基尔霍夫电流定律对结点列出 $n-1$ 个独立方程；

（4）应用基尔霍夫电压定律对网孔列出其余 $b-(n-1)$ 个独立方程。网孔数恰好等于 $b-(n-1)$，可从图2.2所举的几个例子看出。

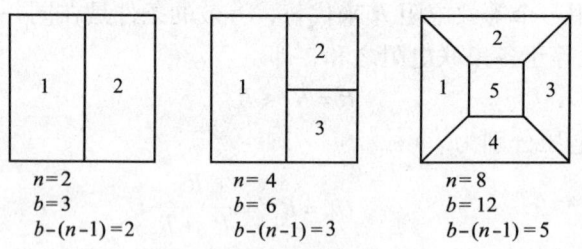

图2.2 电路举例

2.2.4 结点电压法

以两结点电路为例，导出结点电压公式

$$U = \frac{\sum \dfrac{E}{R}}{\sum \dfrac{1}{R}}$$

其中 $\sum \dfrac{E}{R}$ 有正负号。当电动势 E 和结点电压 U 的参考方向相反时取正号，相同时取负号,而与各支路电流的参考方向无关。

如果电路中有三个结点,可设其中一个结点的电位为零,而后计算其余两个结点的电位,即结点与零电位结点间的电压。计算步骤与两结点电路相同。

2.2.5 叠加定理

(1) 叠加定理应用于线性电路。

(2) 定理内容:在多个电源共同作用的线性电路中,任何一条支路中的电流(或电压)都等于电路中各个电源分别单独作用时在此支路中所产生的电流(或电压)的代数和。

(3) 所谓电路中只有一个电源单独作用,就是假设其余电源除去(将各个理想电压源短路,即其电动势为零;将各个理想电流源开路,即其电流为零),电阻仍应保留。

(4) 对功率的计算不能用叠加定理。

叠加定理的重要性不在于应用它来计算复杂电路,而在于它是分析线性电路的普遍定理,在后面的电路的暂态分析和电子放大电路分析等章节中都要用到。

2.2.6 戴维宁定理与诺顿定理

任何电源都可以等效为电压源或电流源这两种电路模型。因为有源二端网络可以简化为一个等效电源,所以这个等效电源可以是电压源,也可以是电流源。由此得出戴维宁定理和诺顿定理两个等效电源定理。

(1) 戴维宁定理:把一个有源二端网络用一个电动势为 E 的理想电压源和内阻 R_0 串联的电压源来等效代替。电动势 E 为有源二端网络的开路电压 U_0,内阻 R_0 是有源二端网络"除源"后无源网络的等效电阻。所谓"除源"就是将二端网络中的理想电压源短路,理想电流源开路。

(2) 诺顿定理:任何一个有源二端网络都可以用一个电流为 I_s 的理想电流源和内阻 R_0 并联的电源来等效代替。电流 I_s 就是有源二端网络的短路电流,内阻 R_0 等于有源二端网络"除源"后无源二端网络的等效电阻。

2.3 典型例题解析

例 2.1 在图(a)所示电路中,已知:$U_s = 12V$,$I_{s1} = 0.75A$,$I_{s2} = 5A$,$R_1 = 8\Omega$,$R_2 = 6\Omega$,$R = 6\Omega$,$R_L = 9\Omega$。用电源等效变换法求电流 I。

解 将电流源 I_{s1} 与电阻 R_1 并联电路变换成等效电压源,$U_{s1} = I_{s1}R_1 = 0.75 \times 8V = 6V$,将电压源 U_s 与电阻 R 串联电路变换成等效电流源,之后再与电流源 I_{s2} 合并,得

$$I_s = I_{s2} - \frac{U_s}{R} = \left(5 - \frac{12}{6}\right)A = 3A$$

电阻
$$R_{s2} = R // R_2 = 6\Omega // 6\Omega = 3\Omega [见图(b)所示]$$

再将图(b)电路中的 I_s 与 R_{s2} 等效变换成电压源[见图(c)],其中

$$U_{s1} = 6V; \quad U_{s2} = I_s \cdot R_{s2} = 3 \times 3V = 9V; \quad I = \frac{U_{s1} + U_{s2}}{R_1 + R_{s2} + R_L} = 0.75A$$

例 2.2 在图示电路中,已知:$U_{s1} = 2V$,$U_{s2} = 20V$,$U_{s3} = 6V$,$R_1 = 5\Omega$,$R_2 = 5\Omega$,

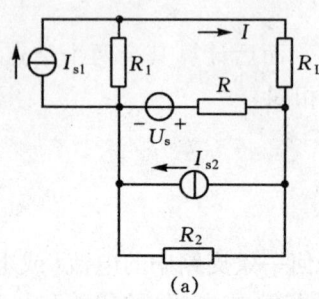 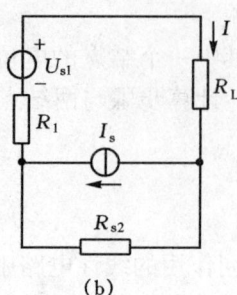 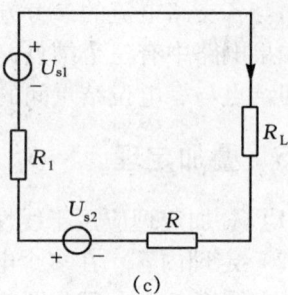

例 2.1 图

$R_3 = 30\Omega$，$R_4 = 20\Omega$，$R_5 = R_6 = 10\Omega$。用支路电流法求各未知支路电流。

解 支路电流方程为
$I_1 + I_2 - I_3 = 0$；
$(R_1 + R_2)I_1 + R_3 I_3 - U_{s1} = 0$；
$(R_4 + R_5 + R_6)I_2 + R_3 I_3 + U_{s3} - U_{s2} = 0$

代入数值，解得：
$I_1 = -0.15\text{A}$；$I_2 = 0.26\text{A}$；$I_3 = 0.11\text{A}$

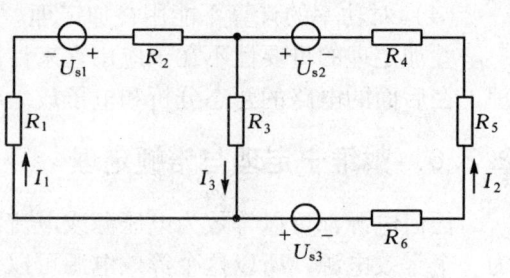

例 2.2 图

例 2.3 试用叠加定理求图(a)所示电路中的电流 I。

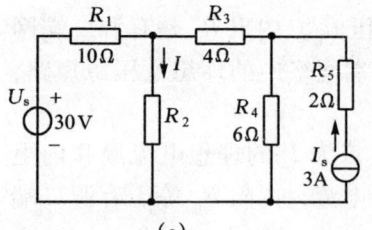 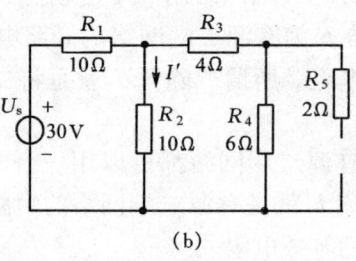 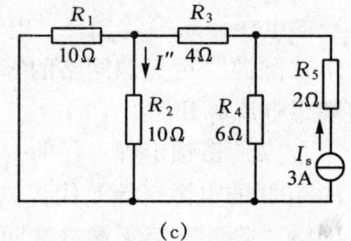

例 2.3 图

解 (1) 30V 电压源单独作用，将电流源开路，如图(b)所示。

求得
$$I' = \frac{U_s}{R_1 + R_2 /\!/ (R_3 + R_4)} \times \frac{1}{2}\text{A} = 1\text{A}$$

(2) 3A 电流源单独作用时，将电压源短路，如图(c)所示。

求得
$$I'' = \frac{I_s \cdot R_4}{R_3 + (R_1 /\!/ R_2) + R_4} \times \frac{R_1}{R_1 + R_2} = \frac{3 \times 6}{4 + 5 + 6} \times \frac{1}{2}\text{A} = 0.6\text{A}$$

应用叠加定理，得 $I = I' + I'' = (1 + 0.6)\text{A} = 1.6\text{A}$

例 2.4 用戴维宁定理求图(a)所示电路中的电流 I。

解 (1) 断开待求支路，求开路电压 U_{oc}，如图(b)所示。

所以开路电压为
$$U_{oc} = \left(\frac{18}{3+6} \times 6 - 2 \times 3\right)\text{V} = 6\text{V}$$

(2) 将图(b)中的独立电源置零，求端口处的戴维宁等效电阻，如图(c)所示。

由图(c)可得
$$R_{eq} = 3\Omega /\!/ 6\Omega + 3\Omega = 5\Omega$$

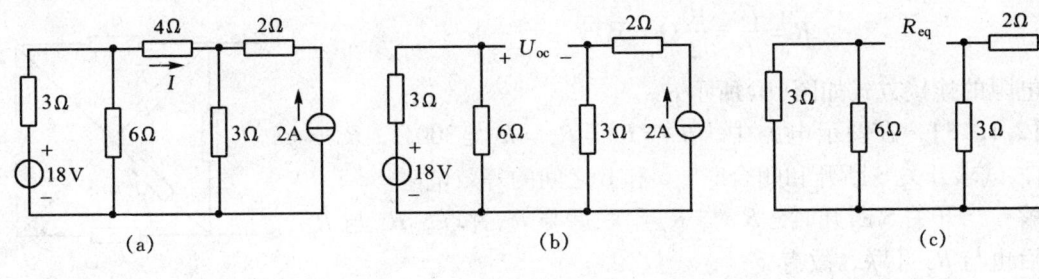

例 2.4 图

所以电流为
$$I = \frac{U_{oc}}{R_{eq}+4} = \frac{6}{5+4}A = \frac{2}{3}A$$

2.4 课后习题选解

【2.1.10】 在图示的电路中，$E=6V$，$R_1=6\Omega$，$R_2=3\Omega$，$R_3=4\Omega$，$R_4=3\Omega$，$R_5=1\Omega$，试求 I_3 和 I_4。

解 分析电路图可知，R_1 和 R_4 并联而后与 R_3 串联，得出的等效电阻 $R_{1,3,4}$ 和 R_2 并联，最后与电源及 R_5 组成单回路电路，于是得出电源中电流

$$I = \frac{E}{R_5 + \dfrac{R_2(R_3 + R_1 /\!/ R_4)}{R_2 + (R_3 + R_1 /\!/ R_4)}} = 2A$$

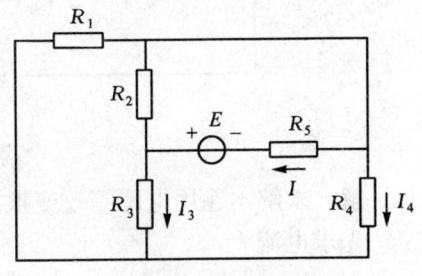

题 2.1.10 图

而后应用分流公式得出 I_3 和 I_4

$$I_3 = \frac{R_2}{R_2 + R_3 + R_1 /\!/ R_4} I = \frac{2}{3}A$$

$$I_4 = -\frac{R_1}{R_1 + R_4} I = -\frac{4}{9}A$$

I_4 为负值表示其实际方向与图中的参考方向相反。

【2.1.11】 有一无源二端网络如图(a)所示，通过实验测得：当 $U=10V$ 时，$I=2A$，并已知该电阻网络由四个 3Ω 的电阻构成，试问这四个电阻是如何连接的？

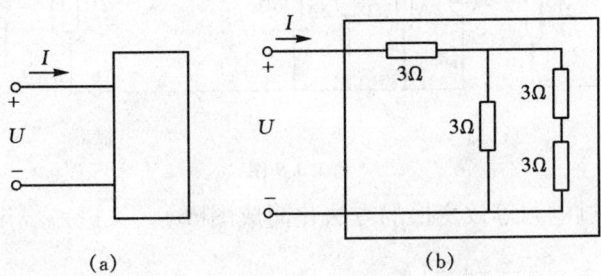

题 2.1.11 图

解 按题意，总电阻为

$$R = \frac{U}{I} = \frac{10}{2}\Omega = 5\Omega$$

四个电阻的连接方式如图(b)所示。

【2.1.13】 在图示电路中，$R_1 = R_2 = R_3 = R_4 = 300\Omega$，$R_5 = 600\Omega$，试求开关 S 断开和闭合时，a 和 b 之间的等效电阻。

解 当开关 S 断开时，R_1 与 R_3 串联后与 R_5 并联，R_2 与 R_4 串联后也与 R_5 并联，故有

$$R_{ab} = R_5 \mathbin{/\mkern-5mu/} (R_1 + R_3) \mathbin{/\mkern-5mu/} (R_2 + R_4) = 200\Omega$$

当开关 S 闭合时，R_1 与 R_2 并联，得等效电阻 R_{12}，R_3 与 R_4 并联，得等效电阻 R_{34}，R_{12} 与 R_{34} 串联，得等效电阻 R_{1234}，R_{1234} 与 R_5 并联，即

$$R_{ab} = [(R_1 \mathbin{/\mkern-5mu/} R_2) + (R_3 \mathbin{/\mkern-5mu/} R_4)] \mathbin{/\mkern-5mu/} R_5 = 200\Omega$$

题 2.1.13 图

【2.3.7】 计算图(a)中的电流 I_3。

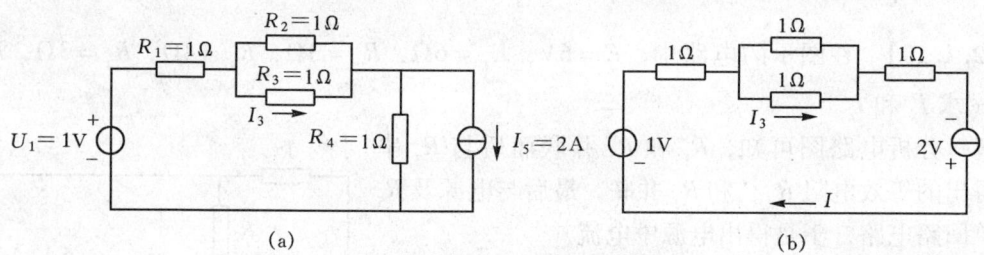

题 2.3.7 图

解 求解本题用电源等效变换方法最为简便。变换后的电路如图(b)所示。

先求电流 I

$$I = \frac{2+1}{1+0.5+1}A = \frac{3}{2.5}A = 1.2A$$

$$I_3 = \frac{1.2}{2}A = 0.6A$$

【2.3.9】 试用电压源与电流源等效变换的方法计算图(a)中 2Ω 电阻中的电流 I。

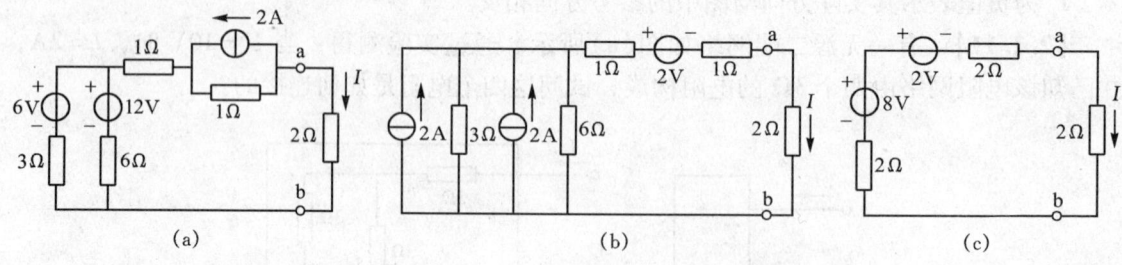

题 2.3.9 图

解 原电路可通过电源等效变换的方法化简成图(b)，又进一步化简成图(c)。

由图(c)可得 $I = \dfrac{8-2}{2+2+2}A = 1A$。

【2.4.2】 试用支路电流法或结点电压法求图示电路中的各支路电流，并求三个电源的输出功率和负载电阻 R_L 吸收的功率。0.8Ω 和 0.4Ω 分别为两个电压源的内阻。

解 （1）用支路电流法求解：

本题有四条支路，其中一条支路电流已知，故列出三个方程即可。

$$\begin{cases} I_1 + I_2 + 10 = I \\ 120 - 0.8I_1 - 4I = 0 \\ 116 - 0.4I_2 - 4I = 0 \end{cases}$$

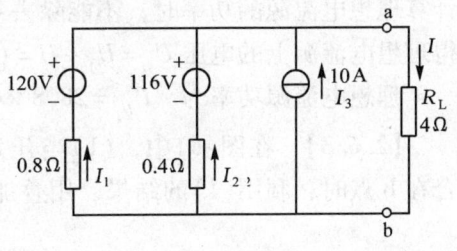

题 2.4.2 图

解之，得 $I_1 = 9.38\text{A}$，$I_2 = 8.75\text{A}$，$I = 28.13\text{A}$

（2）用结点电压法求解：

$$U_{ab} = \frac{\frac{120}{0.8} + \frac{116}{0.4} + 10}{\frac{1}{0.8} + \frac{1}{0.4} + \frac{1}{4}}\text{V} = 112.5\text{V}$$

按各支路电流的参考方向应用欧姆定律，可求得

$$I_1 = \frac{120 - 112.5}{0.8}\text{A} = 9.38\text{A}$$

$$I_2 = \frac{116 - 112.5}{0.4}\text{A} = 8.75\text{A}$$

$$I = \frac{U_{ab}}{R_L} = \frac{112.5}{4}\text{A} = 28.13\text{A}$$

（3）功率计算：

120V 电压源输出功率为 $P_1 = 112.5 \times 9.38\text{W} = 1055\text{W}$

116V 电压源输出功率为 $P_2 = 112.5 \times 8.75\text{W} = 984\text{W}$

电流源输出功率为 $P_3 = 112.5 \times 10\text{W} = 1125\text{W}$

三个电源总的输出功率为 $P_1 + P_2 + P_3 = (1055 + 984 + 1125)\text{W} = 3164\text{W}$

负载电阻 R_L 消耗的功率为 $P = 112.5 \times 28.13\text{W} = 3164\text{W}$

两者功率平衡。

【2.5.4】 电路如图（a）所示。试用结点电压法求电压 U，并计算理想电流源的功率。

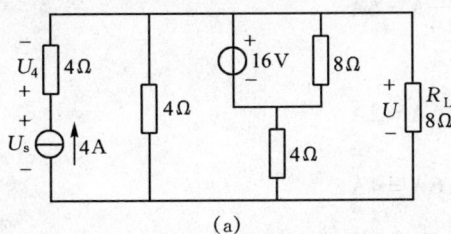 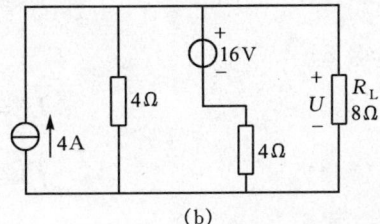

题 2.5.4 图

解 将与 4A 理想电流源串联电阻除去（短接）和将与 16V 理想电压源并联电阻除去（断开），并不影响电阻 R_L 上的电压 U。简化后的电路如图（b）所示。由此得

$$U = \frac{4 + \frac{16}{4}}{\frac{1}{4} + \frac{1}{4} + \frac{1}{8}}\text{V} = 12.8\text{V}$$

计算理想电流源的功率时,不能除去4Ω电阻,其上的电压为 $U_4 = 4 \times 4\text{V} = 16\text{V}$,并由此可得理想电流源上的电压 $U_s = U_4 + U = (12.8 + 16)\text{V} = 28.8\text{V}$。

理想电流源功率为 $P_{U_s} = 28.8 \times 4\text{W} = 115.2\text{W}$

【2.6.3】 在图(a)中,(1)当开关S合在a点时,求电流 I_1,I_2 和 I_3;(2)当将开关S合在b点时,利用(1)的结果,用叠加定理计算电流 I_1,I_2 和 I_3。

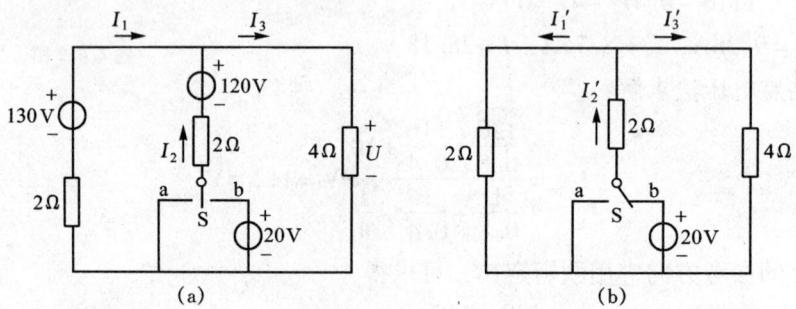

题2.6.3图

解 (1)当将开关S合在a点时,应用结点电压法计算:

$$U = \frac{\frac{130}{2} + \frac{120}{2}}{\frac{1}{2} + \frac{1}{2} + \frac{1}{4}}\text{V} = 100\text{V}$$

$$I_1 = \frac{130 - 100}{2}\text{A} = 15\text{A}$$

$$I_2 = \frac{120 - 100}{2}\text{A} = 10\text{A}$$

$$I_3 = \frac{100}{4}\text{A} = 25\text{A}$$

(2)当将开关S合在b点时,应用叠加定理计算。在图(b)中是20V电源单独作用时的电路,其中各电流为

$$I_2' = \frac{20}{2 + \frac{2 \times 4}{2 + 4}}\text{A} = 6\text{A}$$

$$I_3' = \frac{2}{2 + 4} \times 6\text{A} = 2\text{A}$$

$$I_1' = \frac{4}{2 + 4} \times 6\text{A} = 4\text{A}$$

130V电源单独作用(20V电源除去)时的各电流即为(1)中的电流,于是当开关S合在b时,即130V电源和20V电源共同作用时,得出

$$I_1 = (15 - 4)\text{A} = 11\text{A}$$

$$I_2 = (10 + 6)\text{A} = 16\text{A}$$

$$I_3 = (25 + 2)\text{A} = 27\text{A}$$

【2.6.5】 应用叠加定理计算图(a)所示电路中各支路的电流和各元件(电源和电阻)两端的电压,并说明功率平衡关系。

第 2 章 电路的分析方法

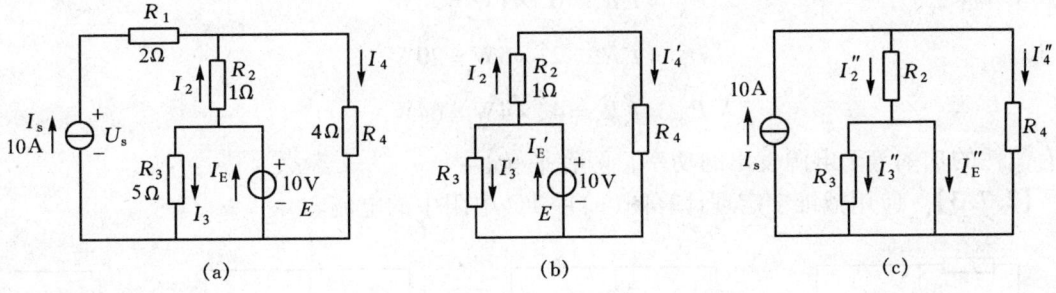

题 2.6.5 图

解 （1）求各支路电流：

电压源单独作用时[图(b)]

$$I_2' = I_4' = \frac{E}{R_2 + R_4} = \frac{10}{1+4}\text{A} = 2\text{A}$$

$$I_3' = \frac{E}{R_3} = \frac{10}{5}\text{A} = 2\text{A}$$

$$I_E' = I_2' + I_3' = (2+2)\text{A} = 4\text{A}$$

电流源单独作用时[图(c)]

$$I_2'' = \frac{R_4}{R_2 + R_4}I_s = \frac{4}{1+4} \times 10\text{A} = 8\text{A}$$

$$I_4'' = \frac{R_2}{R_2 + R_4}I_s = \frac{1}{1+4} \times 10\text{A} = 2\text{A}$$

$$I_E'' = I_2'' = 8\text{A}$$

$$I_3'' = 0$$

两者叠加，得

$$I_2 = I_2' - I_2'' = (2-8)\text{A} = -6\text{A}$$

$$I_3 = I_3' + I_3'' = (2+0)\text{A} = 2\text{A}$$

$$I_4 = I_4' + I_4'' = (2+2)\text{A} = 4\text{A}$$

$$I_E = I_E' - I_E'' = (4-8)\text{A} = -4\text{A}$$

$R_1 I_s + R_4 I_4 = U_s$，所以 $U_s = 2 \times 10 + 4 \times 4 = 36\text{V}$，电流源是电源。因为 $I_E = -4\text{A} < 0$，所以电压源是负载。

（2）求各元件两端的电压和功率：

电流源电压 $\quad U_s = R_1 I_s + R_4 I_4 = (2 \times 10 + 4 \times 4)\text{V} = 36\text{V}$

各电阻元件上电压可应用欧姆定律求得。

电流源功率 $\quad P_{I_s} = U_s I_s = 36 \times 10\text{W} = 360\text{W}$ （发出功率）

电压源功率 $\quad P_E = E I_E = 10 \times 4\text{W} = 40\text{W}$ （消耗功率）

各电阻消耗的功率

$$P_{R_1} = I_s^2 R_1 = 10^2 \times 2\text{W} = 200\text{W}$$

$$P_{R_2} = I_2^2 R_2 = 6^2 \times 1 \text{W} = 36 \text{W}$$

$$P_{R_3} = I_3^2 R_3 = 2^2 \times 5 \text{W} = 20 \text{W}$$

$$P_{R_4} = I_4^2 R_4 = 4^2 \times 4 \text{W} = 64 \text{W}$$

所有消耗的功率等于电源发出的功率，两者平衡。

【2.7.3】 应用戴维宁定理计算图(a)中1Ω电阻中的电流。

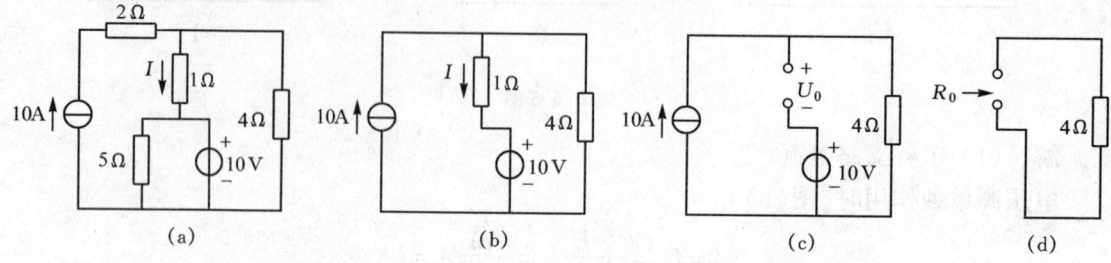

题 2.7.3 图

解 将与10A理想电流源串联的2Ω电阻除去(短接)，该支路中的电流仍为10A；将与10V理想电压源并联的5Ω电阻除去(断开)，该两端的电压仍为10V。因此，除去这两个电阻后不会影响1Ω电阻中的电流I，但电路可得到简化[图(b)]。

应用戴维宁定理对图(b)的电路求等效电源的电动势(即开路电压U_0)和内阻R_0。

由图(c)得

$$U_0 = (4 \times 10 - 10)\text{V} = 30 \text{V}$$

由图(d)得

$$R_0 = 4\Omega$$

所以1Ω电阻中的电流

$$I = \frac{U_0}{R_0 + 1} = \frac{30}{4+1}\text{A} = 6\text{A}$$

【2.7.4】 应用戴维宁定理计算图示电路中2Ω电阻中的电流I。

解 求开路电压U_{ab0}和等效电阻R_0。

$$U_{ab0} = U_{ac} + U_{cd} + U_{db}$$

$$= \left(-1 \times 2 + 0 + 6 + 3 \times \frac{12-6}{3+6}\right)\text{V} = 6\text{V}$$

$$R_0 = \left(1 + 1 + \frac{6 \times 3}{6+3}\right)\Omega = 4\Omega$$

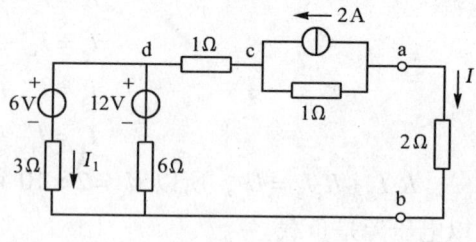

题 2.7.4 图

由此得

$$I = \frac{U_{ab0}}{R_0 + 2} = \frac{6}{4+2}\text{A} = 1\text{A}$$

【2.7.6】 在图(a)中，已知$E_1 = 15\text{V}$，$E_2 = 13\text{V}$，$E_3 = 4\text{V}$，$R_1 = R_2 = R_3 = R_4 = 1\Omega$，$R_5 = 10\Omega$。(1)当开关S断开时，求电阻$R_5$上的电压$U_5$和电流$I_5$；(2)当开关S闭合后，用戴维宁定理计算电流$I_5$。

解 (1)当开关S断开时，电流I_5没有形成闭合回路，故$I_5 = 0$，从而$U_5 = I_5 R_5 = 0$。

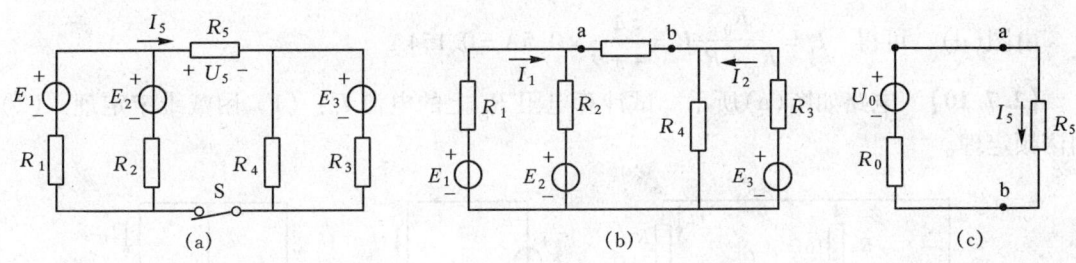

题 2.7.6 图

(2) 当开关 S 闭合后,电路如图(b)所示。

用戴维宁定理求解,先断开 a,b 两点,得

$$I_1 = \frac{E_1 - E_2}{R_1 + R_2} = \frac{15 - 13}{1 + 1}\text{A} = 1\text{A}$$

$$I_2 = \frac{E_3}{R_3 + R_4} = \frac{4}{1 + 1}\text{A} = 2\text{A}$$

开路电压 $U_{ab} = I_1 R_2 + E_2 - I_2 R_4 = (1 \times 1 + 13 - 2 \times 1)\text{V} = 12\text{V}$。

除源后二端口 a,b 端的等效电阻为 $R_0 = R_1 // R_2 + R_3 // R_4 = 1\Omega$

得出戴维宁等效电路如图(c)所示。因此

$$I_5 = \frac{U_{ab}}{R_0 + R_5} = \frac{12}{1 + 10}\text{A} = 1.09\text{A}$$

【2.7.8】 用戴维宁定理和诺顿定理分别计算图(a)所示电路中电阻 R_1 上的电流。

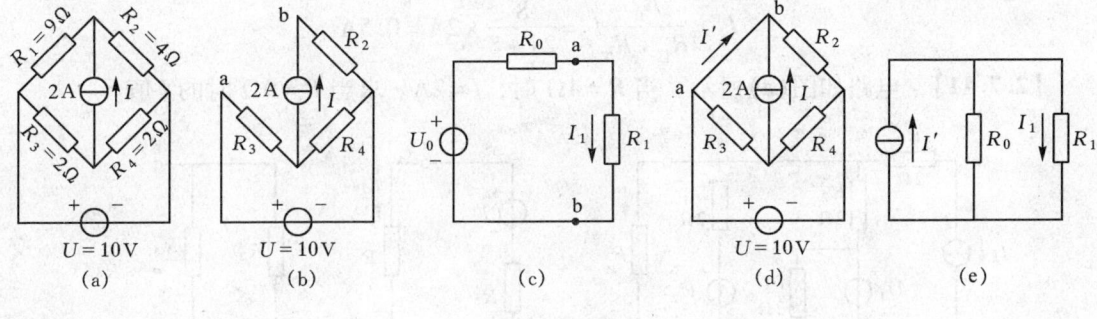

题 2.7.8 图

解 用戴维宁定理求解,将原电路改画为图(b)。

二端口的开路电压为 $U_0 = U_{ab} = U - IR_2 = (10 - 2 \times 4)\text{V} = 2\text{V}$

二端口的等效内阻为 $R_0 = R_2 = 4\Omega$

求电阻 R_1 支路电流,如图(c)所示,可得

$$I_1 = \frac{U_0}{R_0 + R_1} = \frac{2}{4 + 9}\text{A} = 0.154\text{A}$$

用诺顿定理求解,将原电路改画为图(d)所示。

由图可得短路电流 $I' = \frac{U}{R_2} - I = \left(\frac{10}{4} - 2\right)\text{A} = 0.5\text{A}$

二端口的等效内阻为 $R_0 = R_2 = 4\Omega$

由图(d)，可得 $I_1 = \dfrac{R_0}{R_0 + R_1}I' = \dfrac{4}{4+9} \times 0.5\text{A} = 0.154\text{A}$

【2.7.10】 电路如图(a)所示。试计算电阻 R_L 上的电流 I_L：（1）用戴维宁定理；（2）用诺顿定理。

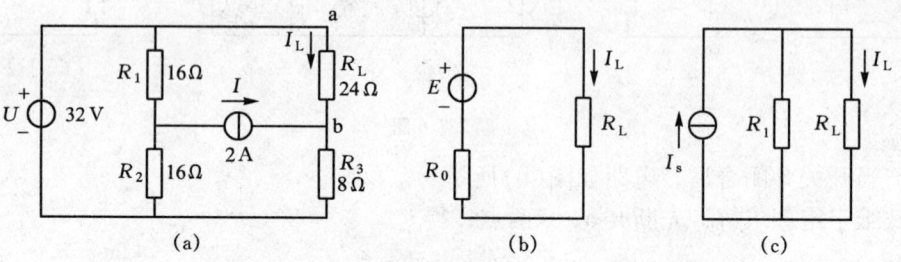

题 2.7.10 图

解 （1）应用戴维宁定理求 I_L：

$$E = U_{ab} = U - R_3 I = (32 - 8 \times 2)\text{V} = 16\text{V}$$

$$R_0 = R_3 = 8\Omega$$

$$I_L = \dfrac{E}{R_L + R_0} = \dfrac{16}{24 + 8}\text{A} = 0.5\text{A}$$

（2）应用诺顿定理求 I_L

$$I_s = I_{ab} = \dfrac{U}{R_3} - I = \left(\dfrac{32}{8} - 2\right)\text{A} = 2\text{A}$$

$$I_L = \dfrac{R_0}{R_L + R_0}I_s = \dfrac{8}{24 + 8} \times 2\text{A} = 0.5\text{A}$$

【2.7.11】 电路如图(a)所示。当 $R = 4\Omega$ 时，$I = 2\text{A}$。求当 $R = 9\Omega$ 时的 I 值。

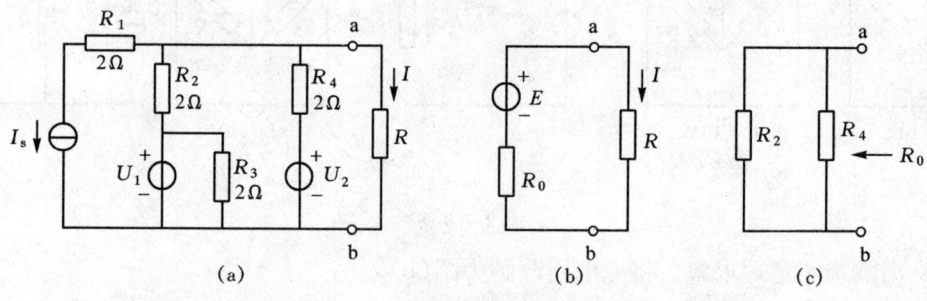

题 2.7.11 图

解 将电路 ab 以左部分等效为一个电压源，如(b)所示。则得

$$I = \dfrac{E}{R_0 + R}$$

R_0 由图(c)求出，即

$$R_0 = R_2 /\!/ R_4 = 1\Omega$$

所以

$$E = (R_0 + R)I = (1 + 4) \times 2\text{V} = 10\text{V}$$

当 $R = 9\Omega$ 时，

$$I = \frac{10}{1+9}\text{A} = 1\text{A}$$

【2.7.12】 试求图示电路中的电流 I。

解 用戴维宁定理计算。

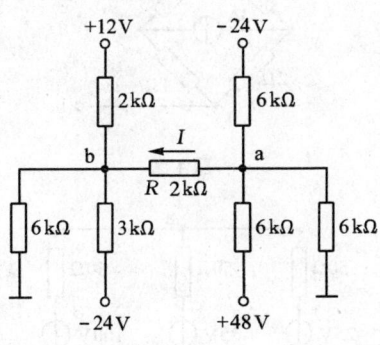

题 2.7.12 图

（1）求 ab 间的开路电压 U_{ab}。

求 a 点电位，用结点电压法计算

$$V_a = \frac{\frac{-24}{6} + \frac{48}{6}}{\frac{1}{6} + \frac{1}{6} + \frac{1}{6}}\text{V} = 8\text{V}$$

求 b 点电位：$V_b = \dfrac{\dfrac{12}{2} + \dfrac{-24}{3}}{\dfrac{1}{2} + \dfrac{1}{6} + \dfrac{1}{3}}\text{V} = -2\text{V}$

故 $\qquad U_{ab} = E = V_a - V_b = [8 - (-2)]\text{V} = 10\text{V}$

（2）求 ab 间开路后的等效电阻 R_{ab}。

将电压源短路后，左边 $2\text{k}\Omega$，$6\text{k}\Omega$，$3\text{k}\Omega$ 三个电阻并联，右边三个 $6\text{k}\Omega$ 电阻也并联，之后两者串联，即

$$R_{ab} = 2\text{k}\Omega // 3\text{k}\Omega // 6\text{k}\Omega + 6\text{k}\Omega // 6\text{k}\Omega // 6\text{k}\Omega = 3\text{k}\Omega$$

求电流 I $\qquad I = \dfrac{U_{ab}}{R_{ab} + R} = \dfrac{10}{5}\text{mA} = 2\text{mA}$

第 2 章自测题

1. 图示电路 a、b 端的等效电阻 $R_{ab} = $（　　　）。

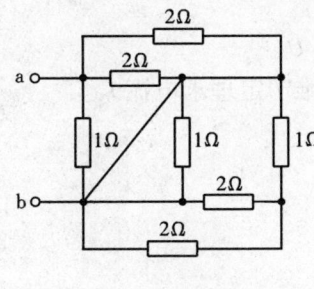

题 1 图

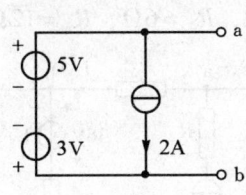

题 2 图

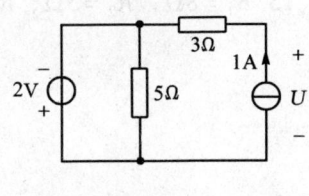

题 3 图

2. 图示电路等效的电路是（　　　）。
3. 图示电路的电压 U 为（　　　）V。
4. 图示二端网络的戴维宁等效参数为（　　　）。
5. 图示二端网络的诺顿等效参数为（　　　）。
6. 电路如图所示，则电流 I 为（　　　）A。
7. 图示电路中，$U_{ab} = $（　　　）V。
8. 电路如图所示，则电路中的电压为（　　　）V。
9. 图示电路中，当电阻值 R_1 减小时，则（　　　）。（填 I_1，I_2 变化情况）

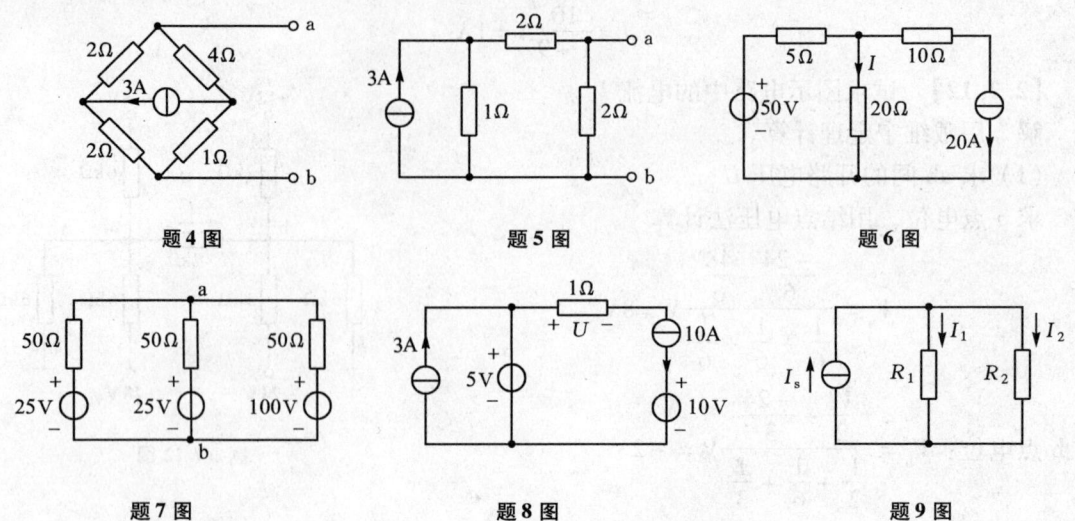

题 4 图　　　　题 5 图　　　　题 6 图

题 7 图　　　　题 8 图　　　　题 9 图

10. 在图示电路中，已知 $U_S=12\text{V}$，$R_1=3\Omega$，$I_S=5\text{A}$，$R_2=6\Omega$。试用电源等效变换法求电流 I_2。

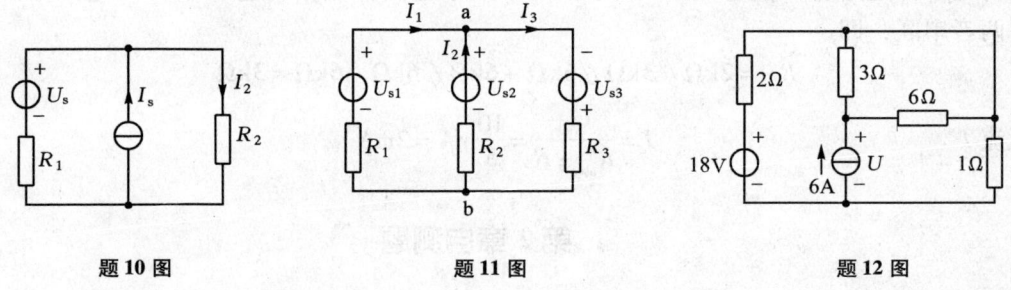

题 10 图　　　　题 11 图　　　　题 12 图

11. 图中已知：$U_{S1}=5\text{V}$，$U_{S2}=4\text{V}$，$R_1=2\Omega$，$R_2=R_3=10\Omega$，试用结点电压法求各支路电流。

12. 电路如图所示。试应用叠加原理计算电流源两端的电压 U。

13. $R_1=8\Omega$，$R_2=5\Omega$，$R_3=4\Omega$，$R_4=6\Omega$，$R_5=12\Omega$。用戴维宁定理求电流 I_3。

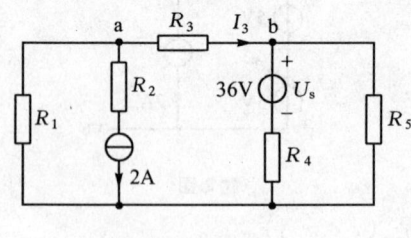

题 13 图

第3章 电路的暂态分析

3.1 学习要点

（1）R，L，C元件的定义与伏安关系(VCR)。
（2）换路概念，换路定则，初始值的确定。
（3）一阶电路零输入响应，零状态响应，全响应。
（4）一阶电路分析的三要素法。
（5）微分和积分电路。

本章要求掌握应用换路定则确定暂态过程（也称过渡过程）的初始值。理解稳态分量（也称强制分量）、暂态分量（也称瞬态分量或自由分量）、零输入响应、零状态响应、全响应、阶跃响应的含义。理解时间常数、初始值和稳态值的物理意义。掌握利用三要素法求解一阶RC和RL电路在直流电源激励下的过渡过程中电压和电流的变化规律。

3.2 内容提要

3.2.1 RLC元件

线性元件R，L，C都属无源元件。其定义及特点如表3.1所示。

表3.1　　　　　　　　　　　线性RLC元件的比较

元件符号	R	L	C
电路符号	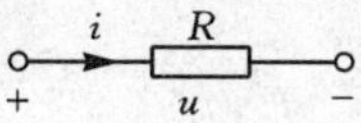 (R)	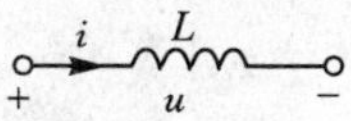 (L)	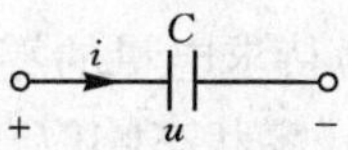 (C)
定义式	$u = Ri$	$\Psi = Li$	$q = Cu$
物理本质	消耗电能	储存磁场能量	储存电场能量
VCR	$u = Ri$	$u = L\dfrac{di}{dt}$	$i = C\dfrac{du}{dt}$
储能公式	0	$W(t) = \dfrac{1}{2}Li^2$	$W(t) = \dfrac{1}{2}Cu^2$

3.2.2 暂态过程产生的原因与换路定则

1. 暂态过程

动态电路从一种稳定的工作状态转变到另一种稳定的工作状态，这个过程通常是需要经历一个过渡时期，工程上称之为暂态过程或过渡过程，以区别于稳态。

2. 暂态过程产生的原因

内因是由于动态元件的存在,动态电路中的电场能量和磁场能量不能跃变,这是产生过渡过程的根本原因。外因是因为换路,即电路的结构变化(如电路中电源或无源元件的断开或接入,信号的突然注入等)或电路元件的参数发生变化等。

3. 换路定则与电路中电压、电流初始值的确定

(1) 换路定则内容。

在换路前后:

① 电感中的电流不能跃变,$i_L(0_+) = i_L(0_-)$;

② 电容两端的电压不能跃变,$u_C(0_+) = u_C(0_-)$。

(2) 应用换路定则确定电流、电压初始值的方法。

① 首先求出换路前稳态电路(亦称 $t=0_-$ 等效电路)中电感中的电流 $i_L(0_-)$ 和电容两端的电压 $u_C(0_-)$,此时电感视为短路,电容视为开路。其他元件上的电压、电流不必求解。

② 对换路后的电路(亦称 $t=0_+$ 等效电路)应用换路定则。注意:换路定则仅适用于确定电感的初始电流 $i_L(0_+)$ 和电容的初始电压 $u_C(0_+)$,其他电量的初始值可能会发生跃变。在 $t=0_+$ 等效电路中,将电感元件用值为 $i_L(0_+)$ 的理想电流源等效替代(若 $i_L(0_+)=0$,则电感处开路),将电容元件用值为 $u_C(0_+)$ 的理想电压源等效替代(若 $u_C(0_+)=0$,则电容处短路),然后计算其他电量的初始值。

3.2.3 一阶 RC 和 RL 电路的过渡过程及应用

1. 零输入响应

零输入响应即动态电路在没有外施激励的情况下,由电路中储能元件的初始储能引起的响应。

(1) 一阶 RC 电路:可先求出 $u_C(t) = u_C(0_+) e^{-\frac{t}{\tau}}$,然后根据 KVL,KCL 和 VCR,再求得其他待求电量的零输入响应。

(2) 一阶 RL 电路:可先求出 $i_L(t) = i_L(0_+) e^{-\frac{t}{\tau}}$,然后根据 KVL,KCL 和 VCR,再求得其他待求电量的零输入响应。

2. 零状态响应

零状态响应即在零初始条件(即动态元件的初始储能为零值)下,由外施激励引起的响应。

(1) 一阶 RC 电路:在直流电源激励下,可先求出 $u_C(t) = u_C(\infty)(1 - e^{-\frac{t}{\tau}})$,然后根据 KVL,KCL 和 VCR,再求得其他待求电量的响应。

(2) 一阶 RL 电路:在直流电源激励下,可先求出 $i_L(t) = i_L(\infty)(1 - e^{-\frac{t}{\tau}})$,然后根据 KVL,KCL 和 VCR,再求得其他待求电量的响应。

3. 全响应

全响应即一个非零初始状态的电路受到激励时的响应。根据线性电路的叠加定理,全响应可进行如下分解:

全响应 = 零输入响应 + 零状态响应

或 　　　　　　　　　　= 稳态分量 + 暂态分量

(1) 一阶 RC 电路

$$u_C(t) = u_C(0_+)e^{-\frac{t}{\tau}} + u_C(\infty)(1 - e^{-\frac{t}{\tau}}) \quad (零输入响应 + 零状态响应)$$

或 $u_C(t) = u_C(\infty) + [u_C(0_+) - u_C(\infty)]e^{-\frac{t}{\tau}}$ （稳态分量 + 暂态分量）(三要素公式)

(2) 一阶 RL 电路

$$i_L(t) = i_L(0_+)e^{-\frac{t}{\tau}} + i_L(\infty)(1 - e^{-\frac{t}{\tau}}) \quad (零输入响应 + 零状态响应)$$

或 $i_L(t) = i_L(\infty) + [i_L(0_+) - i_L(\infty)]e^{-\frac{t}{\tau}}$ （稳态分量 + 暂态分量）(三要素公式)

4. 一阶 RC 电路的应用

(1) 微分电路

① 特征：(a) 从电阻两端输出；(b) 满足 $\tau = RC \ll t_p$

② 输入输出关系式：

$$u_o = RC\frac{du_i}{dt}$$

(2) 积分电路

① 特征：(a) 从电容两端输出；(b) 满足 $\tau = RC \gg t_p$

② 输入输出关系式：

$$u_o = \frac{1}{RC}\int_0^t u_i dt + u_o(0)$$

3.2.4　动态电路暂态分析的方法

一阶动态电路在直流信号激励下的暂态过程分析方法可归结为三要素法。其三要素公式为

$$f(t) = f(\infty) + [f(0_+) - f(\infty)]e^{-\frac{t}{\tau}}$$

即在动态电路中，只要求出暂态过程中任何电量 $f(t)$ 的稳态值 $f(\infty)$、初始值 $f(0_+)$ 和时间常数 τ 这三个要素，则 $f(t)$ 便被唯一确定。上述公式只适用于含有一个储能元件的一阶电路在直流信号激励下的暂态过程分析。

三要素法求解步骤如下：

(1) 求初始值 $f(0_+)$：方法详见前述内容。

(2) 求稳态值 $f(\infty)$：取换路后的电路，将其中的电感视为短路，电容视为开路，求出稳态值。

(3) 求时间常数 τ：对一阶 RC 电路，$\tau = R_0 C$；对一阶 RL 电路，$\tau = \frac{L}{R_0}$。

τ 仅取决于电路结构和元件参数，而与激励无关。其中 R_0 是将换路后的电路除去电源后从储能元件两端看进去的无源二端网络的等效电阻，其求解方法与以前学过的求解戴维宁等效电阻的方法相同。

3.3 典型例题解析

例3.1 已知某电路的全响应为 $i_L(t)=(5+2\mathrm{e}^{-10t})$ A，试求稳态值 $i_L(\infty)$、初始值 $i_L(0_+)$ 及时间常数 τ。

解 由已知条件可知：$i_L(\infty)=5\mathrm{A}$；$i_L(0_+)=5+2\mathrm{e}^{-10\times 0}=7\mathrm{A}$；$\tau=0.1\mathrm{s}$。

或由三要素公式：$i_L(t)=i_L(\infty)+[i_L(0_+)-i_L(\infty)]\mathrm{e}^{-\frac{t}{\tau}}=5+(7-5)\mathrm{e}^{-\frac{t}{0.1}}\mathrm{A}$，可知 $i_L(\infty)=5\mathrm{A}$；$i_L(0_+)=7\mathrm{A}$；$\tau=0.1\mathrm{s}$。

例3.2 图示电路原已稳定，在 $t=0$ 瞬间将开关接通。试求开关接通后的电压 $u_C(t)$。

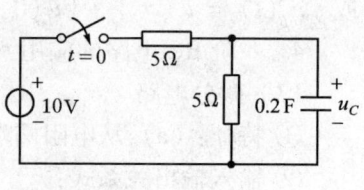

例3.2 图

解 $u_C(0_+)=u_C(0_-)=0\mathrm{V}$

$$u_C(\infty)=\frac{5}{5+5}\times 10\mathrm{V}=5\mathrm{V}$$

$$\tau=R_0 C=(5/\!/5)\times 0.2\mathrm{s}=0.5\mathrm{s}$$

由三要素公式：

$$u_C(t)=u_C(\infty)+[u_C(0_+)-u_C(\infty)]\mathrm{e}^{-\frac{t}{\tau}}=5(1-\mathrm{e}^{-2t})\mathrm{V}$$

例3.3 图示电路在换路前已达稳态。当 $t=0$ 时开关接通，求 $t>0$ 的 $u_C(t)$。

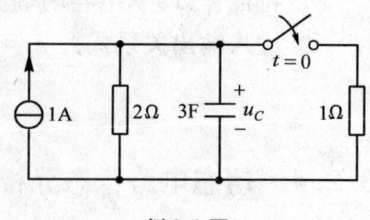

例3.3 图

解 $u_C(0_+)=u_C(0_-)=2\mathrm{V}$

$$u_C(\infty)=1\times\frac{2}{2+1}\mathrm{V}=\frac{2}{3}\mathrm{V}$$

$$\tau=R_0 C=(2/\!/1)C=\frac{2}{3}\times 3\mathrm{s}=2\mathrm{s}$$

代入三要素公式 $u_C(t)=u_C(\infty)+[u_C(0_+)-u_C(\infty)]\mathrm{e}^{-\frac{t}{\tau}}$ 中，有

$$u_C(t)=\left(\frac{2}{3}+\frac{4}{3}\mathrm{e}^{-\frac{t}{2}}\right)\mathrm{V}$$

例3.4 在图示电路中，已知：$R_1=3\Omega$，$R_2=6\Omega$，电容 $C=0.5\mathrm{F}$。开关合在"1"位置时，电路已达稳态，在 $t=0$ 时，将开关由"1"端合向"2"端，试求：$t\geq 0$ 时的电压 $u_C(t)$。

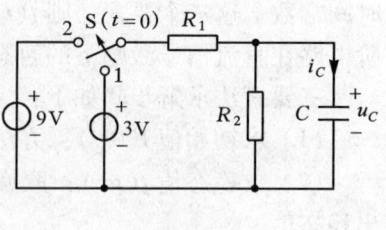

例3.4 图

解 $u_C(0_+)=u_C(0_-)=\dfrac{3}{R_1+R_2}\cdot R_2=\dfrac{3}{6+3}\times 6\mathrm{V}=2\mathrm{V}$；

时间常数为 $\tau=R_0 C=(R_1/\!/R_2)C=\left(\dfrac{6\times 3}{6+3}\right)\times\dfrac{1}{2}\mathrm{s}=1\mathrm{s}$；

$$u_C(\infty)=\frac{9}{R_1+R_2}\cdot R_2=\frac{9}{6+3}\times 6\mathrm{V}=6\mathrm{V};$$

所以 $u_C(t)=u_C(\infty)+[u_C(0_+)-u_C(\infty)]\mathrm{e}^{-\frac{t}{\tau}}=(6-4\mathrm{e}^{-t})\mathrm{V}$

例3.5 图示电路中，开关 S 在位置"1"已久，$t=0$ 时合向位置"2"，求换路后的

$i(t)$ 和 $u_L(t)$。

解 $i_L(0_+) = i_L(0_-) = \dfrac{10}{1+4}\text{A} = 2\text{A}$

$t > 0$ 时电路的时间常数为

$$\tau = \dfrac{L}{R_0} = \dfrac{1}{4+4}\text{s} = \dfrac{1}{8}\text{s}$$

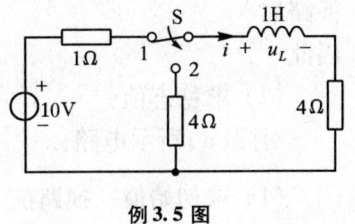

例 3.5 图

因为开关 S 由 1 合到 2，电源被切断，因此电路为零输入状态，则可直接代入零输入响应公式：

$$i_L(t) = i_L(0_+)e^{-\frac{t}{\tau}} = 2e^{-8t}\text{A}$$

由电感的伏安关系（VCR）得

$$u_L(t) = L\dfrac{\mathrm{d}i_L}{\mathrm{d}t} = 1 \times (-2 \times 8)e^{-8t} = -16e^{-8t}\text{V}$$

3.4 课后习题选解

【3.2.5】 图示各电路在换路前都处于稳态，试求换路后电流 i 的初始值 $i(0_+)$ 和稳态值 $i(\infty)$。

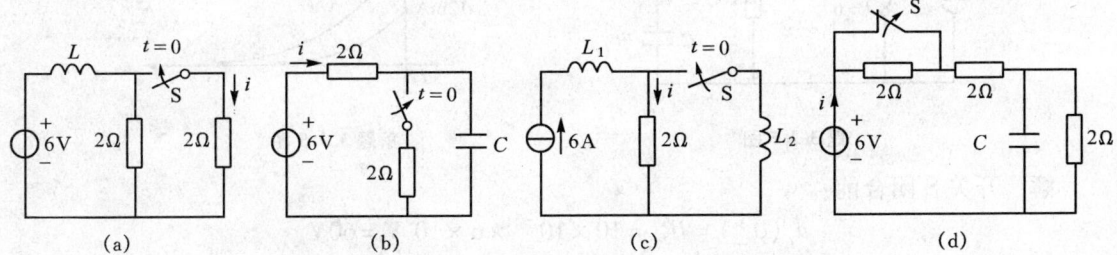

题 3.2.5 图

解 对图(a)所示电路：

(1) 求初始值：换路前　　　$i_L(0_-) = \dfrac{6}{2}\text{A} = 3\text{A}$

由换路定则，换路后　　$i_L(0_+) = i_L(0_-) = 3\text{A}$

因此　　$i(0_+) = \dfrac{2}{2+2}i_L(0_+) = 1.5\text{A}$

(2) 求稳态值：此时 L 视为短路，所以 $i(\infty) = \dfrac{6}{2}\text{A} = 3\text{A}$

对图(b)所示电路：

(1) 求初始值：换路前　　　$u_C(0_-) = 6\text{V}$

由换路定则，换路后　　$u_C(0_+) = u_C(0_-) = 6\text{V}$

因此　　$i(0_+) = \dfrac{6 - u_C(0_+)}{2} = 0\text{A}$

(2) 求稳态值：　　$i(\infty) = \dfrac{6}{2+2}\text{A} = 1.5\text{A}$

对图(c)所示电路：

（1）求初始值：换路前 $i_{L1}(0_-) = 6\text{A}$，$i_{L2}(0_-) = 0\text{A}$

换路后 $i_{L1}(0_+) = i_{L1}(0_-) = 6\text{A}$，$i_{L2}(0_+) = i_{L2}(0_-) = 0\text{A}$

因此 $i(0_+) = i_{L1}(0_+) - i_{L2}(0_+) = 6\text{A}$

（2）求稳态值： $i(\infty) = 0\text{A}$

对图(d)所示电路：

（1）求初始值：换路前 $u_C(0_-) = \dfrac{2}{2+2} \times 6\text{V} = 3\text{V}$

由换路定则，换路后 $u_C(0_+) = u_C(0_-) = 3\text{V}$

则 $i(0_+) = \dfrac{6-3}{2+2}\text{A} = 0.75\text{A}$

（2）求稳态值： $i(\infty) = \dfrac{6}{2+2+2}\text{A} = 1\text{A}$

【3.3.5】 在图示电路中，$I = 10\text{mA}$，$R_1 = 3\text{k}\Omega$，$R_2 = 3\text{k}\Omega$，$R_3 = 6\text{k}\Omega$，$C = 2\mu\text{F}$。在开关S闭合前电路已都处于稳态。求在 $t \geq 0$ 时 u_C 和 i_1，并作出它们随时间变化的曲线。

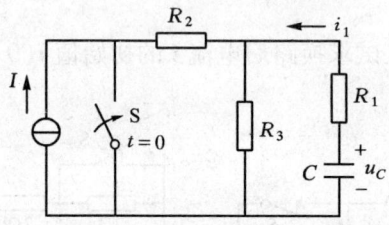

题 3.3.5 图

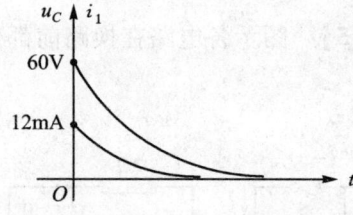

解题 3.3.5 图

解 开关S闭合前：

$$u_C(0_-) = IR_3 = 10 \times 10^{-3} \times 6 \times 10^3 \text{V} = 60\text{V}$$

开关S闭合后：

$$u_C(0_+) = u_C(0_-) = 60\text{V}$$
$$u_C(\infty) = 0\text{V}$$
$$\tau = R_0 C = \left(R_1 + \dfrac{R_2 R_3}{R_2 + R_3}\right) \cdot C = \left(3 + \dfrac{3 \times 6}{3 + 6}\right) \times 10^3 \times 2 \times 10^{-6} \text{s} = 0.01\text{s}$$

所以 $u_C(t) = u_C(\infty) + [u_C(0_+) - u_C(\infty)]\text{e}^{-\frac{t}{\tau}} = 60\text{e}^{-100t}\text{V}$

电流 i_1 与 u_C 参考方向相反，故有

$$i_1 = -C\dfrac{\text{d}u_C}{\text{d}t} = -2 \times 10^{-6} \dfrac{\text{d}}{\text{d}t}(60\text{e}^{-100t}) = 12\text{e}^{-100t}\text{mA}$$

【3.3.6】 图示电路，在开关S闭合前已处于稳态。求开关闭合后的电压 u_C。

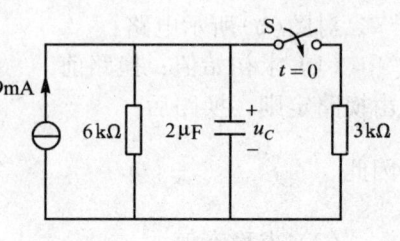

题 3.3.6 图

解 开关S闭合前

$$u_C(0_-) = 9 \times 10^{-3} \times 6 \times 10^3 \text{V} = 54\text{V}$$
$$u_C(0_+) = u_C(0_-) = 54\text{V}$$
$$u_C(\infty) = 9 \times 10^{-3} \times \dfrac{6 \times 10^3 \times 3 \times 10^3}{6 \times 10^3 + 3 \times 10^3}\text{V} = 2 \times$$

$10^3 \times 9 \times 10^{-3}$ V = 18V

时间常数 $\tau = R_0 C = (6\text{k}\Omega /\!/ 3\text{k}\Omega) C = 2 \times 10^3 \times 2 \times 10^{-6}$ s $= 4 \times 10^{-3}$ s

代入三要素公式 $u_C(t) = u_C(\infty) + [u_C(0_+) - u_C(\infty)] \mathrm{e}^{-\frac{t}{\tau}}$ 中，有

$$u_C(t) = 18 + 36\mathrm{e}^{-250t} \text{V}$$

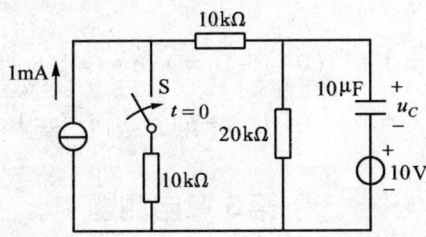

题 3.4.5 图

【3.4.5】 图示电路，在开关 S 闭合前已处于稳态。求换路后($t \geq 0$)的电压 u_C。

解 开关 S 闭合前

$$u_C(0_-) = (1 \times 10^{-3} \times 20 \times 10^3 - 10) \text{V} = 10 \text{V}$$

$$u_C(0_+) = u_C(0_-) = 10 \text{V}$$

$$u_C(\infty) = \left(\frac{10}{10+10+20} \times 1 \times 10^{-3} \times 20 \times 10^3 - 10 \right) \text{V} = -5 \text{V}$$

时间常数 $\tau = R_0 C = \left(\dfrac{20 \times 10^3}{2} \times 10 \times 10^{-6} \right)$ s $= 0.1$ s

代入三要素公式 $u_C(t) = u_C(\infty) + [u_C(0_+) - u_C(\infty)] \mathrm{e}^{-\frac{t}{\tau}}$ 中，有

$$u_C(t) = -5 + 15\mathrm{e}^{-10t} \text{V}$$

【3.6.9】 图示电路，在换路前已处于稳态。当将开关从"1"的位置合到"2"的位置后，求 i_L 和 i。

解 (1) 求初始值：

换路前 $i(0_-) = \dfrac{-3}{1 + \dfrac{2 \times 1}{2+1}} \text{A} = -\dfrac{9}{5}$ A

$$i_L(0_-) = \dfrac{2}{2+1} \times \left(-\dfrac{9}{5} \right) \text{A} = -\dfrac{6}{5} \text{A}$$

$$i_L(0_+) = i_L(0_-) = -\dfrac{6}{5} \text{A}$$

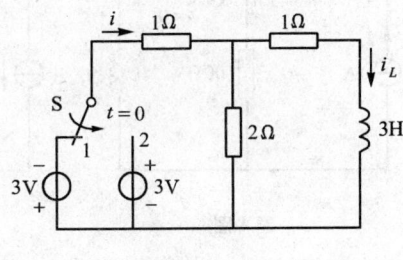

题 3.6.9 图

又因换路后 $1 \times i(0_+) + 2[i(0_+) - i_L(0_+)] = 3$

$$i(0_+) = \dfrac{1}{5} \text{A}$$

(2) 求稳态值：

$$i(\infty) = \dfrac{3}{1 + \dfrac{2 \times 1}{2+1}} \text{A} = \dfrac{9}{5} \text{A}$$

$$i_L(\infty) = \left(\frac{2}{2+1} \times \frac{9}{5}\right)\text{A} = \frac{6}{5}\text{A}$$

(3) 时间常数 $\tau = \dfrac{L}{R_0} = \dfrac{3}{1+\dfrac{2\times 1}{2+1}}\text{s} = \dfrac{9}{5}\text{s}$

(4) 代入三要素公式

$$i(t) = i(\infty) + [i(0_+) - i(\infty)]e^{-\frac{t}{\tau}} = 1.8 - 1.6e^{-\frac{5t}{9}}\text{A}$$

$$i_L(t) = i_L(\infty) + [i_L(0_+) - i_L(\infty)]e^{-\frac{t}{\tau}} = 1.2 - 2.4e^{-\frac{5t}{9}}\text{A}$$

第3章自测题

1. 图示电路 $t<0$ 时已稳定,$t=0$ 时开关 S 闭合,此后电容上电压 $u_C(t) = 20(1 - e^{-0.1t})$V,则电容 $C = ($ $)$ F。

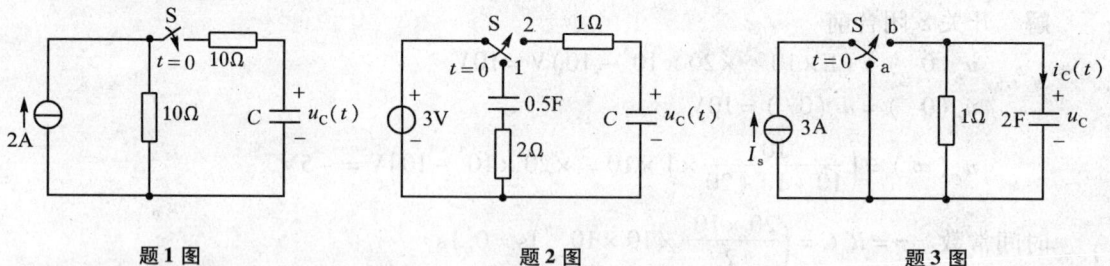

题1图　　　　　题2图　　　　　题3图

2. 如图电路,$t=0$ 时开关 S 由 1 扳到 2,则 $u_C(\infty) = ($ $)$ V。
3. 图示电路,已知 $u_C(0_-) = 2$V,$t=0$ 时 S 由 a 扳到 b,则 $i_C(0_+) = ($ $)$ A。
4. 图示电路原已稳定,$t=0$ 时开关 S 闭合,S 闭合后的 $u_L(\infty)$ 值为$($ $)$ V。

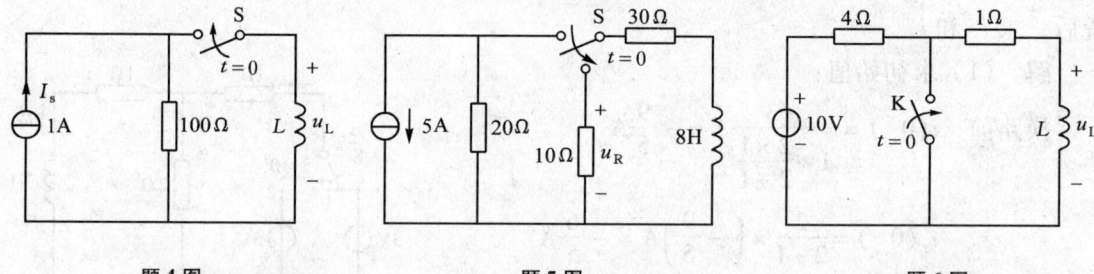

题4图　　　　　题5图　　　　　题6图

5. 在图中,开关闭合已经很久,在 $t=0$ 时开关 S 动作,则$($ $)$ V。
6. 电路如图所示,在 $t<0$ 时电路处于稳态,$t=0$ 时闭合开关,则电感电压 $u_L(0_+) = ($ $)$ V。
7. 如图所示动态电路,在 $t=0$ 时开关闭合,换路后其时间常数 $\tau = ($ $)$ s。
8. 如图所示电路原已处于稳定状态。已知 $U_s = 100$V,$R_1 = R_2 = R_3 = 100\Omega$,$C = 10\mu$F。则开关 k 在 $t=0$ 时断开后电容电压 $u_C(t) = ($ $)$ V。
9. 图示电路开关 S 打开前已处于稳态,$t=0$ 时开关 S 打开,则 $t>0$ 时电感中的电流 $i(t) = ($ $)$ A。

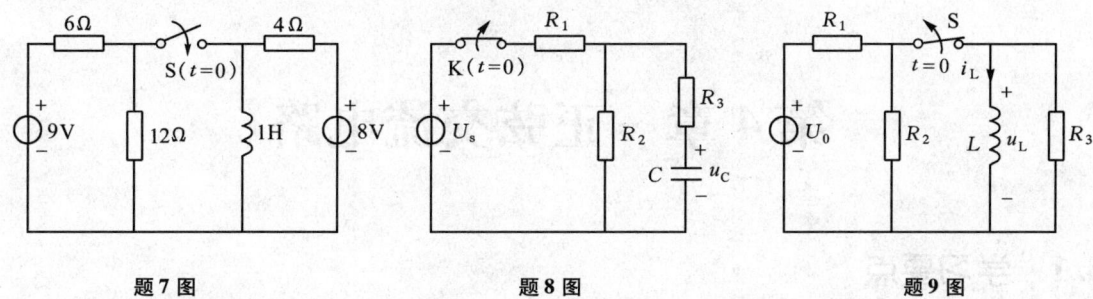

题 7 图   题 8 图   题 9 图

10. 电路如图所示，$t=0$ 时开关断开，则 $t \geq 0$ 时，8Ω 电阻的电流 i 为（   ）。

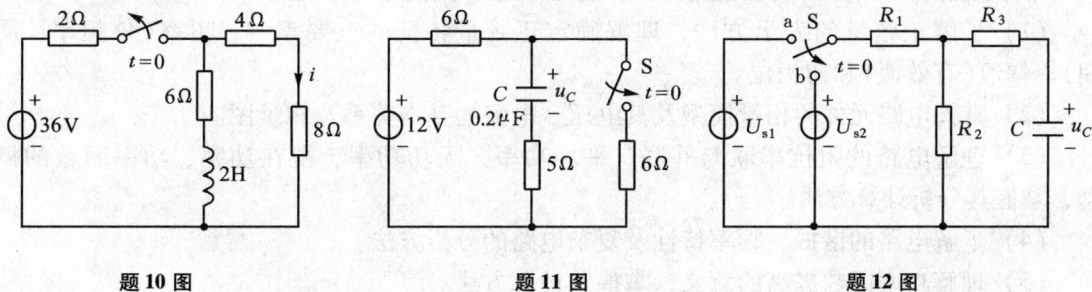

题 10 图   题 11 图   题 12 图

11. 图示电路原处于稳定状态，$t=0$ 时开关闭合，则 $t \geq 0$ 时电容两端的电压 $u_C =$ （   ）。

12. 图示电路，已知 $U_{s1}=10\text{V}$，$U_{s2}=5\text{V}$，$R_1=R_2=4\text{k}\Omega$，$R_3=2\text{k}\Omega$，$C=100\mu\text{F}$，求开关 S 由 a 转向 b 后的 u_C。

13. 图示电路稳态后，$t=0$ 时开关打开，则 $t>0$ 时的 $u_{ab}(t)$。

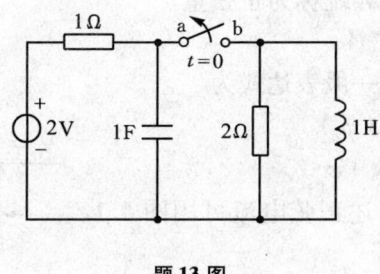

题 13 图

第4章 正弦交流电路

4.1 学习要点

本章应用相量法分析线性电路的正弦稳态响应。其基本要求是：

（1）了解正弦量的表示方法，理解确定正弦量特征的三要素——频率（角频率、周期）、幅值（有效值）和初相位。

（2）掌握电路元件的相量模型及其电压、电流的基本关系及相量图。

（3）理解电路的阻抗串联与并联、平均功率、无功功率、视在功率、功率因数的概念，掌握其分析计算方法。

（4）了解电路的谐振、频率特性及复杂电路的分析方法。

（5）理解功率因数提高的意义，掌握其计算方法。

4.2 内容提要

4.2.1 正弦量

正弦电压和电流等物理量，统称为正弦量。

1. 正弦量的表示方法

（1）数学表达式表示，其一般表达式为

$$i = I_m \sin(\omega t + \varphi_i)$$
$$u = U_m \sin(\omega t + \varphi_u)$$

（2）正弦波形表示，如上述正弦电流可用图4.1表示。

（3）相量表示，见后面叙述3。

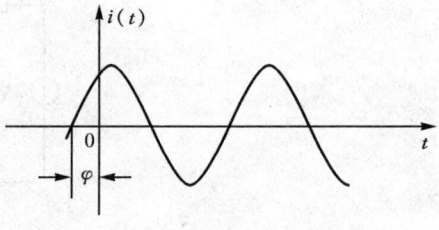

图4.1 正弦波形

2. 正弦量的三要素

（1）频率与周期

正弦量变化一周所用的时间称为周期，用符号"T"表示，单位为秒(s)，在1秒时间内的周期数称为频率，用符号"f"表示，单位为每秒(1/s)或赫兹(Hz)，它们均表示正弦量变化快慢的特征，也可用ω（角频率，单位为rad/s）来表示，三者之间的关系为

$$f = \frac{1}{T}, \quad \omega = 2\pi f = \frac{2\pi}{T}$$

（2）幅值与有效值

幅值用U_m，I_m来表示，表征正弦量在变化中的最大值，也可用有效值来表示。其定义为

$$I = \sqrt{\frac{1}{T}\int_0^T i^2 \mathrm{d}t} = \frac{I_m}{\sqrt{2}} = 0.707 I_m$$

同理有
$$U = \frac{U_m}{\sqrt{2}}$$

在实际中常用有效值来表示正弦量的大小,它和幅值一样,恒取正值。

(3) 初相、相位差

时间 $t=0$ 时的相位角称为初相,如 i 的初相为 φ_i。

两个同频率的正弦量之间的相位角之差称为相位差,如电压 u 对电流 i 的相位差为

$$\varphi = (\omega t + \varphi_u) - (\omega t + \varphi_i) = \varphi_u - \varphi_i$$

若 $\varphi>0$,称电压 u 超前电流 $i\ \varphi$ 角;若 $\varphi<0$,称电压 u 落后电流 $i\ |\varphi|$ 角;若 $\varphi=0$,称电压 u 与电流 i 同相位;若 $\varphi=\pm\pi$,称电压 u 与电流 i 反相。

3. 正弦量的相量表示形式

一个复数 F 可由模($|F|$)和辐角(θ)两个特征来确定,简写表示为 $F=|F|\angle\theta$。而在分析同频率的正弦量时,也只有两个特征:幅值(或有效值)和初相,于是,正弦量就可用复数来表示。该复数的模为正弦量的有效值,辐角为正弦量的初相,称为相量,记为 $\dot{I}$

$$\dot{I} = I\mathrm{e}^{\mathrm{j}\varphi_i} = I\angle\varphi_i$$

相量是一个复数,仅表示正弦量,但并不等于正弦量。它在复平面上的图形称为相量图。

4.2.2 正弦交流电路的分析

1. 单一参数的正弦电路

(1) 电阻电路

电阻元件的相量模型如图 4.2 所示。

其相量表达式为

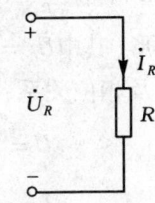

图 4.2 电阻元件相量模型

$$\dot{U}_R = R\dot{I}_R$$

大小关系:$U_R = RI_R$;相位关系:$\varphi_u = \varphi_i$。

其相量图如图 4.3 所示。

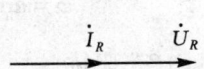

图 4.3 电阻元件相量图

平均功率:$P_R = U_R I_R = I_R^2 R = \dfrac{U_R^2}{R}$;无功功率:$Q_R = 0$。

(2) 电感电路

电感元件的相量模型如图 4.4 所示。

其相量表达式为

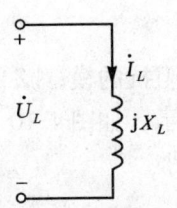

$$\dot{U}_L = \mathrm{j}X_L \dot{I}_L$$

大小关系:$U_L = X_L I_L$;相位关系:$\varphi_u = \varphi_i + 90°$。

其相量图如图 4.5 所示。

图 4.4 电感元件相量模型

平均功率:$P_L = 0$;无功功率:$Q_R = U_L I_L = I_L^2 X_L = \dfrac{U_L^2}{X_L}$。

其中:$X_L = \omega L = 2\pi fL$,称为感抗,单位为 Ω。

(3) 电容电路

电容元件的相量模型如图 4.6 所示。

其相量表达式为

$$\dot{U}_C = -jX_C \dot{I}_C$$

大小关系：$U_C = X_C I_C$，相位关系：$\varphi_u = \varphi_i - 90°$。

其相量图如图 4.7 所示。

平均功率：$P_C = 0$，

无功功率：$Q_C = -U_C I_C = -I_C^2 X_C = -\dfrac{U_C^2}{X_C}$。

其中：$X_C = \dfrac{1}{\omega C} = \dfrac{1}{2\pi f C}$，称为容抗，单位为 Ω。

2. RLC 串联的正弦电路

RLC 串联电路如图 4.8 所示。

(1) 相量表达式

$$\dot{U} = \dot{U}_R + \dot{U}_L + \dot{U}_C = \dot{I}[R + j(X_L - X_C)] = \dot{I}Z$$

(2) 有效值关系

由相量表达式，可画出电流与电压的相量图，如图 4.9 所示。

图中 $\dot{U}_R$、$\dot{U}_X$ 和 $\dot{U}$ 组成一个直角三角形，称为电压三角形（其中 $\dot{U}_X = \dot{U}_L + \dot{U}_C$）。它可清楚地反映各个电压的大小及相位关系：

$$U = \sqrt{U_R^2 + (U_L - U_C)^2}$$

$$I = \dfrac{U}{|Z|} = \dfrac{U}{\sqrt{R^2 + (X_L - X_C)^2}}$$

$$\varphi = \arctan \dfrac{U_L - U_C}{U_R}$$

(3) 阻抗

相量表达式中的 $Z = R + j(X_L - X_C)$ 称为电路的（复）阻抗，由复数知识可知

$$|Z| = \sqrt{R^2 + (X_L - X_C)^2}$$

为阻抗的模；$|Z|$，R 及 $X(X = X_L - X_C)$ 三者之间的关系可用三角形表示，如图 4.10 所示。其中

$$\varphi = \arctan \dfrac{X_L - X_C}{R}$$

为阻抗角，也是电流和电压的相位差（$\varphi = \varphi_u - \varphi_i$）。由 φ 值可判断电路的性质：

$\varphi > 0$ 时，电路为感性；$\varphi < 0$ 时，电路为容性；$\varphi = 0$ 时，电路呈电阻性。

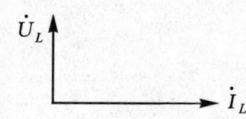

图 4.5 电感元件相量图

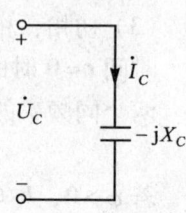

图 4.6 电容元件相量模型

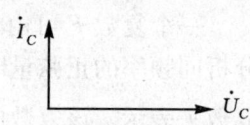

图 4.7 电容元件相量图

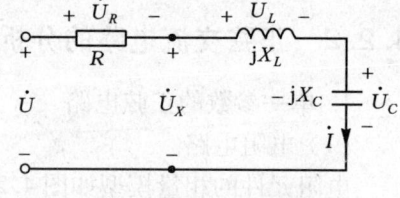

图 4.8 RLC 串联电路

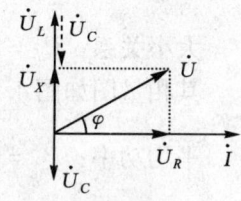

图 4.9 RLC 电路相量图

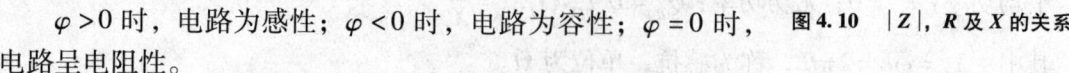

图 4.10 $|Z|$，R 及 X 的关系

(4) 功率关系。

对一正弦电路，如图 4.11 所示。

设

$$i = \sqrt{2}I\sin\omega t \text{ A}$$

$$u = \sqrt{2}U\sin(\omega t + \varphi) \text{ V}$$

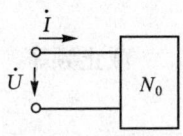

图 4.11　正弦电路

则

① 瞬时功率。其定义为

$$p = ui = \sqrt{2}U\sin(\omega t + \varphi) \times \sqrt{2}I\sin\omega t$$
$$= UI\cos\varphi - UI\cos(2\omega t + \varphi)$$

其单位为瓦，用 W 表示。式中第一部分为电路吸收的功率，第二部分为电路与电源之间交换的功率。

② 平均功率、功率因数。

瞬时功率在实际中用处不大，常用平均功率，其定义为

$$P = \frac{1}{T}\int_0^T p\text{d}t = \frac{1}{T}\int_0^T UI[\cos\varphi - \cos(2\omega t + \varphi)\text{d}t]$$
$$= UI\cos\varphi$$

对应于电路从电源吸收的功率的平均值，又称有功功率，是电路消耗的功率，单位为瓦，用 W 表示。式中 $\cos\varphi$ 称为功率因数，用符号 λ 表示，即

$$\lambda = \cos\varphi$$

功率因数是电路的一个重要参数。

③ 无功功率。其定义为

$$Q = UI\sin\varphi$$

它对应于电路与电源之间进行交换的功率的幅值，单位为乏，用 Var 表示。

④ 视在功率。其定义为

$$S = UI$$

其单位为伏安，用 VA 表示。它对应于设备的容量。

⑤ 性质及计算。P，Q，S，λ 之间的关系可用一个三角形表示，如图 4.12 所示。

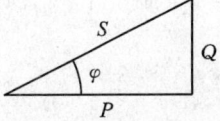

图 4.12　功率三角形

该三角形称为功率三角形，其中

$$S^2 = P^2 + Q^2$$

$$\cos\varphi = \frac{P}{S}$$

3. 复杂正弦电路的分析

引入相量法以后，阻抗的串联和并联与电阻的串联和并联的计算公式以及方法完全相同，直流电路中的分析方法，只要将其变量用相量来表示，都可采用。

4.2.3　正弦交流电路的频率特性

1. RC 电路的频率特性

(1) 低通电路

网络函数

$$H(j\omega) = \frac{1}{1+j\omega CR}$$

截止频率

$$f_C = \frac{\omega_C}{2\pi}, \quad \omega_C = \frac{1}{RC}$$

电路如图 4.13 所示。

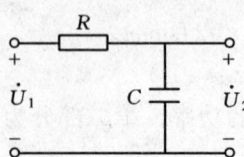 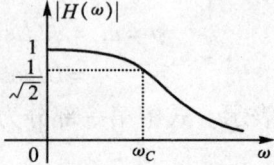

图 4.13 低通电路及其频率特性

(2) 高通电路

网络函数

$$H(j\omega) = \frac{1}{1-j\frac{1}{\omega RC}}$$

截止频率

$$f_C = \frac{\omega_C}{2\pi}, \quad \omega_C = \frac{1}{RC}$$

电路如图 4.14 所示。

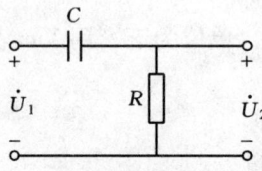 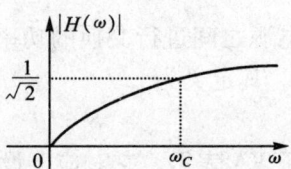

图 4.14 高通电路及其频率特性

2. 交流电路的谐振

在交流电路中，当 $\dot{U}$ 与 $\dot{I}$ 同相位时，称电路发生了谐振。

(1) 串联谐振：在电阻 R、电感 L、电容 C 串联电路中，$X_L = \omega L$，$X_C = \frac{1}{\omega C}$，

谐振条件：$X_L = X_C$

谐振频率：$f_0 = \dfrac{1}{2\pi\sqrt{LC}}$

电路特点：

① 阻抗最小，呈电阻性，$Z = R$。

② 电流最大，且与电压同相，$I_0 = \dfrac{U}{R}$，$\varphi = 0$。

③ 电感上电压 U_L 与电容上电压 U_C 相等，当 $X_L = X_C \gg R$ 时，$U_L = U_C \gg U$，由此也称电压谐振。

④ 电路功率 $P = S$，$Q = 0$，但 $Q_L = -Q_C \neq 0$，电路与电源间无无功功率交换。

(2) 并联谐振：与串联谐振比较，不难得出其结论。

4.2.4 功率因数的提高

1. 提高功率因数的意义

由交流电源设备输出功率

$$P_N = U_N I_N \cos\varphi$$

可知，当电源设备容量 $S_N = U_N I_N$ 不变，而 $\cos\varphi$ 较高时，可输出较大的有功功率；反之 $\cos\varphi$ 较低时，输出有功功率较小。如当输出功率不变，在 $\cos\varphi$ 较高时，可减小线路电流 I_N（一般电压 U_N 不变），进而可以显著减小线路损耗。

2. 提高功率因数的方法

工业负载大多是感性的，可采用并联电容的方法，其数值按下式计算：

$$C = \frac{P}{\omega U^2}(\tan\varphi_1 - \tan\varphi)$$

式中，φ_1 为提高前的功率因数角；φ 为提高后的功率因数角。

4.3 典型例题解析

例 4.1 已知 $u = 310\sin(314t)$ V，$i = -5\sqrt{2}\sin\left(314t + \frac{\pi}{2}\right)$ A。分别求出它们的最大值、有效值及相量式；角频率、频率、周期、初相位及相位差。

解 (1) 电压 u 的最大值

$$U_m = 310\text{V}$$

有效值 $U = \frac{310}{\sqrt{2}}\text{V} = 220\text{V}$

相量式 $\dot{U} = 220\angle 0°\text{V}$

角频率 $\omega = 314\text{rad/s}$

频率 $f = \frac{\omega}{2\pi} = \frac{314}{2\pi}\text{Hz} = 50\text{Hz}$

周期 $T = \frac{1}{f} = \frac{1}{50}\text{s} = 0.02\text{s}$

初相位 $\varphi_u = 0$

(2) 电流 $i = -5\sqrt{2}\sin\left(314t + \frac{\pi}{2}\right)\text{A} = 5\sqrt{2}\sin\left(314t - \frac{\pi}{2}\right)\text{A}$

最大值 $I_m = 5\sqrt{2}\text{A} = 7.07\text{A}$

有效值 $I = 5\text{A}$

相量式 $\dot{I} = 5\angle\left(-\frac{\pi}{2}\right)$ A

角频率 $\omega = 314\text{rad/s}$

频率 $\quad f = \dfrac{\omega}{2\pi} = \dfrac{314}{2\pi}\text{Hz} = 50\text{Hz}$

周期 $\quad T = \dfrac{1}{f} = \dfrac{1}{50}\text{s} = 0.02\text{s}$

初相位 $\quad \varphi_i = -\dfrac{\pi}{2}\text{rad}$

(3) 相位差 $\quad \varphi = \varphi_u - \varphi_i = \left[0 - \left(-\dfrac{\pi}{2}\right)\right]\text{rad} = \dfrac{\pi}{2}\text{rad}$

例 4.2 在图(a)所示电路中,已知电阻 $R = 10\Omega$,电感 $L = 0.1\text{H}$,电容 $C = 0.002\text{F}$,三个元件并联接于电压源,其电压 $u_s = 10\sqrt{2}\sin 100t\text{V}$。求:(1) 画电路的相量模型图;(2) 总电流 $i(t)$;(3) 画电路的相量图。

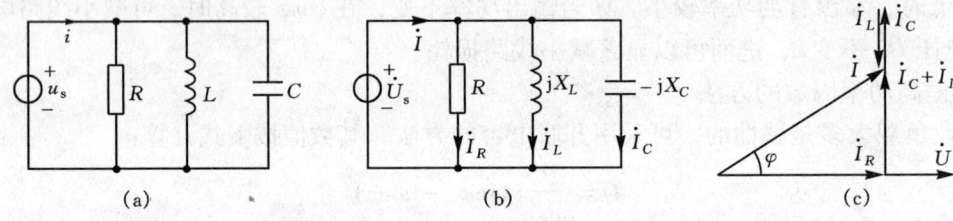

例 4.2 图

解 (1) 画出电路相量模型,如图(b)所示。

(2) 由电路的相量模型图可知

$$\dot{I}_R = \dfrac{\dot{U}_s}{R} = \dfrac{10\angle 0°}{10}\text{A} = 1\angle 0°\text{A}$$

$$\dot{I}_L = \dfrac{\dot{U}_s}{\text{j}X_L} = \dfrac{10\angle 0°}{\text{j}10}\text{A} = 1\angle -90°\text{A}$$

$$\dot{I}_C = \dfrac{\dot{U}_s}{-\text{j}X_C} = \dfrac{10\angle 0°}{-\text{j}5}\text{A} = 2\angle 90°\text{A}$$

再由 KCL 得

$$\dot{I} = \dot{I}_R + \dot{I}_L + \dot{I}_C = (1\angle 0° + 1\angle -90° + 2\angle 90°)\text{A} = (1 + \text{j})\text{ A} = \sqrt{2}\angle 45°\text{A}$$

所以

$$i(t) = 2\cos(100t + 45°)\text{A}$$

(3) 电路的相量图如图(c)所示。

例 4.3 已知如图(a)中电压表的读数为 V_1:15V;V_2:80V;V_3:100V(电压表的读数为正弦电压的有效值)。求电压 U_s。

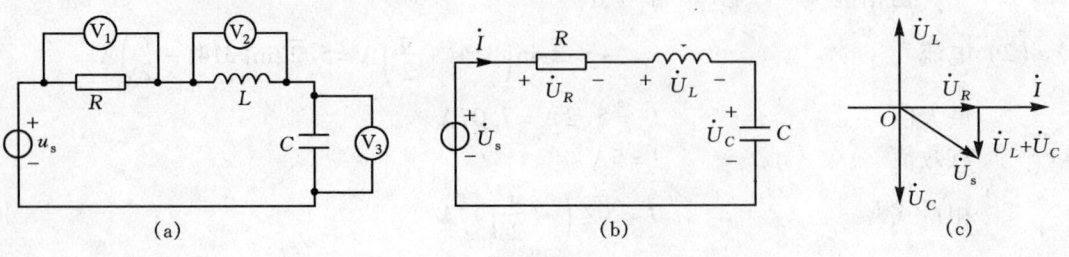

例 4.3 图

解法一　利用相量法求解。

设回路中电流 $\dot{I} = I\angle 0°$，如图(b)所示，则

$$\dot{U}_R = R\dot{I} = RI\angle 0° = 15\angle 0°\text{V}$$

$$\dot{U}_L = jX_L\dot{I} = X_L I\angle 90° = 80\angle 90°\text{V}$$

$$\dot{U}_C = -jX_C\dot{I} = X_C I\angle -90° = 100\angle -90°\text{V}$$

所以总电压

$$\dot{U}_s = \dot{U}_R + \dot{U}_L + \dot{U}_C = (15 + j80 - j100)\text{V} = (15 - j20)\text{V}$$

有效值为

$$U_s = \sqrt{15^2 + 20^2}\text{V} = 25\text{V}$$

解法二　利用相量图求解。设回路中电流 $\dot{I} = I\angle 0°\text{A}$，画出相量图如图(c)所示，总电压 $\dot{U}_s$ 与各元件电压构成一直角三角形。由图可得

$$U_s = \sqrt{U_R^2 + (U_C - U_L)^2} = \sqrt{15^2 + (100 - 80)^2}\text{V} = 25\text{V}$$

例 4.4　已知图(a)所示正弦电路中，电流表的读数分别为 A_1：5A；A_2：20A；A_3：25A。求图中电流表 A 的读数。

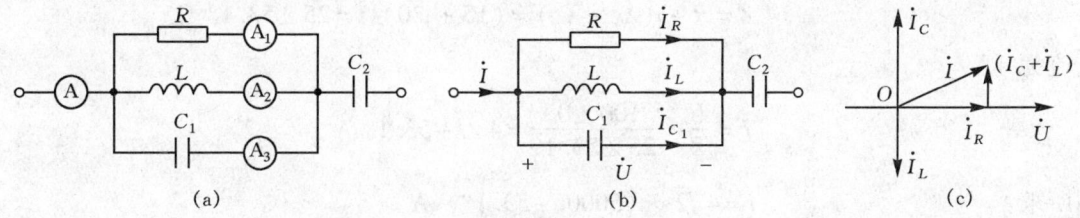

例 4.4 图

解法一　相量法。如图(b)，因为 R，L，C_1 并联，设元件电压为

$$\dot{U}_R = \dot{U}_L = \dot{U}_{C_1} = \dot{U} = U\angle 0°\text{V}$$

则

$$\dot{I}_R = \frac{\dot{U}}{R} = \frac{U}{R}\angle 0° = 5\angle 0°\text{A}$$

$$\dot{I}_L = \frac{\dot{U}}{jX_L} = \frac{U}{X_L}\angle -90° = -j20\text{A}$$

$$\dot{I}_{C_1} = \frac{\dot{U}}{-jX_{C_1}} = \frac{U}{X_{C_1}}\angle 90° = j25\text{A}$$

总电流相量为

$$\dot{I} = \dot{I}_R + \dot{I}_L + \dot{I}_{C_1} = (5 - j20 + j25)\text{A} = (5 + j5)\text{A} = 5\sqrt{2}\angle 45°\text{A}$$

总电流表 A 的读数　$I = 5\sqrt{2}\text{A} = 7.07\text{A}$

解法二　利用相量图求解。设 $\dot{U}_R = \dot{U}_L = \dot{U}_{C_1} = \dot{U} = U\angle 0°\text{V}$，画出相量图，如图(c)所示。总电流 $\dot{I}$ 与各元件电流构成一直角三角形。由图可得

电流表 A 的读数

$$I = \sqrt{I_R^2 + (I_{C_1} - I_L)^2}\text{A}$$

即　$I = \sqrt{5^2 + (25 - 20)^2}\text{A} = 7.07\text{A}$

例 4.5 在图（a）所示 RLC 串联电路中，已知 $R = 15\Omega$，$L = 12\text{mH}$，$C = 5\mu\text{F}$，$u = 100\sqrt{2}\sin 5000t \text{V}$。求电流 i 及各元件上的电压，并画相量图。

解 用相量法。$\dot{U} = 100\angle 0° \text{ V}$，画出相量模型图，如图（b）所示。

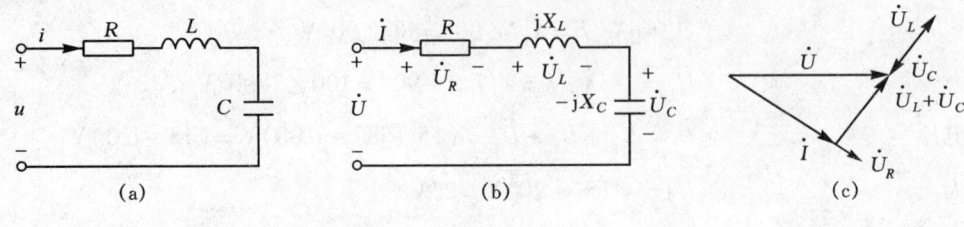

例 4.5 图

复数阻抗为

$$X_L = \omega L = 5000 \times 12 \times 10^{-3} \Omega = 60\Omega$$

$$X_C = \frac{1}{\omega C} = \frac{1}{5000 \times 5 \times 10^{-6}}\Omega = 40\Omega$$

$$Z = R + \text{j}(X_L - X_C) = (15 + \text{j}20)\Omega = 25\angle 53.1° \ \Omega$$

电流为

$$\dot{I} = \frac{\dot{U}}{Z} = \frac{100\angle 0°}{25\angle 53.1°} = 4\angle -53.1° \text{ A}$$

则所求

$$i = 4\sqrt{2}\sin(5000t - 53.1°) \text{ A}$$

各元件电压相量分别为

$$\dot{U}_R = R\dot{I} = 15 \times 4\angle -53.1° \text{ V} = 60\angle -53.1° \text{ V}$$

$$\dot{U}_L = \text{j}X_L\dot{I} = \text{j}60 \times 4\angle -53.1°\text{V} = 240\angle 36.9° \text{ V}$$

$$\dot{U}_C = -\text{j}X_C\dot{I} = -\text{j}40 \times 4\angle -53.1°\text{V} = 160\angle -143.1° \text{ V}$$

由 $\dot{U} = \dot{U}_R + \dot{U}_L + \dot{U}_C$，画出相量图，如图（c）所示。

例 4.6 图示为三电压表法测线圈参数的实验电路。已知 $R = 50\Omega$，$U = 50\text{V}$，$U_1 = 25\text{V}$，$U_2 = 40\text{V}$，工频。求线圈参数 r，L。

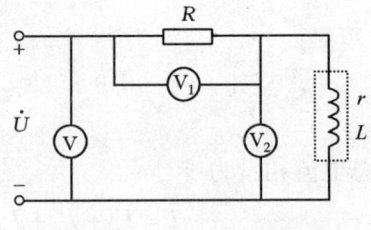

例 4.6 图

解 电路的电流 $I = \dfrac{U_1}{R} = \dfrac{25}{50}\text{A} = 0.5\text{A}$

电路的总阻抗 $|Z| = \dfrac{U}{I} = \dfrac{50}{0.5}\Omega = 100\Omega$

线圈的总阻抗 $|Z_{rL}| = \dfrac{U_2}{I} = \dfrac{40}{0.5}\Omega = 80\Omega$

于是由
$$\sqrt{(R+r)^2 + X_L^2} = |Z|$$
$$\sqrt{r^2 + X_L^2} = |Z_{rL}|$$

即
$$\sqrt{(50+r)^2 + X_L^2} = 100$$
$$\sqrt{r^2 + X_L^2} = 80$$

联立解得 $r = 11\Omega$, $X_L = 79.2\Omega$, $L = \dfrac{79.2}{314}\text{H} = 0.252\text{H}$

例 4.7 图示为用电压表、电流表和功率表测量电感线圈参数 r 和 L 的实验电路。现测得电压表、电流表和功率表的读数分别为 $U = 50\text{V}$, $I = 1\text{A}$ 和 $P = 30\text{W}$, 电源频率为 50Hz。

求：$r = ?$ $L = ?$

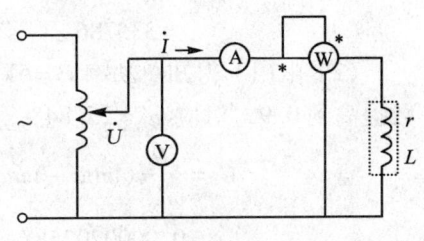

例 4.7 图

解 等效阻抗 $|Z| = \dfrac{U}{I} = \dfrac{50}{1}\Omega = 50\Omega$

等效电阻 $r = \dfrac{P}{I^2} = \dfrac{30}{1^2}\Omega = 30\Omega$

等效电抗 $X_L = \sqrt{|Z|^2 - r^2} = \sqrt{50^2 - 30^2}\,\Omega = 40\Omega$

对应的电感 $L = \dfrac{X_L}{\omega} = \dfrac{40}{2\pi \times 50}\text{H} = 0.127\text{H}$

例 4.8 在图示电路中，$\dot{I} = 10\angle 25° \text{A}$, $\dot{U} = 100\angle 55° \text{V}$, N 为不含独立电源的一端口，试求电路的 P, Q, S, λ, $\bar{S}$ 及输入阻抗 Z。

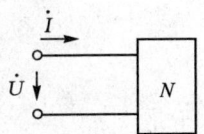

例 4.8 图

解 输入阻抗 $Z = \dfrac{\dot{U}}{\dot{I}} = \dfrac{100\angle 55}{10\angle 25}\Omega = 10\angle 30°\,\Omega$

功率因数 $\lambda = \cos\varphi = \cos\varphi_Z = \cos 30° = 0.866$
有功功率 $P = UI\cos\varphi = 100 \times 10 \times 0.866\text{W} = 866\text{W}$
无功功率 $Q = UI\sin\varphi = 100 \times 10 \times 0.5\text{Var} = 500\text{Var}$
视在功率 $S = UI = 100 \times 10 = 1000\text{VA}$
复功率 $\bar{S} = P + jQ = (866 + j500)\text{ VA}$

例 4.9 某车间有两个感性负载并联在 220V 的工频电源上，其功率和功率因数分别为：$P_1 = 3\text{kW}$, $\lambda_1 = 0.6$, $P_2 = 2\text{kW}$, $\lambda_2 = 0.8$。

求：（1）电路的总电流；

（2）欲将电路的功率因数提高到 0.9，问应并联多大的电容？

解 （1）（法一）：由 $\lambda_1 = 0.6$, 得 $\varphi_1 = \arccos 0.6 = \pm 53.1°$, 取 $\varphi_1 = 53.1°$; 由 $\lambda_2 = 0.8$, 得 $\varphi_2 = \arccos 0.8 = \pm 36.9°$, 取 $\varphi_2 = 36.9°$; 则

总功率 $P = P_1 + P_2 = (3+2)\text{kW} = 5\text{kW}$

总无功功率 $Q = Q_1 + Q_2 = P_1\tan\varphi_1 + P_2\tan\varphi_2 = (3\tan 53.1° + 2\tan 36.9°)\text{kVar} = 5.5\text{kVar}$

总功率因数 $\lambda = \cos\varphi = \dfrac{P}{\sqrt{P^2 + Q^2}} = \dfrac{5}{\sqrt{5^2 + 5.5^2}} = 0.6727$

总电流 $I = \dfrac{P}{U\lambda} = \dfrac{5 \times 10^3}{220 \times 0.6727}\text{A} = 33.785\text{A}$

（法二）：$I_1 = \dfrac{P_1}{U\lambda_1} = \dfrac{3 \times 10^3}{220 \times 0.6}\text{A} = 22.727\text{A}$, $I_2 = \dfrac{P_2}{U\lambda_2} = \dfrac{2 \times 10^3}{220 \times 0.8}\text{A} = 11.364\text{A}$

由 $\lambda_1 = 0.6$ 得 $\varphi_1 = \arccos 0.6 = \pm 53.1°$, 取 $\varphi_1 = 53.1°$; 由 $\lambda_2 = 0.8$ 得 $\varphi_2 = \arccos 0.8 = \pm 36.9°$, 取 $\varphi_2 = 36.9°$; 则

电流相量为 $\dot{I} = \dot{I}_1 + \dot{I}_2 = (22.727\angle-53.1° + 11.364\angle-36.9°)$A
$= (13.636 - j18.182 + 9.091 - j6.818)$A $= (22.727 - j25)$A
$= 33.786\angle-47.727°$ A

(2) 由(1)得知总功率 $P = 5$kW，$\lambda = 0.6727$，对应 $\varphi = 47.727°$，现欲将电路的功率因数提高到0.9，对应 $\varphi' = 25.84°$，则应并联的电容为

$$C = \frac{P}{\omega U^2}(\tan\varphi - \tan\varphi') = \frac{5\times10^3}{314\times220^2}(\tan47.727° - \tan25.84°)\text{F}$$
$$= 0.000020258\text{F} = 20.258\mu\text{F}$$

4.4 课后习题选解

【4.4.7】 有一 CJ0-10A 交流接触器，其线圈数据为 380V，30mA，50Hz，线圈电阻 1.6kΩ，试求线圈电感。

解 由题意交流接触器为一感性负载，则

$$\sqrt{R^2 + (\omega L)^2} = \frac{380}{30}\text{k}\Omega = \frac{38}{3}\text{k}\Omega$$

于是

$$\omega L = \sqrt{\left(\frac{38}{3}\right)^2 - 1.6^2}\text{k}\Omega = 12.57\text{k}\Omega$$

$$L = \frac{12.57\times10^3}{2\pi\times50}\text{H} = 40.03\text{H}$$

【4.4.8】 一个线圈接在 $U = 120$V 的直流电源上，$I = 20$A；若接在 $f = 50$Hz，$U = 220$V 的交流电源上，则 $I = 28.2$A。试求线圈的电阻 R 和电感 L。

解 一个线圈接在直流电路中，就相当于一个电阻，则

$$R = \frac{U}{I} = \frac{120}{20}\Omega = 6\Omega$$

当它接在交流电路中时，就相当于一个 RL 的串联模型，则

$$\sqrt{R^2 + (2\pi f L)^2} = \frac{220}{28.2}$$

故 $2\pi f L = 4.99\Omega$

于是可得 $L = 15.9$mH

【4.4.9】 有一 JZ7 型中间继电器，其线圈数据为 380V，50Hz，线圈电阻 2kΩ，线圈电感 43.3H，试求线圈电流及功率因数。

解 中间继电器可看做一个 RL 串联电路，则线圈电流

$$I = \frac{U}{\sqrt{R^2 + (2\pi f L)^2}} = \frac{380}{\sqrt{2^2 + 13.6^2}}\text{mA} = 27.64\text{mA}$$

$$\cos\varphi = \frac{R}{\sqrt{R^2 + (2\pi f L)^2}} = \frac{2}{13.75} = 0.145$$

【4.4.10】 日光灯管与镇流器串联接到交流电压上，可看做 RL 串联电路，如已知某灯管的等效电阻 $R_1 = 280\Omega$，镇流器的电阻和电感分别为 $R = 20\Omega$，$L = 1.65$H，电源电压

$U = 220\text{V}$。试求：电路的电流和灯管两端与镇流器上的电压；这两个电压加起来是否等于 220V？电源频率为 50Hz。

解 此时电路中的电流

$$I = \frac{U}{\sqrt{(R_1+R)^2 + (2\pi fL)^2}} = \frac{220}{\sqrt{300^2 + 518.1^2}}\text{A} = 0.367\text{A}$$

灯管两端的电压

$$U_1 = R_1 I = 102.76\text{V}$$

镇流器两端的电压

$$U_{RL} = \sqrt{R^2 + (2\pi fL)^2}\, I = 190.28\text{V}$$

可见日光灯与镇流器两端的电压之和并不等于总电压，这是因为交流电路中各电压之间存在相位差的缘故。

【4.4.11】 图示无源二端网络输入端的电压和电流为

$$u = 220\sqrt{2}\sin(314t + 20°)\text{V}$$
$$i = 4.4\sqrt{2}\sin(314t - 33°)\text{A}$$

试求此二端网络由两个元件串联的等效电路和元件的参数值，并求二端网络的功率因数及输入的有功功率和无功功率。

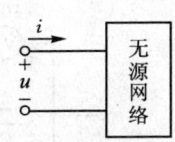

题 4.4.11 图

解 由已知的 u 和 i，可得到对应的相量

$$\dot{U} = 220\angle 20°\text{ V}, \quad \dot{I} = 4.4\angle -33°\text{ A}$$

该无源网络的阻抗为

$$Z = \frac{\dot{U}}{\dot{I}} = 50\angle 53° = (30 + \text{j}40)\Omega = R + \text{j}X_L$$

可见，该网络可看做一个 RL 串联电路，其中

$$R = 30\Omega, \quad L = \frac{40}{314}\text{H} = 127.4\text{mH}$$

电路的功率因数 $\cos\varphi = \cos(\varphi_u - \varphi_i) = 0.6$

输入的有功功率 $P = UI\cos\varphi = 220 \times 4.4 \times 0.6\text{W} = 580.8\text{W}$

或 $P = I^2\text{Re}[Z] = 4.4^2 \times 30\text{W} = 580.8\text{W}$

输入的无功功率 $Q = I^2\text{Im}[Z] = 4.4^2 \times 40\text{Var} = 774.4\text{Var}$

【4.4.12】 有一个 RC 串联电路，电源电压为 u，电阻和电容上的电压分别为 u_R 和 u_C，已知电路阻抗模为 2000Ω，频率为 1000Hz，并设在 u 和 u_C 之间的相位差为 30°，试求 R 和 C，并说明在相位上 u_C 比 u 超前还是滞后。

解 由题意，在 RC 串联电路中以电流 $\dot{I}$ 作为参考相量，可以作出电路的相量图，如图所示。

其中 $\dot{U}_R$ 与 $\dot{I}$ 同相，$\dot{U}_C$ 滞后于 $\dot{I}$ 90°，而 $\dot{U} = \dot{U}_R + \dot{U}_C$，且 $\dot{U}$ 与 $\dot{U}_C$ 之间的相位差为 30°。由相量图可得

$$\varphi_2 = \varphi_u - \varphi_i = -60°$$

则 $R - \text{j}XC = 2000\angle -60° = (1000 - \text{j}1732)\Omega$

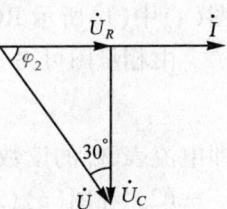

题 4.4.12 图

所以 $R = 1000\Omega$

$$C = \frac{1}{1732\omega} = \frac{1}{1732 \times 6280}\text{F} = 0.09\mu\text{F}$$

又由相量图可知,在相位上 u_C 滞后 u 30°。

【4.5.4】 在图(a)所示的各电路图中,除 A_0 和 V_0 外,其余电流表和电压表的读数在图上都已标出(都是正弦量的有效值),试求电流表 A_0 或电压表 V_0 的读数。

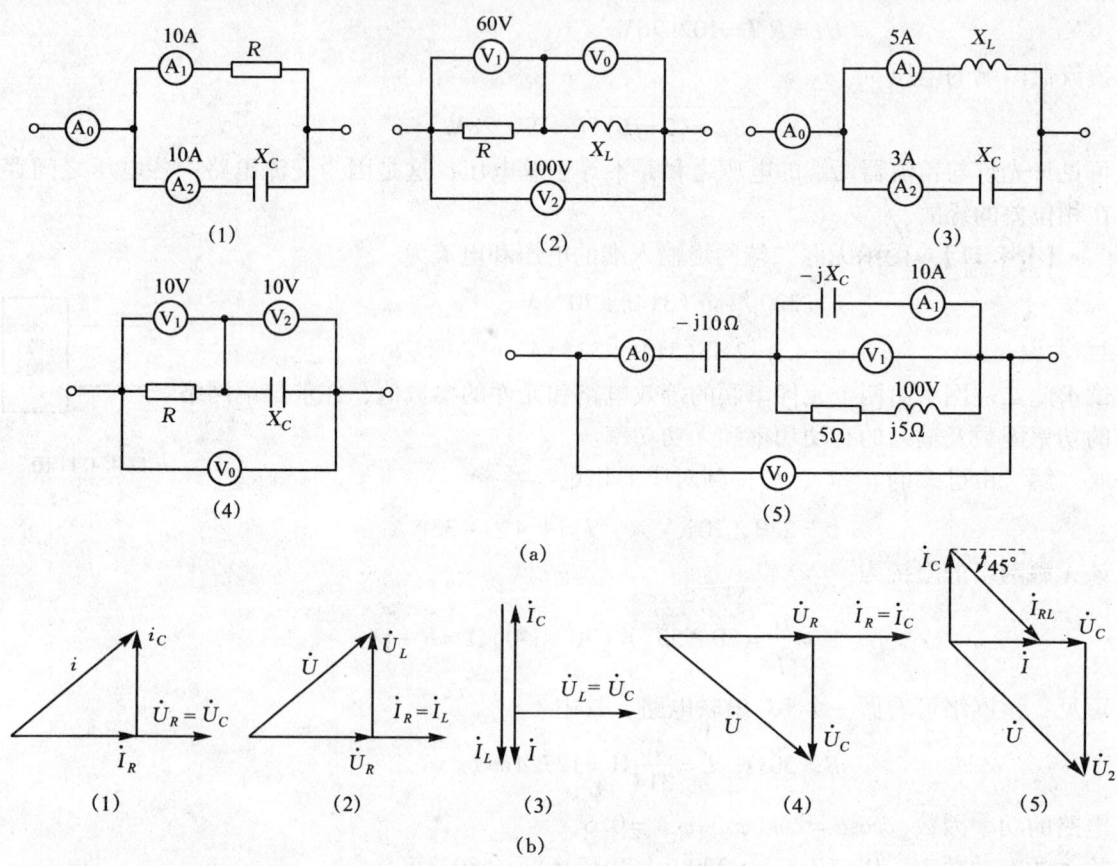

题 4.5.4 图

解 由于电压表、电流表分别测出的是对应物理量的有效值,而正弦交流电路中有效值一般是不可以直接进行加减运算的(相位相同或相反时除外),所以可以将各图中电表的读数转换成对应相量图,然后再由相量图进行求解。

(1) 在图(a)(1)中,若 A_1,A_2,A_0 的读数分别对应 i_R,i_C 及总电流 i 的有效值,则图(a)中(1)所示 RC 并联电路的相量图如图(b)中(1)所示。

由相量图可得

$$I = \sqrt{I_R^2 + I_C^2} = 10\sqrt{2}\,\text{A} = 14.14\text{A}$$

即电流表 A_0 的读数为 14.14A。

(2) 在图(a)(2)中,若 V_1,V_0 及 V_2 的读数对应 u_R,u_L 及总电压 u 的有效值,则图(a)中(2)所示 RL 串联电路的相量图如图(b)中(2)所示。

由相量图可得

$$U_L = \sqrt{U^2 - U_R^2} = 80\text{V}$$

即电压表 V_0 的读数为 80V。

(3) 在图(a)(3)中，若 A_1，A_2，A_0 的读数分别对应 i_L，i_C 及总电流 i 的有效值，则图(a)中(3)所示 LC 的并联电路的相量图如图(b)中(3)所示。

由相量图可得

$$I = I_L - I_C = 2\text{A}$$

即电流表 A_0 的读数为 2A。

(4) 在图(a)(4)中，若 V_1，V_2，V_0 的读数分别对应 u_R，u_C 及总电压 u 的有效值，则图(a)中(4)所示 RC 串联电路的相量图如图(b)中(4)所示。

由相量图得

$$U = \sqrt{U_R^2 + U_C^2} = 10\sqrt{2}\text{V} = 14.14\text{V}$$

即电压表 V_0 的读数为 14.14V。

(5) 在图(a)(5)中，若 A_1，V_1，A_0，V_0 的读数分别对应 i_C，u_C 及总电流 i，总电压 u 的有效值，RL 串联电路的电流用 i_{RL} 表示，则图(a)中(5)所示电路的相量图如图(b)中(5)所示。由此可得

$$I_{RL} = \frac{100}{\sqrt{5^2 + 5^2}}\text{A} = 10\sqrt{2}\text{A}$$

由相量图可得

$$I = \sqrt{I_{RL}^2 - I_C^2} = 10\text{A}$$

又

$$\dot{U}_2 = -\text{j}10\,\dot{I}$$

故

$$U_2 = 10I = 100\text{V}$$

由相量图可得

$$U = \sqrt{U_C^2 + U_2^2} = 100\sqrt{2}\text{V} = 141.1\text{V}$$

即电流表 A_0 的读数为 10A，电压表 V_0 的读数为 141.4V。

【4.5.5】 在图(a)中，电流表 A_1 和 A_2 的读数分别为 $I_1 = 3\text{A}$，$I_2 = 4\text{A}$。(1) 设 $Z_1 = R$，$Z_2 = -\text{j}X_C$，则电流表 A_0 的读数应为多少？(2) 设 $Z_1 = R$，问 Z_2 为何种参数才能使电流表 A_0 的读数最大？此读数应为多少？(3) 设 $Z_1 = \text{j}X_L$，问 Z_2 为何种参数才能使电流表 A_0 的读数最小？此读数应为多少？

解 根据图(a)所示，由 KCL 得

$$\dot{I} = \dot{I}_1 + \dot{I}_2$$

(1) 若 $Z_1 = R$，$Z_2 = -\text{j}X_C$ 时，电路的相量图如图(b)所示。则

$$I = \sqrt{I_1^2 + I_2^2} = 5\text{A}$$

即电流表 A_0 的读数为 5A。

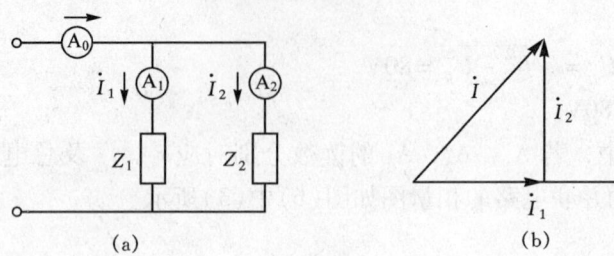

题 4.5.5 图

(2) 若 $Z_1 = R$,要使电流表 A_0 的读数最大,仅当 Z_2 也取电阻时,方可使 $\dot{I}_1$ 与 $\dot{I}_2$ 为同相位的电流,由此可使 $I = I_1 + I_2 = 7A$,即电流表 A_0 的最大读数为 7A。

(3) 若 $Z_1 = jX_L$,要使电流表 A_0 的读数最小,仅当 Z_2 取电容时,方可使 $\dot{I}_1$ 与 $\dot{I}_2$ 为反向的电流,由此可得 $I = |I_1 - I_2| = 1A$,即电流表 A_0 的最小读数为 1A。

【4.5.6】 在图(a)中,$I_1 = 10A$,$I_2 = 10\sqrt{2}\,A$,$U = 200V$,$R = 5\Omega$,$R_2 = X_L$,试求 I,X_C,X_L 及 R_2。

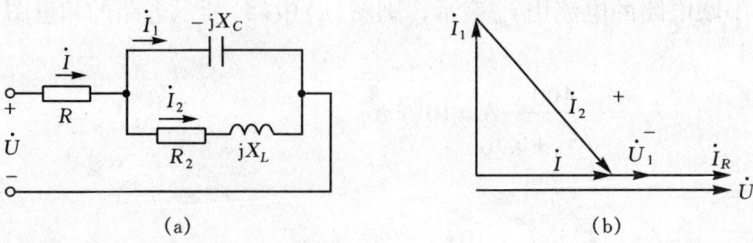

题 4.5.6 图

解 在图(a)中,若取电压 $\dot{U}_1$ 与电流 $\dot{I}$ 为关联参考方向,并将其取为参考相量,可作出图(b)所示的电路相量图。

其中 $\dot{I}_1$ 超前 $\dot{U}_1$ 90°,$\dot{I}_2$ 因为 $R_2 = X_L$,而滞后 $\dot{U}_1$ 45°,再由所给数据,故得电流三角形为一直角三角形,则

$$I = \sqrt{I_2^2 - I_1^2} = 10A$$

由于 $\dot{I}$ 与 $\dot{U}_1$ 同相,则 $\dot{I}_R$ 也与 $\dot{U}_1$ 同相,所以 $\dot{U} = \dot{U}_1 + \dot{I}R$ 时,有 $U = U_1 + IR$,于是可得

$$U_1 = U - IR = (200 - 10 \times 5)V = 150V$$

则

$$X_C = \frac{U_1}{I_1} = \frac{150}{10}\Omega = 15\Omega$$

$$\sqrt{R_2^2 + X_L^2} = \frac{150}{10\sqrt{2}}\Omega = 7.5\sqrt{2}\,\Omega$$

又 $R_2 = X_L$

所以 $R_2 = X_L = 7.5\Omega$

【4.5.7】 在图(a)中,$I_1 = I_2 = 10A$,$U = 100V$,u 与 i 同相,试求 I,R,X_C 及 X_L。

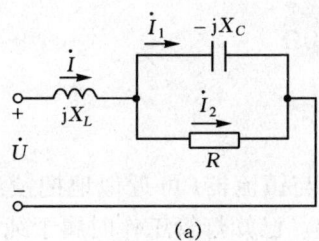
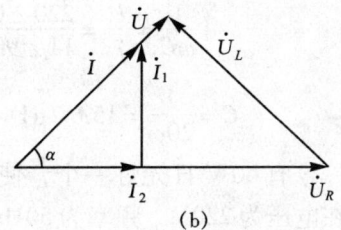

题 4.5.7 图

解 在图(a)中,若取电压 $\dot{U}_R$ 与 $\dot{I}_2$ 为关联参考方向,并将其取为参考相量,可作出图(b)所示的电路相量图。

由图(b)相量图可得

$$I = \sqrt{I_1^2 + I_2^2} = 10\sqrt{2}\,\text{A}$$

$$\alpha = \arctan\frac{I_1}{I_2} = 45°$$

所以

$$U_R = \frac{U}{\cos\alpha} = \sqrt{2}\,U = 100\sqrt{2}\,\text{V}$$

$$U_L = U\tan\alpha = U = 100\,\text{V}$$

则 $R = \dfrac{U_R}{I_2} = 10\sqrt{2}\,\Omega$, $X_C = \dfrac{U_R}{I_1} = 10\sqrt{2}\,\Omega$, $X_L = \dfrac{U_L}{I} = 5\sqrt{2}\,\Omega$。

【4.5.10】 图示电路中,已知 $u = 220\sqrt{2}\sin 314t\,\text{V}$, $i_1 = 22\sin(314t - 45°)\,\text{A}$, $i_2 = 11\sqrt{2}\sin(314t + 90°)\,\text{A}$,试求各仪表读数及电路参数 R,L 和 C。

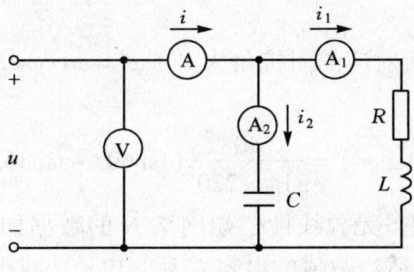

题 4.5.10 图

解 由题意知

$$\dot{U} = 220\angle 0°\,\text{V},\quad \dot{I}_1 = 11\sqrt{2}\angle -45°\,\text{A},\quad \dot{I}_2 = 11\angle 90°\,\text{A}$$

则 $\dot{I} = \dot{I}_1 + \dot{I}_2 = (11 - j11 + j11)\,\text{A} = 11\angle 0°\,\text{A}$

所以电压表 V 的读数为 220V,电流表 A_1,A_2,A 的读数分别为 15.56A,11A,11A。

此时 $R + j\omega L = \dfrac{\dot{U}}{\dot{I}_1} = \dfrac{220\angle 0°}{11\sqrt{2}\angle -45°}\,\Omega = 10\sqrt{2}\angle 45°\,\Omega = (10 + j10)\,\Omega$

所以 $R = 10\,\Omega$, $L = \dfrac{10}{\omega} = 31.8\,\text{mH}$

又 $$-j\frac{1}{\omega C} = \frac{\dot{U}}{\dot{I}_2} = \frac{220\angle 0°}{11\angle 90°}\Omega = -j20\Omega$$

所以 $$C = \frac{1}{20\omega} = 159.2\mu F$$

【4.8.1】 今有40W日光灯一个，使用时灯管与镇流器(可近似地把镇流器看做纯电感)串联后接在电压为220V，频率为50Hz的电源上。已知灯管工作时属于纯电阻负载，灯管两端的电压等于110V，试求镇流器的感抗与电感。这时电路的功率因数等于多少？若将功率因数提高到0.8，问应并联多大电容？

解 由题意可知，日光灯工作时可相当于一个RL串联模型接在交流电源上，则灯管电阻R可由下式确定：

$$R = \frac{U_R^2}{P} = \frac{110^2}{40}\Omega = 302.5\Omega$$

此时电路中流过的电流

$$I = \frac{P}{U_R} = \frac{4}{11}A = 0.36A$$

镇流器的感抗可由下式确定：

$$\omega L = \sqrt{\left(\frac{220}{I}\right)^2 - R^2} \approx 524\Omega$$

则 $$L = \frac{524}{314} \approx 1.67H$$

此时电路的功率因数 $\cos\varphi = \frac{R}{|Z|} = \frac{302.5}{\sqrt{302.5^2 + 524^2}} = 0.5$。

原电路的阻抗角 $\varphi = 60°$

当功率因数提高到0.8时，所对应的阻抗角为 $\varphi' = \arccos 0.8 = 36.9°$

则应并联的电容

$$C = \frac{P}{\omega U^2}(\tan\varphi - \tan\varphi') = \frac{40}{314\times 220^2}(\tan 60° - \tan 36.9°)F = 2.59\mu F$$

【4.8.2】 用图示电路测得无源线性二端网络N的数据如下：$U=220V$，$I=5A$，$P=500W$。又知当与N并联一个适当数值的电容C后，电流I减小，而其他读数不变。试确定该网络的性质(电阻性、电感性和电容性)、等效参数及功率因数。$f=50Hz$。

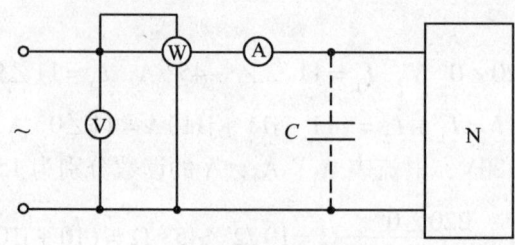

题4.8.2图

解 由本章内容及题意可知，该网络应该为感性负载。因为只有感性负载并联电容后，电流减小，而其他读数不变。而其等效参数为

$$R = \frac{P}{I^2} = \frac{500}{25}\Omega = 20\Omega$$

$$\omega L = \sqrt{\left(\frac{U}{I}\right)^2 - R^2} = \sqrt{44^2 - 20^2}\,\Omega = 39.2\Omega$$

$$L = \frac{39.2}{314}\text{H} = 0.125\text{H}$$

电路的功率因数 $\cos\varphi = \dfrac{P}{UI} = \dfrac{500}{220 \times 5} \approx 0.45$

第4章自测题

1. 两个正弦交流电流 i_1 和 i_2 的有效值 $i_1 = i_2 = 4$A，i_1 与 i_2 相加后总电流的有交值仍为 4A，则它们之间的相位差是(　　　　)。

2. 已知正弦电流的有效值相量为 $\dot{I} = 10\angle -45°$A，则此电流的瞬时值表达式为(　　　　)。

3. 已知某一端口的端口电压 $u = 10\sqrt{2}\cos(\omega t)$V，流入端口的电流 $i = 5\sqrt{2}\cos(\omega t - 60°)$A，则该一端口吸收的有功功率为(　　　　)。

4. 在正弦交流电路中，感性器件的阻抗模可表示为(　　　　)。

5. 图示电路相量模型的阻抗角 $\varphi = $ (　　　　)。

6. 图示正弦交流电路中，用电压表测得 $U = 500$V，$U_1 = 300$V，则 U_2 为(　　　　) V。

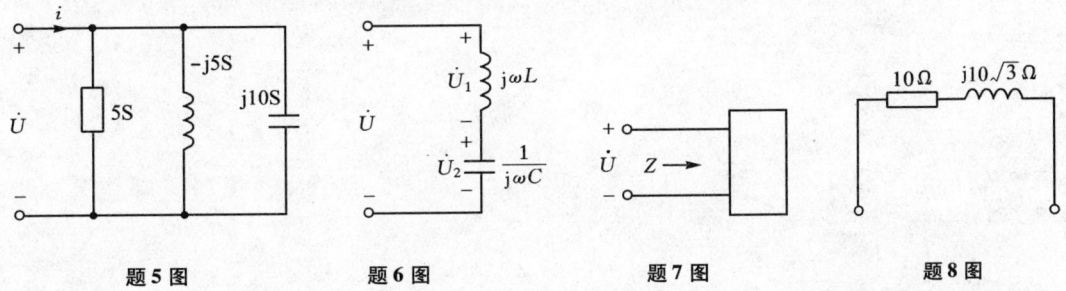

题5图　　　题6图　　　题7图　　　题8图

7. 图示正弦交流电路中，已知 $\dot{U} = 100\angle -30°$V，$Z = 20\angle -60°\Omega$，则其无功功率 Q 等于(　　　　) Var。

8. 图示正弦交流电路，若电路平均功率 $P = 1000$W，则其视在功率 $S = $ (　　　　) VA。

9. 在纯电阻正弦交流电路中，电压和电流的相位关系为(　　　　)；在纯电感正弦交流电路中，电压和电流的相位关系为(　　　　)；在纯电容正弦交流电路中，电压和电流的相位关系为(　　　　)。

10. 图示正弦交流电路中，V 的读数为(　　　　) V。

11. 图示正弦交流电路中，电流表 A 的读数为(　　　　) A。

12. 通过电感 L 的电流为 $i_L = 6\sin(200t + 30°)$A，此电感的端电压 $U_L = 2.4$V，则电感 L 值为(　　　　)。

13. 利用交流电流表、交流电压表和交流单相功率表可以测量实际线圈的电感量。设加在线圈两端的电压为工频 220V，测得流过线圈的电流为 5A，功率表读数为 400W，则该

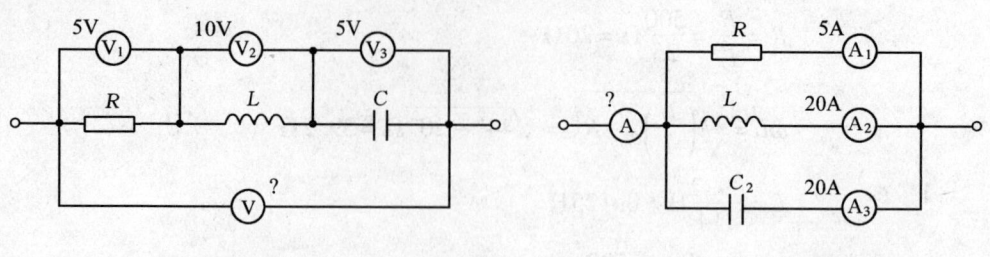

题 10 图   题 11 图

线圈的电感为多大？

14. 图示电路，已知：$f=50\text{Hz}$，$U=220\text{V}$，$P=10\text{kW}$，线圈的功率因数 $\cos\varphi=0.6$，采用并联电容方法提高功率因数，问要使功率因数提高到 0.9，应并联多大的电容 C？并联前后电路的总电流各为多少？

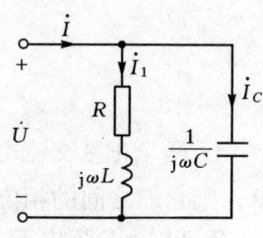

题 14 图

第 5 章 三相电路

5.1 学习要点

(1) 掌握三相电源和三相负载的连接方式。
(2) 熟练掌握对称三相电路中的线电压(电流)与相电压(电流)的关系。
(3) 掌握中性线的应用。
(4) 熟练掌握对称三相电路的计算。
(5) 掌握简单不对称三相电路的分析和计算。
(6) 熟练掌握三相功率的计算。

5.2 内容提要

5.2.1 三相交流电的概念

目前,电力系统的供电方式几乎都采用交流三相制,由 3 个等幅值、同频率,而初相位依次相差 120°的正弦交流电压源,即对称三相电源组成供电系统。对称三相电源的三相电压分别用 u_A,u_B,u_C 表示。如以 u_A 作为参考正弦量,则各相电压分别为

$$u_A = \sqrt{2}U\sin(\omega t)$$
$$u_B = \sqrt{2}U\sin(\omega t - 120°)$$
$$u_C = \sqrt{2}U\sin(\omega t + 120°)$$

对应的相量形式为

$$\dot{U}_A = U\angle 0°$$
$$\dot{U}_B = U\angle -120°$$
$$\dot{U}_C = U\angle 120°$$

三相交流电压出现正幅值(或相应零值)的顺序称为相序。如相序是 U_A,U_B,U_C,称为正序或顺序;反之为反序或逆序。电力系统一般用正序。

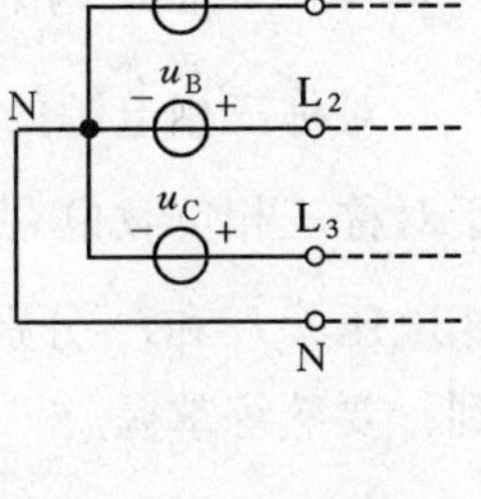

5.2.2 对称三相电源的连接方式

发电机三相绕组的接法通常如图 5.1 所示,称为星形(Y)连接方式。三相绕组的末端连在一起,这一连接点称为中性点或零点,用 N 表示。从中性点引出的导线称为中性线或零线。从始端 U_A,U_B,U_C

图 5.1 对称三相电压源的星形连接方式

引出的三根导线 L_1，L_2，L_3 称为相线或端线，俗称火线。

星形连接可以引出中线而形成三相四线制供电方式，这种接法较为常用。

5.2.3 三相负载的连接方式

三相负载有星形(Y)或三角形(△)两种连接方式。当三相负载阻抗 Z_A，Z_B 和 Z_C 相等时，称对称三相负载。在三相电路中，三相电源一般都是对称的，而三相负载却不一定是对称的。如果三相电压源和三相负载都为星形连接方式，称为 Y-Y 连接方式，如图 5.2(a) 所示。同理，也有 Y-△(见图 5.2(b))等其他连接方式。当电源的中点 N 和负载的中点 N′ 由中线连接起来时(如图 5.2(a)中虚线所示)，此连接方式称为三相四线制。如果无中线，则称为三相三线制。当图 5.2 中三相负载 $Z_A = Z_B = Z_C$ 时，称对称三相电路。

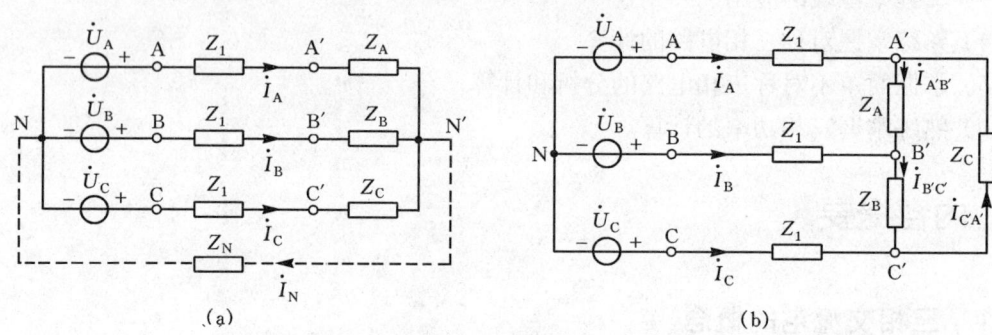

图 5.2　三相电路的连接方式

5.2.4 线电压(电流)和相电压(电流)的概念

在三相电路中，要注意区别线电压(电流)和相电压(电流)的概念。无论对三相电源还是三相负载而言，线电压是指电源(或负载)端线间的电压，如图 5.2(a)(b)中的 $\dot{U}_{AB}$，而相电压是指电源(或负载)始端与末端间的电压，如图 5.2(a)中的 $\dot{U}_A$ 和图 5.2(b)中的 $\dot{U}_{A'B'}$ (负载相电压)等；线电流是指电源(或负载)端线中流过的电流，如图 5.2(a)(b)中的 $\dot{I}_A$ 等，而相电流是指电源(或负载)每一相中流过的电流，如图 5.2(a)中的 $\dot{I}_A$ 和 5.2(b)中的 $\dot{I}_{A'B'}$ 等。

5.2.5 对称三相电源(负载)的线电压(电流)与相电压(电流)的关系

对称三相电源的线电压和相电压、线电流和相电流之间的关系都与连接方式有关，对于对称三相负载也有相同的结论。具体关系见表 5.1。表 5.1 中 $\dot{U}_l$ 和 $\dot{U}_p$ 分别代表线电压和相电压，$\dot{I}_l$ 和 $\dot{I}_p$ 分别代表线电流和相电流。这些关系在对称三相电路的分析计算中经常用到，要熟练掌握。

表 5.1　对称三相电源(负载)的线电压(电流)与相电压(电流)的关系

对称三相电源 (负载)的接法	线电压和相电压之间的关系	线电流和相电流之间的关系
星形(Y)连接	$\dot{U}_l = \sqrt{3}\dot{U}_p \angle 30°$，即大小上线电压是相电压的$\sqrt{3}$倍，相位上线电压超前相应的相电压30°，如图5.2(a)中的$\dot{U}_{AB}$超前$\dot{U}_A$30°等	两者相等。如图5.2(a)中的$\dot{I}_A$，$\dot{I}_B$，$\dot{I}_C$等，既是线电流又是相电流
三角形(△)连接	两者相等。如图5.2(b)中的$\dot{U}_{A'B'}$，$\dot{U}_{B'C'}$，$\dot{U}_{C'A'}$等，既是负载的线电压又是负载的相电压	$\dot{I}_l = \sqrt{3}\dot{I}_p \angle -30°$，即大小上线电流是相电流的$\sqrt{3}$倍，相位上线电流滞后相应的相电流30°，如图5.2(b)中的$\dot{I}_A$滞后$\dot{I}_{A'B'}$30°等

5.2.6　对称三相电路的计算

先分析对称三相四线制 Y-Y 电路，如图 5.3 所示。当图中 $Z_A = Z_B = Z_C$ 时，该图即为对称三相四线制 Y-Y 三相电路。无论中线阻抗 Z_N 是否为零，由结点法可求出中点电压 $U_{NN'}$ 恒为零，故中点 N 和 N′ 等电位，各相可独立计算。由于这种三相电路具有完全对称的特点，可知三相的相应电压、电流成完全对称的关系，故只要计算三相中的任一相(一般为 A 相)，而其他两相(B 相和 C 相)电压、电流按对称性写出即可。此法即为对称三相电路归结为一相(A 相)的计算方法，其等效电路如图 5.4 所示，要求重点掌握。其他连接方式的对称三相电路(如 Y-△)，也可采用此方法进行类似分析。对称三相四线制 Y-Y 三相电路中因中线电流恒为零，中线可以去掉，则三相四线制变成三相三线制。

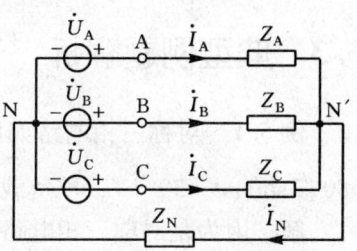

图 5.3　对称三相四线制 Y-Y 电路

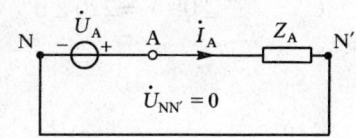

图 5.4　一相计算电路

5.2.7　简单不对称三相电路的分析和计算

三相电路中，只要有一部分不对称，就称为不对称三相电路。三相电源一般都是对称的，所谓不对称是指三相负载不对称，如三相负载阻抗 Z_A，Z_B 和 Z_C 不全相等，某一相负载发生短路或开路等。不对称三相电路的分析计算，因三相不对称性，不能采用归结为一相的计算方法。此时，要分两种情况分析：

(1) 中线断开时的分析。此时用结点电压法，可以先求得结点电压 $\dot{U}_{N'N}$(此时因 $U_{N'N} \neq 0$，N′ 和 N 点不重合，故称此现象为中点位移)，然后再分别对每相进行分析。

(2) 有中线时的分析。此时如果中线阻抗 $Z_N \approx 0$，则可强迫使 $\dot{U}_{N'N}$ 为零。此时三相负载虽不对称，但三相负载上所加的电压却是对称的，故可分别对每相进行独立计算。

5.2.8　三相电路功率的计算

无论三相负载是星形连接还是三角形连接，三相电路功率(亦称为三相功率)都等于各相功率之和。三相电路功率的计算公式见表 5.2。表 5.2 中 U_l 和 U_p 分别代表对称三相电路线电压和相电压的大小，I_l 和 I_p 分别代表对称三相电路线电流和相电流的大小。

表 5.2　　　　　　　　　　　　　三相电路功率的计算

三相功率	对称三相电路	不对称三相电路
有功功率	$P = 3U_pI_p\cos\varphi = \sqrt{3}U_lI_l\cos\varphi$	$P = P_A + P_B + P_C$
无功功率	$Q = 3U_pI_p\sin\varphi = \sqrt{3}U_lI_l\sin\varphi$	$Q = \sum Q_L + \sum Q_C = Q_A + Q_B + Q_C$
视在功率	$S = 3U_pI_p = \sqrt{3}U_lI_l$	$S = \sqrt{P^2 + Q^2} \neq S_A + S_B + S_C$

由表 5.2 可知，对于对称三相电路，无论负载是星形连接还是三角形连接，每种功率的计算公式相同。对于不对称三相电路，需分别先求出每相的有功功率和无功功率，然后三相功率等于各相功率之和。

5.3 典型例题解析

例 5.1 对称三相电路如图 5.3 所示。负载阻抗 $Z_A = Z_B = Z_C = (6 + j8)\Omega$。设 $u_{AB} = 380\sqrt{2}\sin(\omega t + 30°)$ V，求负载端的相电流和线电流及中线电流。

解 因为是对称三相电路，可采用归结为一相（A 相）电路的计算方法。A 相电路如图 5.4 所示。因 $\dot{U}_{AB} = 380\angle 30°$，根据对称星形连接线电压和相电压之间的关系有 A 相相电压

$$\dot{U}_A = \frac{U_{AB}}{\sqrt{3}}\angle 0° \text{ V} = 220\angle 0° \text{ V}，则 A 相相电流$$

$$\dot{I}_A = \frac{\dot{U}_A}{Z_A} = \frac{220\angle 0°}{6 + j8}\text{A} = 22\angle -53° \text{ A}$$

根据对称性可以推知 B、C 相相电流分别为

$$\dot{I}_B = 22\angle(-53 - 120)° \text{ A} = 22\angle -173° \text{ A}$$

$$\dot{I}_C = 22\angle(-53 + 120)° \text{ A} = 22\angle 67° \text{ A}$$

又因星形连接线电流和相电流相等，可知所求各相相电流即为线电流。

中线电流 $\dot{I}_N = \dot{I}_A + \dot{I}_B + \dot{I}_C = 0$

例 5.2 有一三相异步电动机，其绕组接成星形，接在线电压 $U_l = 380$V 的电源上，额定电流 2.2A。功率因数 $\cos\varphi = 0.8$，试求该电动机每相绕组的阻抗。

解 相电压　　　$U_p = \frac{U_l}{\sqrt{3}} = \frac{380}{\sqrt{3}}\text{V} = 220\text{V}$。

相电流　　　$I_p = I_l = 2.2\text{A}$

故每相绕组的阻抗模　　$|Z| = \frac{U_p}{I_p} = \frac{220}{2.2}\Omega = 100\Omega$

由负载的功率因数 $\cos\varphi = 0.8$ 知，负载的功率因数角 $\varphi = 36.8°$

故每相绕组的阻抗　　$Z = 100\angle 36.8° \ \Omega$

例 5.3 图示三相四线制电路中，对称电源线电压 $U_l = 380$V，三相不对称负载星形连接，求中线电流 I_N 之值。

解 此题中三相负载虽不对称,但因有中线,三相负载上所加的电压却是对称的,可分别对每相进行独立分析计算。

因对称电源线电压 $U_l = 380\text{V}$,故相电压 $U_p = 220\text{V}$。

令 A 相相电压 $\dot{U}_1 = 220\angle 0°$ V,则 B、C 相相电压分别为 $\dot{U}_2 = 220\angle -120°$ V,$\dot{U}_3 = 220\angle 120°$ V。

三相相电流分别为

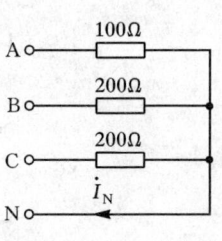

例 5.3 图

$$\dot{I}_1 = \frac{\dot{U}_1}{Z_1} = \frac{220\angle 0°}{100}\text{A} = 2.2\angle 0°\text{ A}$$

$$\dot{I}_2 = \frac{\dot{U}_2}{Z_2} = \frac{220\angle -120°}{200}\text{A} = 1.1\angle -120°\text{ A}$$

$$\dot{I}_3 = \frac{\dot{U}_3}{Z_3} = \frac{220\angle 120°}{200}\text{A} = 1.1\angle 120°\text{ A}$$

则中线电流 $\dot{I}_N = \dot{I}_1 + \dot{I}_2 + \dot{I}_3 = 1.1\angle 0°$ A

故中线电流 I_N 之值为 1.1A。

例 5.4 图示为一对称三相电路,每相的负载阻抗 $Z = (8+\text{j}6)\Omega$,现将三相负载联成星形接于线电压 $U_l = 380\text{V}$ 的三相对称电源上。

(1) 求该三相电源的相电压大小 U_p;

(2) 求该三相电路的相电流及线电流的大小 I_p,I_l;

(3) 求三相总的有功功率 P,无功功率 Q。

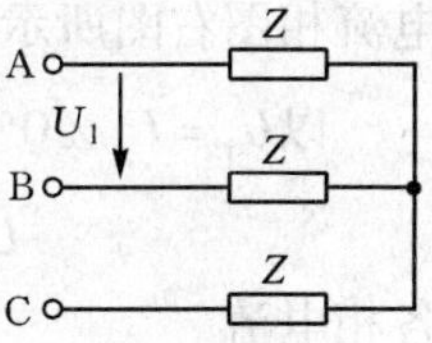

解 (1) $$U_p = \frac{U_l}{\sqrt{3}} = 220\text{V}。$$

(2) $$I_p = \frac{U_p}{|Z|} = \frac{220}{\sqrt{6^2+8^2}}\text{A} = 22\text{A}$$

$$I_l = I_p = 22\text{A}$$

(3) 负载的功率因数角为 $\varphi = \arctan\dfrac{6}{8} = 36.9°$

$$P = \sqrt{3}U_l I_l \cos\varphi = \sqrt{3}\times 380\times 22\times \cos 36.9°\text{ W}\approx 11.58\text{kW}$$

$$Q = \sqrt{3}U_l I_l \sin\varphi = \sqrt{3}\times 380\times 22\times \sin 36.9°\text{ Var}\approx 8.694\text{kVar}$$

例 5.4 图

5.4 课后习题选解

 图示为三相四线制电路,电源线电压 $U_l = 380\text{V}$。三个电阻性负载接成星形,其电阻为 $R_1 = 11\Omega$,$R_2 = R_3 = 22\Omega$。(1)试求负载相电压,相电流,及中线线电流,并作出它们的相量图;(2)如无中性线,求负载相电压及中线点电压;(3)如无中性线,当 L_1 相短路时求各相电压和电流,并作出它们的相量图;(4)如无中性线,当 L_3 相断路时求另外两相的电压和电流;(5)在(3)(4)中如有中性线,则又如何?

解 (1) 因有中性线,各相电压对称

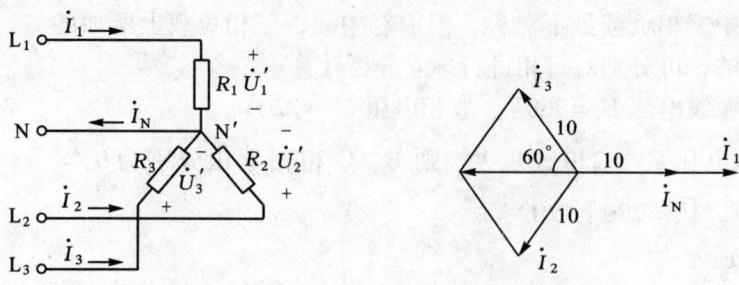

题 5.2.5 图

$$U_P = \frac{U_1}{\sqrt{3}} = \frac{380}{\sqrt{3}} \text{V} = 220 \text{V}$$

各相相电流

$$I_1 = \frac{U_1}{R_1} = \frac{220}{11} \text{A} = 20 \text{A}$$

$$I_2 = \frac{U_2}{R_2} = \frac{220}{22} \text{A} = 10 \text{A}$$

$$I_3 = \frac{U_3}{R_3} = \frac{220}{22} \text{A} = 10 \text{A}$$

电流相图右图所示。

以 $\dot{U}_1 = U_1 \angle 0°$ 为参考相量，则

$$\dot{U}_1 = 220 \angle 0° \text{ V}, \quad \dot{U}_2 = 220 \angle -120° \text{ V}, \quad \dot{U}_3 = 220 \angle 120° \text{ V}$$

各相电流

$$\dot{I}_1 = 20 \angle 0° \text{ A}, \quad \dot{I}_2 = 10 \angle -120° \text{ A}, \quad \dot{I}_3 = 10 \angle 120° \text{ A}$$

中性线电流

$$\dot{I}_N = \dot{I}_1 + \dot{I}_2 + \dot{I}_3 = (20 \angle 0° + 10 \angle -120° + 10 \angle 120°) \text{A} = 10 \angle 0° \text{ A}$$

（2）如无中性线，设 R_1，R_2，R_3 上的电压分别为 $\dot{U}_1'$，$\dot{U}_2'$，$\dot{U}_3'$，则

$$\dot{U}_{NN'} = \frac{\frac{\dot{U}_1}{R_1} + \frac{\dot{U}_2}{R_2} + \frac{\dot{U}_3}{R_3}}{\frac{1}{R_1} + \frac{1}{R_2} + \frac{1}{R_3}} = \frac{\frac{220 \angle 0°}{11} + \frac{220 \angle -120°}{22} + \frac{220 \angle 120°}{22}}{\frac{1}{11} + \frac{1}{22} + \frac{1}{22}} \text{V} = 55 \angle 0° \text{ V}$$

$$\dot{U}_1' = \dot{U}_1 - \dot{U}_{NN'} = (220 \angle 0° - 55 \angle 0°) \text{V} = 165 \angle 0° \text{ V}$$

$$\dot{U}_2' = \dot{U}_2 - \dot{U}_{NN'} = (220 \angle -120° - 55 \angle 0°) \text{V} = 252 \angle -131° \text{ V}$$

$$\dot{U}_3' = \dot{U}_3 - \dot{U}_{NN'} = (220 \angle 120° - 55 \angle 0°) \text{V} = 252 \angle 131° \text{ V}$$

（3）无中性线且 A 相短路时

$$\dot{U}_1' = 0$$

$$\dot{U}_2' = -\dot{U}_{12} = 380 \angle -150° \text{ V}$$

$$\dot{U}_3' = \dot{U}_{31} = 380 \angle 150° \text{ V}$$

第5章 三相电路

$$\dot{I}_2 = \frac{\dot{U}_2'}{R_2} = \frac{380\angle -150°}{22}\text{A} = 17.3\angle -150°\text{ A}$$

$$\dot{I}_3 = \frac{\dot{U}_3'}{R_3} = \frac{380\angle 150°}{22}\text{A} = 17.3\angle 150°\text{ A}$$

$$\dot{I}_1 = -(\dot{I}_2 + \dot{I}_3) = (-17.3\angle -150° - 17.3\angle 150°)\text{A} = 30\angle 0°\text{ A}$$

(4) 如无中性线，当 L_3 相断路时，R_1 和 R_2 串联在线电压 $\dot{U}_{12}$ 上，则

$$\dot{I}_1 = -\dot{I}_2 = \frac{\dot{U}_{12}}{R_1+R_2} = \frac{380\angle 30°}{11+22}\text{A} = 11.5\angle 30°\text{ A}$$

$$\dot{U}_1' = \dot{I}_1 R_1 = 11.5\angle 30° \times 11\text{V} = 127\angle 30°\text{ V}$$

$$\dot{U}_2' = \dot{I}_2 R_2 = -11.5\angle 30° \times 22\text{V} = 253\angle -150°\text{ V}$$

(5) 在(3)中如有中性线，则 A 相短路，电流过大，熔断器烧断，B 相和 C 相不受影响，电流和电压与(1)中相同。

在(4)中如有中性线，则 A，B 两相不受影响，电流和电压与(1)中相同。C 相无电压和电流。

【5.2.8】 在图示的电路中，三相四线制电源电压为 380/220V，接有对称星形连结的白炽灯负载，其总功率为 180W。此外，在 L_3 相上接有额定电压为 220V，功率为 40W，功率因数 $\cos\varphi = 0.5$ 的日光灯一只。试求电流 $\dot{I}_1$，$\dot{I}_2$，$\dot{I}_3$ 及 $\dot{I}_N$。设 $\dot{U}_1 = 220\angle 0°$ V。

解 由于 3 个白炽灯的总功率为 180W，则每个灯的功率为 60W；又因白炽灯为电阻性负载，则有

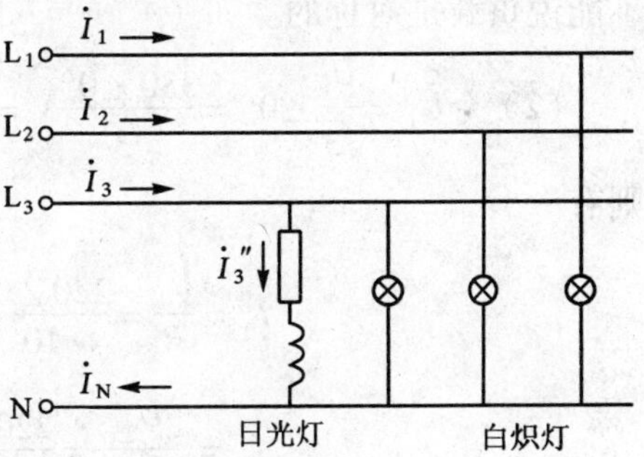

$$P_1 = U_1 I_1$$

所以 $I_1 = \frac{P_1}{U_1} = \frac{60}{220}\text{A} = 0.273\text{A}$

所以 $\dot{I}_1 = 0.273\angle 0°\text{A}$

同理 $\dot{I}_2 = 0.273\angle -120°\text{A}$

$\dot{I}_3 = 0.273\angle 120°\text{A}$

日光灯电流为

$$\dot{I}_3'' = \frac{P}{U\cos\varphi}\angle 120° - \varphi$$

$$= \frac{40}{220\times 0.5}\angle (120° - \arccos 0.5)\text{A}$$

$$= 0.364\angle (120° - 60°)\text{ A}$$

$$= 0.364\angle 60°\text{ A}$$

题 5.2.8 图

$$\dot{I}_3 = \dot{I}_3' + \dot{I}_3'' = (0.273\angle 120° + 0.364\angle 60°)\text{A} = 0.553\angle 85.3°\text{ A}$$

$$\dot{I}_N = \dot{I}_1 + \dot{I}_2 + \dot{I}_3 = (0.273\angle 0° + 0.273\angle -120° + 0.553\angle 85.3°)\text{A} = 0.364\angle 60°\text{ A}$$

【5.4.1】 有一三相异步电动机，其绕组接成三角形，接在线电压 $U_L = 380$V 的电源上。从电源所取用的功率 $P_1 = 11.43$kW，功率因数 $\cos\varphi = 0.87$，试求电动机的相电流和线电流。

解 根据 $P_1 = \sqrt{3}\,U_1 I_1 \cos\varphi$ 有

$$I_1 = \frac{P_1}{\sqrt{3}\,U_1 \cos\varphi} = \frac{11.43 \times 10^3}{\sqrt{3} \times 380 \times 0.87}\text{A} \approx 20\text{A}$$

相电流

$$I_P = \frac{I_1}{\sqrt{3}} = \frac{20}{\sqrt{3}}\text{A} \approx 11.5\text{A}$$

【5.4.2】 在图示电路中，电源线电压 $U_1 = 380\text{V}$。（1）如果图中各相负载的阻抗模都等于 10Ω，是否可以说负载是对称的？（2）试求各相电流，并用电压与电流的相量图计算中性线电流。如果中性线电流的参考方向选定得同电路图上所示的方向相反，则结果有何不同？（3）试求三相平均功率 P。

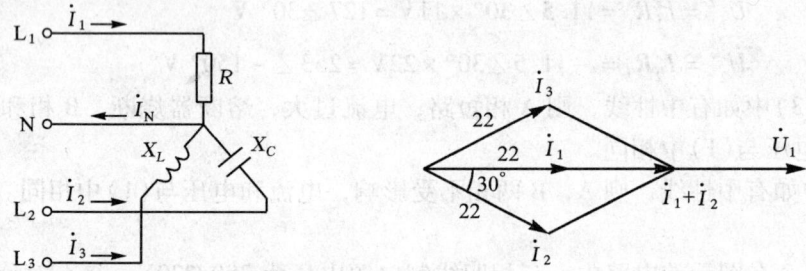

题 5.4.2 图

解 （1）虽然图中各相负载的阻抗模都等于 10Ω，但辐角不同，即阻抗不全相同，故不能说负载是对称的。

（2）令 $\dot{U}_1 = \dfrac{U_1}{\sqrt{3}}\angle 0° = \dfrac{380\angle 0°}{\sqrt{3}}\text{V} = 220\angle 0°\text{ V}$

则有

$$\dot{I}_1 = \frac{\dot{U}_1}{R} = \frac{220\angle 0°}{10}\text{A} = 22\angle 0°\text{ A}$$

$$\dot{I}_2 = \frac{\dot{U}_2}{-jX_C} = \frac{220\angle -120°}{-j10}\text{A} = 22\angle -30°\text{ A}$$

$$\dot{I}_3 = \frac{\dot{U}_3}{jX_L} = \frac{220\angle 120°}{j10}\text{A} = 22\angle 30°\text{ A}$$

$$\dot{I}_N = \dot{I}_1 + \dot{I}_2 + \dot{I}_3 = (22\angle 0° + 22\angle -30° + 22\angle 30°)\text{A} = 60.1\angle 0°\text{ A}$$

相量图如右图所示。由相量图可知

$$\dot{I}_1 + \dot{I}_2 = 22\sqrt{3}\angle 0°$$

所以 $\dot{I}_1 + \dot{I}_2 \dot{I}_3 = (22 + 22\sqrt{3})\angle 0°$

如果中性线电流的参考方向选定得同电路图上所示的方向相反，则 $\dot{I}_N$ 的相位将差 $180°$。$\dot{I}_N' = 60.1\angle 180°\text{ A}$。

（3）三相平均功率 $P = U_A I_A = 220 \times 22\text{W} = 4840\text{W}$。

第5章自测题

1. 对称三相电路负载△接，已知相电流 $\dot{I}_{AB} = 10\angle -45°$A，则线电流 $\dot{I}_A$ = (　　　)。

2. 对称三相电源Y接，已知相电压 $\dot{U}_A = 220\angle 0°$V，则线电压 $\dot{U}_{CA}$ = (　　　)。

3. 图示三相电路中，开关S断开时电流表的读数为20A，则将S闭合后，电流表的读数为(　　　)A。

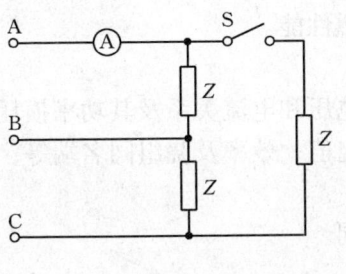

题3图

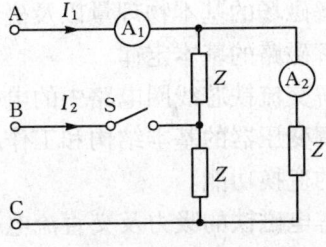

题4图

4. 图示对称三相电路，电源线电压 $U_l = 380$V，功率因数 $\cos\varphi = 0.866$。正常工作时（开关S闭合），电路消耗的有功功率 $P = 11.4$kW，则S闭合时电流表 A_2 的读数 = (　　　)A。

5. 某三角形联结的纯电容对称负载接于三相对称电源上，已知各相容抗为6Ω，各线电流为10A，则三相电路的视在功率为(　　　)。

6. 图示对称三相电路，已知线电流 $I_l = 2$A，三相负载功率 $P = 300$W，$\cos\varphi = 0.5$，则该电路的相电压等于(　　　)。

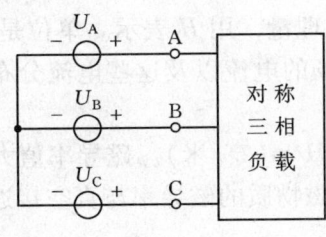

题6图

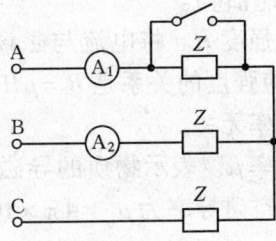

题7图

7. 在题图所示对称三相电路中，电流表读数均为1A（有效值），若因故发生A相短路（即开关闭合）则电流表 A_1 的读数为(　　　)。

8. 有一台三相异步电动机，其绕组接成三角形，接在线电压 $U_l = 380$V 的三相对称电源上。从电源所取用的功率 $P = 12$kW，功率因数 $\cos\varphi = 0.8$，试求电动机的相电流大小为(　　　)A。

9. 对称三相电源，线电压 $U_l = 380$V，对称三相感性负载作三角形连接，若测得线电流 $I_l = 34.6$A，三相功率 $P = 18.24$kW，求每相负载的电阻和感抗。

10. 三相异步电动机的三相绕组连接成三角形，接于线电压 $U_l = 380$V 的对称三相电源上，若每相阻抗 $Z = 8 + j6$Ω，试求此电动机工作时的相电流 I_p、线电流 I_l 和三相功率 P。

第6章 磁路和铁芯线圈电路

6.1 学习要点

(1) 了解磁场的基本物理量以及磁性材料的磁性能。
(2) 了解磁路的基本定律。
(3) 理解交流铁芯线圈电路中的电磁关系,电压和电流关系及其功率损耗情况。
(4) 了解变压器的基本结构和工作原理、额定值、效率及绕组同名端等,掌握其电压、电流、阻抗的变换功能。
(5) 了解电磁铁的吸力及交直流电磁铁的异同。

6.2 内容提要

6.2.1 磁场的基本物理量

(1) 磁感应强度 B。表示磁场中各点的磁场强弱和方向的物理量。它与电流间的关系符合右手螺旋定则。单位是 T(特[斯拉]),$1T = 1Wb/m^2$。

(2) 磁通 Φ。它是指垂直于磁场的某一面积 S 上所穿过的磁力线的数目。用 Φ 表示,单位是 Wb(韦[伯])。

(3) 磁场强度 H。将电流与磁场联系起来的物理量,用 H 表示。单位是 A/m(安培/米)。与磁感应强度的关系是 $B = \mu H$,只与产生磁场的电流以及这些电流分布有关,而与磁介质的磁导率无关。

(4) 磁导率 μ。表示物质的导磁性能。单位是 H/m(亨/米)。磁导率值大的材料,导磁性能好。真空磁导率为 $\mu_0 = 4\pi \times 10^{-7} H/m$。非铁磁物质的磁导率与真空接近。相对磁导率 $\mu_r = \mu/\mu_0$。

6.2.2 铁磁材料的磁性能

(1) 磁性材料的磁性能

①高导磁性:磁导率很高,由铁磁材料组成的磁路磁阻很小,在线圈中通入较小的电流即可获得较大的磁通。

②磁饱和性:在磁性材料的磁化过程中,随着励磁电流的增大,外磁场和附加磁场都将增大,但当励磁电流增大到一定值时,几乎所有的磁畴都与外磁场的方向一致,附加磁场就不再随励磁电流的增大而继续增强,整个磁化磁场的磁感应强度 B_J 接近饱和,这种现象称为磁饱和现象。

③磁滞性:铁芯线圈中通过交变电流时,H 的大小和方向都会改变,铁芯在交变磁场

中反复磁化，在反复磁化的过程中，B 的变化总是滞后于 H 的变化。

（2）铁磁材料的类型

①软磁材料：磁导率高，磁滞特性不明显，矫顽力和剩磁都小，磁滞回线较窄，磁滞损耗小。常见的软磁材料有纯铁、铸铁、硅钢、玻莫合金以及非金属软磁铁氧体等。

②硬磁材料（又称永磁材料）：剩磁和矫顽力均较大，磁滞性明显，磁滞回线较宽。常见硬磁材料有碳钢、钴钢及铁镍铝钴合金等。

③矩磁材料：只要受较小的外磁场作用就能磁化到饱和，当外磁场去掉，磁性仍保持，磁滞回线几乎成矩形。矩磁材料有镁锰铁氧体及某些铁镍合金等。

6.2.3　磁路和磁路定律

（1）磁路：磁通相对集中通过的路径。

（2）磁路定律

①安培环路定律

$$\oint H \cdot dl = \sum I$$

上式中，计算电流代数和时，与绕行方向符合右手螺旋定则的电流取正号，反之取负号。若闭合回路上各点的磁场强度相等且其方向与闭合回路的切线方向一致，则有

$$Hl = \sum I = NI = F$$

式中，$F = NI$ 为磁通势，A；l 为磁路的平均长度，m。

②磁路欧姆定律

$$\Phi = BS = \mu HS = \mu \frac{NI}{l} S = \frac{NI}{\frac{l}{\mu S}} = \frac{F}{R_m}$$

式中，R_m 为磁阻；S 为磁路的横截面积；μ 为磁路材料的磁导率。

（3）简单直流磁路的计算

常见的是已知磁通，再按照给定的磁通及磁路尺寸、材料求出磁通势，即已知 Φ 求 NI。在计算时一般应按下列步骤进行。

①按照磁路的材料和截面不同进行分段，将材料和截面相同的算做一段；

②根据磁路尺寸，计算出各段截面积 S 和平均长度 l；

③由已知磁通 Φ，算出各段磁路的磁感应强度，$B = \Phi / S$；

④根据每一段的磁感应强度求磁场强度，对于铁磁材料可查基本磁化曲线；

⑤根据每一段的磁场强度和平均长度求出 $H_1 l_1$，$H_2 l_2$……；

⑥根据基尔霍夫磁路第二定律，求出所需的磁通势。

6.2.4　交流铁芯线圈电路

（1）电磁关系

图 6.1 所示是交流铁芯线圈电路。设线圈的匝数为 N，当在线圈两端加上正弦交流电压 u 时，就有交变励磁电流 i 流过，在交变磁动势 iN 的作用下将产生交变的磁通，其绝大部分通过铁芯而闭合，称为主磁通或工作磁通 Φ。还有很小部分从附近空气或其他非导磁

媒质中通过而闭合，称为漏磁通 Φ_σ。这两种交变的磁通分别在线圈中产生主磁电动势 e 和漏磁电动势 e_σ，其方向由右手螺旋定则决定。

（2）外加电压与磁通的关系

设线圈电阻为 R，则铁芯线圈中的电压、电流与电动势之间的关系为

$$u = iR - e - e_\sigma$$

由上式可得到一重要关系式，即外加电压的有效值为

$$U \approx 4.44fN\Phi_m = 4.44fNB_mS$$

式中，Φ_m 是铁芯中的磁通最大值，Wb；f 为电源频率，Hz；S 为铁芯截面积，m^2；U 的单位为 V。

（3）功率损耗

①铜损 P_{Cu}：线圈电阻产生的损耗，$P_{Cu} = I^2R$。

②铁芯损耗 P_{Fe}：包括磁滞损耗 ΔP_h 和涡流损耗 ΔP_e。

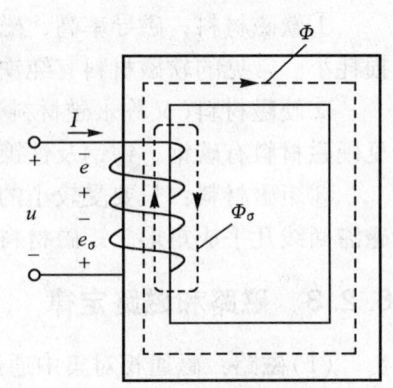

图 6.1　交流铁芯线圈电路

其中铁磁材料交变磁化时产生的铁损称为磁滞损耗。可以证明，铁芯单位体积内每周期产生的磁滞损耗与磁滞回线所包围的面积成正比。涡流损耗是磁通在铁芯中产生的感应电流引起的损耗。

故交流铁芯线圈电路的功率损耗为

$$P = P_{Cu} + P_{Fe} = P_{Cu} + \Delta P_h + \Delta P_e$$

6.2.5　变压器

（1）结构与工作原理

变压器由铁芯和绕组两大部分组成。绕组通常用绝缘的铜线或铝线绕成，与电源相连的绕组，称为原绕组；与负载相连的绕组，称为副绕组。变压器按铁芯和绕组的组合形式，可分为心式和壳式两种。工作原理与交流铁芯线圈类似，不再详述。

（2）基本变换关系

①电压变换：变压器的原绕组和副绕组中的感应电动势分别是 e_1 和 e_2。

e_1 和 e_2 的有效值分别为　$E_1 = 4.44fN_1\Phi_m$ 和 $E_2 = 4.44fN_2\Phi_m$。

又据 $U_1 \approx E_1$ 和 $U_{20} \approx E_2$，所以可得

$$\frac{U_1}{U_{20}} \approx \frac{E_1}{E_2} = \frac{N_1}{N_2} = K$$

式中，U_{20} 为副绕组开路电压有效值；N_1 为原绕组的匝数；N_2 为副绕组的匝数。

由上式可见，变压器空载运行时，原、副绕组上电压的比值等于两者的匝数比，这个比值 K_u 称为变压器的变压比。变压器可以把某一数值的交流电压变换为同频率的另一数值的电压，这就是变压器的电压变换作用。

②电流变换：如果变压器的副绕组接上负载，则在副绕组感应电动势 e_2 的作用下，副绕组将产生电流 i_2。由磁动势平衡方程式

$$\dot{I}_1N_1 + \dot{I}_2N_2 = \dot{I}_{10}N_1 \approx 0$$

有 $\dfrac{\dot{I}_1}{\dot{I}_2} \approx -\dfrac{N_2}{N_1}$ 或 $\dfrac{I_1}{I_2} \approx \dfrac{N_2}{N_1} = \dfrac{1}{K}$。

③阻抗变换：设接在变压器副绕组的负载阻抗为 Z，模为 $|Z|$，则 Z 反映到原绕组的阻抗 Z' 的模 $|Z'|$ 为

$$|Z'| = \dfrac{U_1}{I_1} = \dfrac{KU_2}{\dfrac{I_2}{K}} = K^2 \dfrac{U_2}{I_2} = K^2 |Z|$$

（3）损耗与效率

和交流铁芯线圈一样，变压器的功率损耗包括铁芯中的铁损 P_{Fe} 和绕组上的铜损 P_{Cu} 两部分。铁损的大小与铁芯内磁感应强度的最大值 B_m 有关，而与负载的大小无关；铜损则与负载的大小有关（RI^2 与电流的平方成正比）。变压器的效率通常用输出功率 P_2 与输入功率 P_1 之比来表示，即

$$\eta = \dfrac{P_1}{P_2} \times 100\% = \dfrac{P_2}{P_2 + P_{Fe} + P_{Cu}} \times 100\%$$

变压器的功率损耗很小，所以效率很高，通常在 95% 以上。

（4）特殊变压器

①自耦变压器：副绕组是原绕组的一部分，原、副绕组不但有磁的联系，也有电的联系。

②仪用互感器：包括电流互感器和电压互感器。前者用于将大电流变换为小电流。使用时副绕组电路不允许开路。后者用于将高电压变换成低电压。

（5）变压器绕组极性及同名端的概念

绕组的极性是指绕组在任意瞬时两端产生的感应电动势的瞬时极性，它总是从绕组的相对瞬时电位的低电位端（常用符号"－"来表示）指向高电位端（常用符号"＋"来表示）。两个磁耦合作用联系起来的绕组，如变压器的原、副绕组，当某一瞬时原绕组某一端点的瞬时电位相对于原绕组的另一端为正时，副绕组也必有一对应的端点，其瞬时电位相对于副绕组的另一端点也为正。通常把原、副绕组电位瞬时极性相同的端点称为同极性端，也称为同名端，用符号"·"表示。

6.2.6 电磁铁

利用电磁力实现某一机械发生动作的电磁元件。结构由线圈、铁芯、衔铁三部分组成。

（1）直流电磁铁

①结构：铁芯用整块软钢制成。

②电磁吸力：

$$F = \dfrac{10^7}{8\pi} B_0^2 S_0$$

（2）交流电磁铁

①结构：铁芯由钢片叠成。

②电磁吸力：

$$F = \frac{10^7}{16\pi} B_0^2 S_0$$

6.3 典型例题解析

例 6.1 在图示电路中,将 $R_L = 8\Omega$ 的扬声器接在输出变压器副边,已知 $N_1 = 300$ 匝,$N_2 = 100$ 匝,信号源 $U_s = 6\text{V}$,内阻 $R_0 = 100\Omega$。求信号源输出的功率。

解 $K = \dfrac{N_1}{N_2} = 3$

R_L 电阻折算到原边的等效电阻为 R_L'

$$R_L' = K^2 R_L = 72\Omega$$

故信号源输出功率 $P = I^2 R_L' = \left(\dfrac{U_s}{R_0 + R_L'}\right)^2 R_L' = 0.088\text{W}$

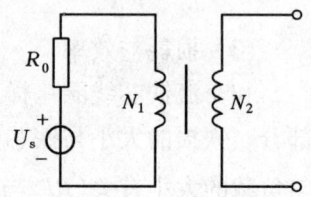

例 6.1 图

例 6.2 一台容量为 20kVA 的照明变压器,它的电压为 6600V/220V,问它能够正常供应 220V,40W 的白炽灯多少盏?能供应 $\cos\varphi = 0.6$,电压为 220V,功率 40W 的日光灯多少盏?

解 能够正常供应 220V,40W 的白炽灯数为:$20000 \div 40 = 500$ 盏;能供给 $\cos\varphi = 0.6$,220V,40W 的日光灯数为:$20000 \times 0.6 \div 40 = 300$ 盏。

例 6.3 已知某变压器 $N_1 = 1000$,$N_2 = 200$,$U_1 = 200\text{V}$,$I_2 = 10\text{A}$。若为纯电阻负载,且漏磁和损耗忽略不计。求 U_2,I_1,输入 P_1 和输出功率 P_2。

解 因为 $K_u = \dfrac{N_1}{N_2} = 5$

所以 $U_2 = \dfrac{U_1}{K_u} = 40\text{V}$

$$I_1 = \dfrac{I_2}{K_u} = 2\text{A}$$

输入功率 $P_1 = U_1 I_1 = 400\text{W}$

输出功率 $P_2 = U_2 I_2 = 400\text{W}$

例 6.4 设交流信号源电压 $U = 100\text{V}$,内阻 $R_0 = 800\Omega$,负载 $R_L = 8\Omega$。

(1) 将负载直接接至信号源,负载获得多大功率?

(2) 经变压器进行阻抗匹配,求负载获得的最大功率是多少?变压器变比是多少?

解 (1) 负载直接接信号源时,负载获得功率为

$$P = I^2 R_L = \left(\dfrac{U}{R_0 + R_L}\right)^2 R_L = \left(\dfrac{100}{800 + 8}\right)^2 \times 8\text{W} = 0.123\text{W}$$

(2) 最大输出功率时,R_L 折算到原绕组应等于 $R_0 = 800\Omega$。负载获得的最大功率为

$$P_{\max} = I^2 R_L' = \left(\dfrac{U}{R_0 + R_L'}\right)^2 R_L' = \left(\dfrac{100}{800 + 800}\right)^2 \times 800\text{W} = 3.125\text{W}$$

变压器变比为 $K = \dfrac{N_1}{N_2} = \sqrt{\dfrac{R_0}{R_L}} = \sqrt{\dfrac{800}{8}} = 10$

6.4 课后习题选解

【6.1.3】 有一线圈,其匝数 $N=1000$,绕在由铸钢制成的闭合铁芯上,铁芯的截面积 $S_{Fe}=20\text{cm}^2$,铁芯的平均长度 $l_{Fe}=50\text{cm}$。如果要在铁芯中产生磁通 $\Phi=0.002\text{Wb}$,试问线圈中应通入多大直流电流?

解 $B=\dfrac{\Phi}{S_{Fe}}=\dfrac{0.002}{20\times10^{-4}}\text{T}=1\text{T}$

查铸钢的磁化曲线,可得 $H=0.7\times10^3\text{A/m}$

由 $Hl_{Fe}=NI$ 得

$$I=\frac{Hl_{Fe}}{N}=\frac{0.7\times10^3\times50\times10^{-2}}{1000}\text{A}=0.35\text{A}$$

【6.1.4】 如果上题的铁芯中含有一长度为 $\delta=0.2\text{cm}$ 的空气隙(与铁芯柱垂直),由于空气隙较短,磁通的边缘扩散可忽略不计,试问线圈中的电流必须多大才可使铁芯中的磁感应强度保持上题中的数值?

解 因为 B 不变,故铁芯中的 H 亦不变,由安培环路定律,有

$$NI=Hl_{Fe}+H_0\delta=Hl_{Fe}+\frac{B_0}{\mu_0}\delta$$

$$=\left(0.7\times10^3\times50\times10^{-2}+\frac{1}{4\pi\times10^{-7}}\times0.2\times10^{-2}\right)\text{A}\approx1942\text{A}$$

$$I=\frac{NI}{N}=\frac{1942}{1000}\text{A}=1.942\text{A}$$

【6.1.5】 在上题中,如将线圈中的电流调到 2.5A,试求线圈中的磁通。

解 由安培环路定律,有

$$NI=Hl_{Fe}$$

则

$$H=\frac{NI}{l_{Fe}}=\frac{2.5\times1000}{50\times10^{-2}}\text{A/m}=5000\text{A/m}$$

查铸钢的磁化曲线,可得 $B\approx1.58T$

则

$$\Phi=B\cdot S_{Fe}=1.58\times20\times10^{-4}\text{Wb}\approx0.0032\text{Wb}$$

【6.1.6】 有一铁芯线圈,试分析铁芯中的磁感应强度、线圈中的电流和铜损在下列几种情况下将如何变化:

(1) 直流励磁——铁芯截面积加倍,线圈的电阻和匝数及电源电压保持不变;
(2) 交流励磁——同(1);
(3) 直流励磁——线圈匝数加倍,线圈电阻及电源电压保持不变;
(4) 交流励磁——同(3);
(5) 交流励磁——电流频率减半,电源电压大小保持不变;
(6) 交流励磁——线圈频率和电源电压大小减半.

假设在上述各种情况下工作点在磁化曲线的直线段。在交流励磁的情况下,设电源电压与感应电动势在数值上近于相等,且忽略磁滞和涡流,铁芯是闭合的,截面均匀。

解 (1) 直流励磁：线圈电流不变，磁感应强度不变，铜损不变。

(2) 交流励磁：因 $U \approx 4.44 f N \Phi_m$，故 Φ_m 不变，$B_m = \dfrac{\Phi_m}{S_{Fe}}$ 减半；在磁化曲线线性段 H 减半，则 I 减半；铜损 $I^2 R$ 减为原来的 $\dfrac{1}{4}$。

(3) 直流励磁：$I = \dfrac{U}{R}$ 不变；铜损 $I^2 R$ 不变；因 NI 加倍，磁阻不变，Φ 加倍，B 加倍。

(4) 交流励磁：因 $U \approx 4.44 f N \Phi_m$，故 Φ_m 减半，$B_m = \dfrac{\Phi_m}{S_{Fe}}$ 减半；在磁化曲线线性段 H 减半，则 I 减为原来的 $\dfrac{1}{4}$；铜损 $I^2 R$ 减为原来的 $\dfrac{1}{16}$。

(5) 交流励磁：因 $U \approx 4.44 f N \Phi_m$，故 Φ_m 增加 1 倍，$B_m = \dfrac{\Phi_m}{S_{Fe}}$ 增加 1 倍；在磁化曲线线性段 H 增加 1 倍，则 I 增加 1 倍；铜损 $I^2 R$ 增大为原来的 4 倍。

(6) 交流励磁：因 $U \approx 4.44 f N \Phi_m$，故 Φ_m 不变，$B_m = \dfrac{\Phi_m}{S_{Fe}}$ 不变；在磁化曲线线性段 H 不变，则 I 不变；铜损 $I^2 R$ 不变。

【6.2.7】 为求出铁芯线圈的铁损，先将它接在直流电源上，测得线圈的电阻为 1.75Ω；然后接在交流电源上，测得电压 $U = 120 V$，功率 $P = 70 W$，电流 $I = 2 A$。试求铁损和线圈的功率因数。

解 线圈的铜损 $\Delta P_{Cu} = I^2 R = 2^2 \times 1.75 W = 7 W$

线圈的铁损 $\Delta P_{Fe} = P - \Delta P_{Cu} = (70 - 7) W = 63 W$

线圈的功率因数 $\cos \varphi = \dfrac{P}{UI} = \dfrac{70}{120 \times 2} \approx 0.29$

【6.2.8】 有一交流铁芯线圈，接在 $f = 50 Hz$ 的正弦电源上，在铁芯中得到磁通的最大值 $\Phi_m = 2.25 \times 10^{-3} Wb$。现在在此铁芯上再绕一个线圈，其匝数为 200。当此线圈开路时，求其两端电压。

解 $U_{20} \approx 4.44 f N \Phi_m = 4.44 \times 50 \times 200 \times 2.25 \times 10^{-3} V \approx 100 V$

【6.3.3】 有一单相照明变压器，容量为 10kVA，电压为 3300V/220V，今欲在副绕组接上 60W，220V 的白炽灯，如果要变压器在额定情况下运行，这种电灯可接多少个？并求原、副绕组的额定电流。

解 因为白炽灯的功率因数 $\cos \varphi = 1$，故可接 $n = \dfrac{10 \times 10^3}{60}$ 只 ≈ 166 只

原绕组的额定电流 $I_{1N} = \dfrac{S_N}{U_{1N}} = \dfrac{10^4}{3300} A \approx 3.03 A$

副绕组的额定电流 $I_{2N} = \dfrac{S_N}{U_{2N}} = \dfrac{10^4}{220} A \approx 45.5 A$

第7章 交流电动机

7.1 学习要点

（1）了解三相异步电动机的转动原理及电路分析。
（2）掌握三相异步电动机的转矩与机械特性。
（3）了解三相异步电动机的启动、调速和制动。
（4）熟练掌握三相异步电动机的铭牌数据计算。
（5）了解三相异步电动机的选择。

7.2 内容提要

7.2.1 三相异步电动机的构造及工作原理

1. 构造

三相异步电动机分成两个基本部分：定子（固定部分）和转子（旋转部分）。定子由机座和装在机座内的圆筒形铁芯以及其中的三相定子绕组组成。转子根据构造上的不同分为两种型式：鼠笼式和绕线式。二者的区别在于：

鼠笼式：将铜条插入转子槽内，两端用铜环短接，形似鼠笼；或直接用熔铝浇铸而成，成为铸铝转子。

绕线式：在转子槽内安放三相对称绕组，接成 Y 形，由端环和炭刷引出三个端，外接三相 Y 形接法的可变电阻，用于启动限流或调速。也可直接通过短路端环短接。

2. 工作原理

当定子绕组中通入三相电流后，它们共同产生的合成磁场随电流的交变而在空间不断地旋转，这就是旋转磁场。三相电流产生的旋转磁场切割转子导体，便在其中感应出电动势和电流，转子电流同旋转磁场相互作用而产生的电磁转矩使电动机转动起来。

3. 相关概念

（1）旋转磁场的转速 n_0：

$$n_0 = \frac{60f_1}{p}$$

式中，f_1 为电流频率；p 为磁场的极对数。

（2）转差率 s：表示转子转速 n 与磁场转速 n_0 相差的程度。

$$s = \frac{n_0 - n}{n_0}$$

当 $n=0$ 时（启动初始瞬间），$s=1$，这时转差率最大。

旋转磁场的转速 n_0 与磁场的极对数 p 的关系，如表 7.1 所示。

表 7.1　　　　　　　　旋转磁场的转速 n_0 与磁场的极对数 p 的关系

p	1	2	3	4	5	6
$n_0/(\text{r/min})$	3000	1500	1000	750	600	500

7.2.2　三相异步电动机的电路分析

三相异步电动机的每相电路和变压器相似，定子绕组相当于变压器的一次绕组，转子绕组（一般是短接的）相当于二次绕组。当定子绕组接上三相电源时（相电压为 u_1），则有三相电流 i_1 通过，定子三相电流产生旋转磁场，其磁通通过定子和转子铁芯而闭合。这磁场不仅在转子每相绕组中感应出电动势 e_2，而且在定子每相绕组中也要感应出电动势 e_1，此外还有漏磁通，在定子绕组和转子绕组中产生漏磁电动势 $e_{\sigma1}$ 和 $e_{\sigma2}$，定子和转子每相绕组的匝数分别为 N_1 和 N_2。

1. 定子电路

定子每相电路的电压方程和变压器原绕组电路的一样，即

$$\dot{U}_1 = R_1 \dot{I}_1 + (-\dot{E}_{\sigma1}) + (-\dot{E}_1) = R_1 \dot{I}_1 + jX_1 \dot{I}_1 + (-\dot{E}_1)$$

得出　　　　　　$\dot{U}_1 = -\dot{E}_1$，$E_1 = 4.44 f_1 N_1 \Phi \approx U_1$

式中，R_1 和 X_1 分别为定子每相绕组的电阻和感抗。和变压器一样，也可得出

$$\dot{U} \approx -\dot{E}_1$$

和

$$E_1 = 4.44 f_1 N_1 \Phi \approx U_1$$

式中，Φ 是通过每相绕组的磁通最大值，在数值上它等于旋转磁场的每极磁通；f_1 是 e_1 的频率。

2. 转子电路

(1) 转子频率 f_2：

$$f_2 = \frac{p(n_0 - n)}{60} = sf_1$$

(2) 转子电动势 E_2：

$$E_2 = 4.44 f_2 N_2 \Phi = 4.44 s f_1 N_2 \Phi$$

在 $n=0$，即 $s=1$ 时，转子电动势为 $E_{20} = 4.44 f_1 N_2 \Phi$，此时，$f_1 = f_2$，转子电动势最大。由上式可得：$E_2 = sE_{20}$，电动势 E_2 与转差率 s 有关。

(3) 转子感抗 X_2：

$$X_2 = 2\pi f_2 L_{\sigma2} = 2\pi s f_1 L_{\sigma2}$$

在 $n=0$，即 $s=1$ 时，转子感抗为：$X_{20} = 2\pi f_1 L_{\sigma2}$，此时，$f_1 = f_2$，转子感抗最大。由上两式得：$X_2 = X_{20}$，转子感抗与转差率有关。

(4) 转子电流 I_2：

$$I_2 = \frac{E_2}{\sqrt{R_2^2 + X_2^2}} = \frac{sE_{20}}{\sqrt{R_2^2 + (sX_{20})^2}}$$

(5) 转子电路的功率因数 $\cos\varphi_2$：

$$\cos\varphi_2 = \frac{R_2}{\sqrt{R_2^2 + X_2^2}} = \frac{R_2}{\sqrt{R_2^2 + (sX_{20})^2}}$$

7.2.3 三相异步电动机的转矩与机械特性

1. 转矩公式

异步电动机的转矩是由旋转磁场的每极磁通 Φ 与转子电流 I_2 相互作用而产生的。

$$T = K_T \Phi I_2 \cos\varphi_2$$

式中，K_T 是一常数，它与电动机的结构有关。

转矩的另一个表达式

$$T = K \frac{sR_2 U_1^2}{R_2^2 + (sX_{20})^2}$$

式中，K 为一常数。

2. 机械特性曲线

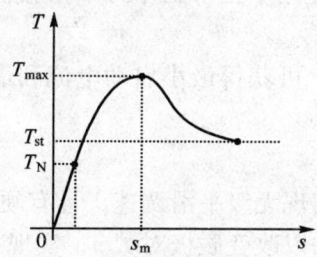 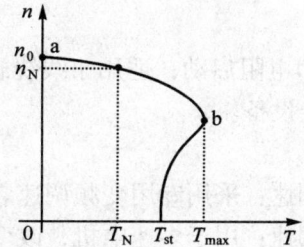

（a）三相异步电动机的 $T = f(s)$ 曲线　　（b）三相异步电动机的 $n = f(T)$ 曲线

图 7.1　三相异步电动机的特性曲线

研究机械特性曲线的目的是为了分析电动机的运行性能。在机械特性曲线上，研究以下三个转矩。

（1）额定转矩 T_N：是电动机在额定负载时的转矩。在等速转动时，电动机的转矩 T 必须与阻转矩 T_c 相平衡。常用公式为

$$T = 9550 \frac{P_2}{n}$$

式中，P_2 为电动机轴上输出的机械功率，单位为 kW。

（2）最大转矩 T_{max}：从机械特性曲线上看，转矩有一个最大值，称为最大转矩或临界转矩。

由 $\frac{dT}{ds} = 0$ 得：当 $s_m = \frac{R_2}{X_{20}}$ 时，$T_{max} = K \frac{U_1^2}{2X_{20}}$。

当负载转矩超过最大转矩时，电动机就不能带动负载，发生所谓的闷车现象。如果过载时间较短，电动机不至于立即过热，是容许的。因此，最大转矩也表示电动机短时容许过载能力。电动机的额定转矩 T_N 比 T_{max} 要小，两者之比称为过载系数 λ，即

$$\lambda = \frac{T_{max}}{T_N}$$

一般三相异步电动机的过载系数为 1.8~2.2。

(3) 启动转矩 T_{st}：电动机刚启动时的转矩称为启动转矩。

$$T_{st} = K \frac{R_2 U_1^2}{R_2^2 + X_{20}^2}$$

7.2.4 三相异步电动机的启动、调速、反转及制动

1. 启动

接通电源启动时，电流大，启动转矩小。

启动方法有 4 种：

(1) 直接启动：$P_N < 10\text{kW}$ 或 $P_N < 20\% S_N$ (S_N 为电源变压器的容量) 的电动机均可。

(2) Y-Δ 变换法启动：电压降低 $\sqrt{3}$ 倍，$I_{stY} = \frac{1}{3} I_{st\Delta}$，$T_{stY} = \frac{1}{3} T_{st\Delta}$。适用于正常工作时接成 Δ，轻载启动的情况。

(3) 自耦变压器降压启动：电压降低 K 倍，适用于正常工作为 Y 形接法且重载启动的情况。

(4) 转子串电阻启动：适用于线绕式电动机，可获得最小启动电流和最大的转矩。常用于起重、冶金设备。

2. 调速

(1) 变频调速：采用专用变频调速装置。可实现无级平滑调速，且有硬的机械特性。

(2) 变极调速：用于多速电机，改变绕组接法以改变磁极对数 p，实现有级调速。

(3) 变 s 调速：用于线绕式电机，转子串电阻可实现无级调速，机械特性软，能耗大，设备简单，投资少，用于起重设备。

3. 反转

调换电源相序。

4. 制动

(1) 能耗制动：停车时在两个相绕组中通入直流电，形成恒定磁场，产生制动转矩。可实现准确停车，制动迅速平稳。

(2) 反接制动：停车时调换电源相序。制动电流大，不准确。

(3) 发电反馈制动：当 $n > n_0$ 时，转子电流反相，产生制动转矩，电能回送电网。

7.2.5 三相异步电动机的铭牌数据

要正确使用电动机，必须要看懂铭牌。主要技术数据如下：

(1) 型号：为了适应不同用途和不同工作环境的需要，电动机制成不同的系列，每种系列用各种型号表示。如 Y132M-4。

(2) 接法：是指定子绕组的接法。

(3) 电压：是指电动机在额定运行时定子绕组上应加的线电压值。

(4) 电流：是指电动机在额定运行时定子绕组上应加的线电流值。

(5) 功率与效率：功率是指电动机在额定运行时轴上输出的机械功率值。输出功率与输入功率不等。其差值等于电动机本身的损耗功率，包括铜损、铁损及机械损耗等。所谓

效率就是输出功率与输入功率的比值。

（6）功率因数：电动机是感性负载，定子相电流比相电压滞后一个 φ 角，$\cos\varphi$ 就是电动机的功率因数。

（7）转速：由于生产机械对转速的要求不同，需要生产不同磁极对数的异步电动机，因此有不同的转速等级。最常用的是4个极的（$n_0 = 1500\text{r/min}$）。

（8）绝缘等级：是按电动机绕组所用的绝缘材料在使用时容许的极限温度来分级的。所谓极限温度，是指电机绝缘结构中最热点的最高容许温度。

（9）工作方式：电动机的工作方式分为八类，分别用 S1～S8 表示。

7.2.6　三相异步电动机的选择

三相异步电动机选择包括功率选择、结构型式选择和电压转速选择三方面。

1. 功率的选择

（1）连续运行电动机功率的选择：先算出生产机械的功率，所选电动机的额定功率等于或稍大于生产机械的功率即可。

（2）短时运行电动机功率的选择：根据过载系数 λ 来选择。

2. 种类和型式的选择

（1）种类的选择：从交流或直流、机械特性、调速与启动性能、维护及价格等方面来考虑。

（2）结构型式的选择：由于电动机的工作环境各不相同，有必要选择各种结构型式不同的电动机，以保证在不同的工作环境中能安全可靠的运行。

3. 电压转速选择

（1）电压的选择：根据电动机类型、功率以及使用地点的电源电压来决定。

（2）转速的选择：根据生产机械的要求而选定。

7.3　典型例题解析

例 7.1　什么是三相电源的相序？就三相异步电动机本身而言，有无相序？

解　三相电源的三个电压在相位上互差120°，三个电压出现正幅值的顺序称为相序。依 A→B→C 依次滞后120°的顺序称为正相序。三相异步电动机本身没有相序，但三个绕组在空间位置上有一定的顺序，也用 A，B，C 表示。当电源的相序和绕组的顺序一致时，电机转向一定；接反了，电机会反转。

例 7.2　在三相异步电动机启动初始瞬间，即 $s=1$ 时，为什么转子电流 I_2 较大，而转子电路的功率因数 $\cos\varphi_2$ 较小？

解　当 $s=1$ 时，转子感应电动势 $E_2 = E_{20}$，到达最大，所以转子电流 I_2 较大。但此时转子电抗也达最大，故转子功率因数 $\cos\varphi_2$ 较小。

例 7.3　三相异步电动机在正常运行时，如果转子突然被卡住而不能转动，试问这时电动机的电流有何改变？对电动机有何影响？

解　转子被卡住，则 $n=0$，$s=1$，E_2，I_2 及 I_1 均大大增加，定子电流达到额定电流的 4～7 倍。若不及时排除，时间稍长电机就会发热而烧坏、冒烟。

例 7.4 为什么三相异步电动机不在最大转矩 T_{max} 处或接近最大转矩处运行？

解 根据异步电动机的机械特性可知，最大转矩 T_{max} 又称临界转矩，它是异步电动机稳定工作区和不稳定工作区的临界点。若异步电动机工作在临界点，当机械负载转矩略有波动，瞬时大于临界转矩 T_{max} 时，电动机就会停转而被卡住，以致损坏电机。

例 7.5 三相异步电动机在满载和空载下启动时，启动电流和启动转矩是否一样？

解 三相异步电动机的启动电流和启动转矩是由其本身结构性能决定的，不受外界机械负载影响。无论空载或满载启动，其电流和转矩均一样。但满载启动时加速转矩较小，启动时间较长，启动电流维持时间也较长。

例 7.6 一台三相异步电动机，功率 $P_N = 10\text{kW}$，额定转速 $n_N = 1450\text{r/min}$，启动能力 $T_{st}/T_N = 1.2$，过载系数 $\lambda = 1.8$。求：(1)该电动机的额定转矩。(2)该电动机的启动转矩。(3)该电动机的最大转矩。(4)如果电动机采用 Y-Δ 启动，启动时的转矩 $T_{st} = ?$

解 (1) $$T_N = 9550\frac{P_N}{n_N} = 9550 \times \frac{10}{1450}\text{N}\cdot\text{m} \approx 65.9\text{N}\cdot\text{m}$$

(2) $$T_{st\Delta} = 1.2T_N = 1.2 \times 65.9\text{N}\cdot\text{m} \approx 79\text{N}\cdot\text{m}$$

(3) $$T_m = \lambda T_N = 1.8 \times 65.9\text{N}\cdot\text{m} \approx 118.5\text{N}\cdot\text{m}$$

(4) Y-Δ 启动时 $$T_{stY} = \frac{T_{st\Delta}}{3} = \frac{79}{3}\text{N}\cdot\text{m} = 26.3\text{N}\cdot\text{m}$$

7.4 课后习题选解

【7.3.3】 有一四极三相异步电动机，额定转速 $n_N = 1440\text{r/min}$，转子每相电阻 $R_2 = 0.02\Omega$，感抗 $X_{20} = 0.08\Omega$，转子电动势 $E_{20} = 20\text{V}$，电源频率 $f = 50\text{Hz}$。试求该电动机启动时及在额定转速运行时的转子电流 I_2。

解 转差率 $s_N = \dfrac{1500 - 1440}{1500} = 0.04$

启动时转子电流 $I_{2st} = \dfrac{E_{20}}{\sqrt{0.02^2 + 0.08^2}} = 243\text{A}$

额定运行时转子电流 $I_{2N} = \dfrac{s_N E_{20}}{\sqrt{R_2^2 + (s_N X_{20})^2}} = 39.5\text{A}$

【7.3.4】 有一台四极，50Hz，1425r/min 的三相异步电动机，转子电阻 $R_2 = 0.02\Omega$，感抗 $X_{20} = 0.08\Omega$，$E_1/E_{20} = 10$。当 $E_1 = 200\text{V}$ 时，试求：(1)电动机启动初始瞬间（$n = 0$，$s = 1$）转子每相电路的电动势 E_{20}，电流 I_{20} 和功率因数 $\cos\varphi_{20}$；(2)额定转速时的 E_2，I_2 和 $\cos\varphi_2$。比较在上述两种情况下转子电路的各个物理量（电动势、频率、感抗、电流及功率因数）的大小。

解 (1) 启动瞬间

$$E_{20} = \frac{E_1}{10} = \frac{200}{10}\text{V} = 20\text{V}$$

$$I_{20} = \frac{E_{20}}{\sqrt{R_2^2 + X_{20}^2}} = \frac{20}{\sqrt{0.02^2 + 0.08^2}}\text{A} \approx 243\text{A}$$

第7章 交流电动机

$$\cos\varphi_{20} = \frac{R_2}{\sqrt{R_2^2 + X_{20}^2}} = \frac{0.02}{\sqrt{0.02^2 + 0.08^2}}\text{A} \approx 0.243\text{A}$$

(2) 额定状态

$$s_N = \frac{1500-1425}{1500} \approx 0.05$$

$$E_2 = s_N E_{20} = 0.05 \times 20\text{V} = 1\text{V}$$

$$I_2 = \frac{sE_{20}}{\sqrt{R_2^2 + (sX_{20})^2}} = \frac{1}{\sqrt{0.02^2 + (0.05 \times 0.08)^2}}\text{A} = 49\text{A}$$

$$\cos\varphi_2 = \frac{R_2}{\sqrt{R_2^2 + (sX_{20})^2}} = \frac{0.02}{\sqrt{0.02^2 + (0.05 \times 0.08)^2}}\text{A} \approx 0.98\text{A}$$

比较：额定状态时转子每相电动势 E_2、频率、转子漏抗和转子电流均比启动时小，而转子电路的功率因数则大大提高。

【7.4.8】 已知 Y100L1-4 型异步电动机的某些额定技术数据如下：

      2.2kW   380V   Y 接法

      1420r/min $\cos\varphi = 0.82$ $\eta = 81\%$

试计算：(1) 相电流和线电流的额定值及额定负载时的转矩；(2) 额定转差率及额定负载时的转子电流频率。设电源频率为 50Hz。

解 (1) 线电流额定值

$$I_N = \frac{P_N}{\sqrt{3}U_n\cos\varphi\eta} = \frac{2.2 \times 10^3}{\sqrt{3} \times 380 \times 0.82 \times 0.81}\text{A} \approx 5.03\text{A}$$

相电流额定值 $I_{PN} = I_N = 5.03\text{A}$

额定转矩 $T_N = 9550\dfrac{P_N}{n_N} = \dfrac{9550 \times 2.2}{1420}\text{N}\cdot\text{m} = 14.8\text{N}\cdot\text{m}$

(2) 额定转差率 $s_N = \dfrac{n_0 - n_N}{n_0} = \dfrac{1500 - 1420}{1500} \approx 0.053$

(其中 $p=2$，故 $n_0 = 1500\text{r/min}$)

$$f_2 = s_N f_1 = 0.053 \times 50\text{Hz} \approx 2.67\text{Hz}$$

【7.4.10】 有 Y112M-2 型和 Y160M1-8 型异步电动机各一台，额定功率都是 4kW，但前者额定转速为 2890r/min，后者为 720r/min。试比较它们的额定转矩，并由此说明电动机的极数、转速及转矩三者之间的大小关系。

解 Y112M-2 的额定转矩

$$T_{N1} = 9550 \times \frac{4}{2890}\text{N}\cdot\text{m} \approx 13.2\text{N}\cdot\text{m}$$

Y160M1-8 的额定转矩

$$T_{N2} = 9550 \times \frac{4}{720}\text{N}\cdot\text{m} \approx 53.1\text{N}\cdot\text{m}$$

通过以上比较可知：电动机的磁极数愈多，则转矩愈低，在同样额定功率下额定转矩愈大。

【7.4.11】 Y132S-4 型三相异步电动机的额定技术数据如下。

功率	转速	电压	效率	功率因数	I_{st}/I_N	T_{st}/T_N	T_{max}/T_N
5.5kW	1440r/min	380V	85.5%	0.84	7	2	2.2

电源频率为50Hz。试求额定状态下的转差率 s_N，电流 I_N 和转矩 T_N，以及启动电流 I_{st}，启动转矩 T_{st}，最大转矩 T_{max}。

解 由 Y132S-4 技术数据可知，磁极对数 $p=2$，旋转磁场转速 $n_0=1500$r/min，

则转差率为 $s_N = \dfrac{n_0 - n}{n_0} = \dfrac{1500 - 1440}{1500} = 0.04$

$$I_N = \dfrac{P_N}{\sqrt{3}\,U_N \cos\varphi_N \eta_N} = \dfrac{5.5 \times 10^3}{\sqrt{3} \times 380 \times 0.84 \times 0.855}\text{A} \approx 11.64\text{A}$$

$$T_N = 9550 \dfrac{P_N}{n_N} = 9550 \times \dfrac{5.5}{1440}\text{N·m} \approx 36.5\text{N·m}$$

$$I_{st} = 7I_N = 7 \times 11.64\text{A} \approx 81.4\text{A}$$

$$T_{st} = 2T_N = 2 \times 36.5\text{N·m} \approx 73\text{N·m}$$

$$T_{max} = 2.2T_N = 2.2 \times 36.5\text{N·m} \approx 80.3\text{N·m}$$

【7.4.12】 Y180L-6 型电动机的额定功率为15kW，额定转速为970r/min，频率为50Hz，最大转矩为295.36N·m。试求电动机的过载系数 λ。

解 额定转矩 $T_N = 9550\dfrac{P_N}{n_N} = 9550 \times \dfrac{15}{970}$N·m ≈ 147.7N·m

过载系数 $\lambda = \dfrac{T_{max}}{T_N} = \dfrac{295.36}{147.7} \approx 2$

【7.4.13】 某四极三相异步电动机的额定功率为30kW，额定电压为380V，Δ形接法，额定频率为50Hz。在额定负载下运行时，其转差率为0.02，效率为90%，线电流为57.5A。试求：(1)转子旋转磁场对转子的转速；(2)额定转矩；(3)电动机的功率因数。

解 根据 $p=2$ 得 $n_0=1500$r/min，当额定运行时，转速为

$$n_N = n_0(1-s_N) = 1500 \times (1-0.02)\text{r/min} = 1470\text{r/min}$$

(1) 转子旋转磁场对转子的转速即转差

$$n_2 = \Delta n = (1500 - 1470)\text{r/min} = 30\text{r/min}$$

(2) 额定转矩

$$T_N = 9550\dfrac{P_N}{n_N} = 9550 \times \dfrac{30}{1470}\text{N·m} \approx 195\text{N·m}$$

(3) 功率因数 $\cos\varphi_N = \dfrac{P_N}{\sqrt{3}\,U_N I_N \eta} = \dfrac{30 \times 10^3}{\sqrt{3} \times 380 \times 57.5 \times 0.9} \approx 0.88$

【7.5.4】 若题7.4.13中电动机的 $T_{st}/T_N = 1.2$，$I_{st}/I_N = 7$，试求：(1)用Y-Δ换接启动时的启动电流和启动转矩；(2)当负载转矩为额定转矩的60%和25%时，电动机能否启动？

解 (1) 直接启动电流为

$$I_{st} = 7I_N = 7 \times 57.5\text{A} = 402.5\text{A}$$

Y-△换接启动时，启动电流

$$I_{stY} = \frac{1}{3}I_{st} = \frac{1}{3} \times 402.5\text{A} \approx 134.2\text{A}$$

直接启动时，启动转矩

$$T_{st} = 1.2T_N = 1.2 \times 195\text{N} \cdot \text{m} = 234\text{N} \cdot \text{m}$$

Y-△换接启动时，启动转矩

$$T_{stY} = \frac{1}{3}T_{st} = \frac{1}{3} \times 234\text{N} \cdot \text{m} = 78\text{N} \cdot \text{m}$$

（2）当负载转矩为 $60\%T_N$ 时，

$$T_c = 60\% \times 195\text{N} \cdot \text{m} = 117\text{N} \cdot \text{m} > T_{stY}$$

不能启动。

当负载转矩为 $25\%T_N$ 时，

$$T_c = 25\% \times 195\text{N} \cdot \text{m} = 48.75\text{N} \cdot \text{m} < T_{stY}$$

可以启动。

【7.5.5】 在题 7.4.13 中，如果采用自耦变压器降压启动，而使电动机的启动转矩为额定转矩的 85%，试求：(1)自耦变压器的变比；(2)电动机的启动电流和线路上的启动电流各为多少？

解 （1） $T_{st}' = \frac{1}{K^2}T_{st}$，$K = \sqrt{\dfrac{T_{st}}{T_{st}'}} = \sqrt{\dfrac{1.2T_N}{0.85T_N}} = \sqrt{\dfrac{1.2}{0.85}} \approx 1.19$

（2）电动机的启动电流应比直接启动电流小 K 倍，即

$$I_{stD} = \frac{I_{st}}{K} = \frac{402.5}{1.19}\text{A} \approx 339\text{A}$$

线路上的启动电流为

$$I_{stL} = \frac{1}{K}I_{stD} = \frac{339}{1.19}\text{A} \approx 285\text{A}$$

【7.9.3】 有一台三相异步电动机在轻载下运行，已知输入功率 $P_1 = 20\text{kW}$，$\cos\varphi = 0.6$。今接入三角形连接的补偿电容（如图所示），使其功率因数达到 0.8。又已知电源线电压为 380V，频率为 50Hz。

试求：(1)补偿电容器的无功功率；(2)每相电容 C。

解 （1）根据已知条件，有

$$Q_c = P_1(\tan\varphi - \tan\varphi') = P_1[\tan(\arccos 0.6) - \tan(\arccos 0.8)]$$
$$= 20 \times 0.583\text{kVar} \approx 11.7\text{kVar}$$

（2）每相电容值

$$C = \frac{Q_c}{3\omega U_l^2} = \frac{11.7 \times 10^3}{3 \times 2\pi \times 50 \times 380^2}\text{F} = 86\mu\text{F}$$

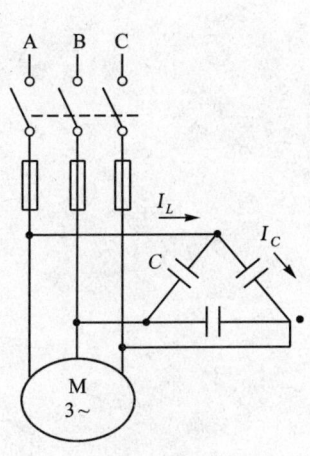

题 7.9.3 图

第7章自测题

1. 三相异步电动机产生的电磁转矩是由于（   ）。
2. 三相感应电动机运行时其定子磁场同步转速 n_0 和转子转速 n 的关系为（   ）。
3. 三相异步电动机的旋转方向与通入三相绕组的三相电流的（   ）有关。
4. 三相异步电动机的额定电压、额定电流是（   ）。
5. 电动机的额定功率是指（   ）。
6. 三相异步电动机在起动瞬间，其转差率（   ）。
7. U_N，I_N，η_N，$\cos\varphi_N$ 分别是三相异步电动机额定线电压、线电流、效率和功率因数，则三相异步电动机额定功率的表达式为 $P_N =$（   ）。
8. 一台型号为 Y112M-4 的三相异步电动机铭牌数据如下：

功率	转速	电压	效率	功率因数	频率	接法	T_{max}/T_N	T_{st}/T_N	I_{st}/I_N
4kW	1440r/min	380V	80%	0.8	50Hz	△	2.2	2.2	7.0

试求：(1) 额定转差率 S_N；(2) 额定电流 I_N；(3) 起动电流 I_{st}；(4) 额定转矩 T_N；(5) 起动转矩 T_{st}；(6) 最大转矩 T_{max}；(7) 额定输入功率 P_1。

第 10 章 继电接触器控制系统

10.1 学习要点

(1) 了解常用控制电器的基本结构、动作原理和控制作用,并具有初步选用的能力。
(2) 掌握三相鼠笼电动机的直接启动和正反转的控制线路,并了解行程控制和时间控制。

10.2 内容提要

10.2.1 常用控制电器

1. 组合开关

有单极,双极,三极和四级几种;额定持续电流有 8A,25A,60A 和 80A 等多种。

2. 按钮

常用来接通或断开电动机及其他设备的主电路,每小时可开闭千余次。接触器通常用来接通或断开控制电路,从而控制电动机或其他电气设备的运行,常用的按钮有 LA 和引进的 LAY 等系列。

3. 交流接触器

主要由电磁铁和触点两部分组成。触点可分为主触点和辅助触点两种。

4. 中间继电器

结构和交流接触器基本相同,但电磁系统小些,触点多些。

5. 热继电器

用来保护电动机使之免受长期过载的危害。它的主要技术数据是整定电流。整定电流与电动机的额定电流基本一致。

6. 熔断器

熔断器是最简便的而且是最有效的短路保护电器。选择熔丝的方法如下。

(1) 电灯熔丝:熔丝额定电流 ≥ 支线上所有电灯的工作电流。

(2) 电机熔丝:熔丝额定电流 $\geq \dfrac{电动机的启动电流}{2.5}$;

如果电动机启动频繁,则熔丝额定电流 $\geq \dfrac{电动机的启动电流}{1.6 \sim 2}$。

(3) 几台电动机合用的总熔丝。

熔丝额定电流 = (1.5~2.5) × 容量最大的电动机的额定电流 + 其余电动机的额定电流之和。

7. 空气断路器

也叫自动空气开关,是常用的一种低压保护电器,可实现短路、过载和失压保护。

10.2.2 笼型电动机直接启动的控制线路

1. 控制线路可分为主电路和控制电路两部分

主电路：

三相电源 – Q（刀闸开关） – FU（保险丝） – KM（主触点） – FR（热元件） – M（电动机）

控制电路：

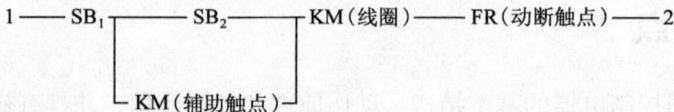

控制电路的功率很小，故可以通过小功率的控制电路来控制功率较大的电动机。

2. 控制线路可以实现短路保护、过载保护和零压保护

10.2.3 笼型电动机正反转的控制线路

最根本的要求是：必须保证两个接触器不能同时工作。

10.2.4 行程控制

就是当运动部件到达一定行程位置时采用行程开关来进行控制。

10.2.5 时间控制

就是采用时间继电器进行延时控制。

10.3 典型例题解析

例 10.1 图示电路为三相异步电动机正反转控制电路，图中有错，试改正之。

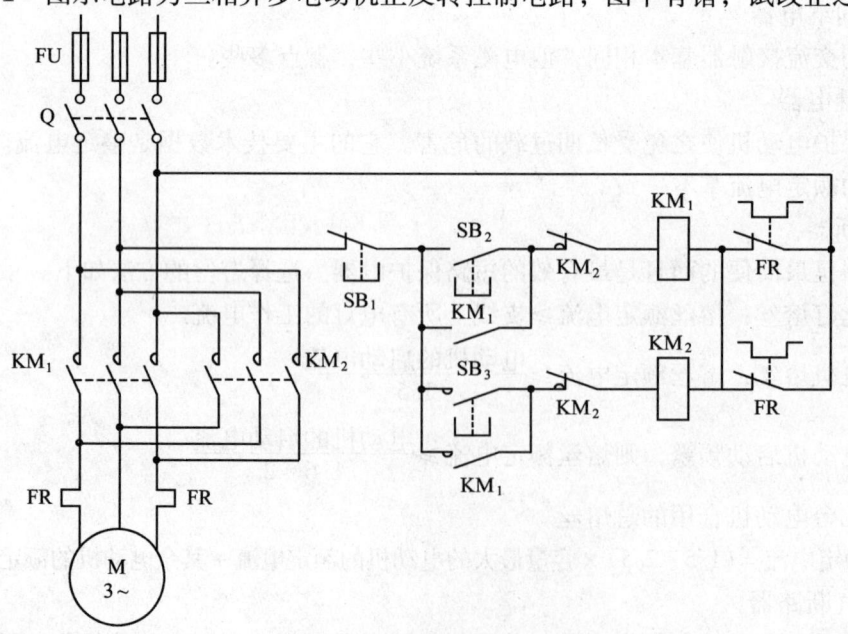

例 10.1 图

解 图中的错误为：
(1) 熔断器位置接错，应在开关 Q 的下方，否则熔断后无法更换。
(2) 主触点 KM_2 将三根火线都对调，不能实现反转，对调两根即可。
(3) 反转回路自锁触点应为 KM_2，联锁触点应为 KM_1。
(4) 一台电动机只用一只热继电器作为过载保护，图中多用了一只，应去掉。

例 10.2 分析图示电路，并回答：
(1) 该控制电路具有哪些功能？由哪些元件实现？
(2) 具有哪些保护环节？由哪些元件实现？
(3) 简要列写工作过程。

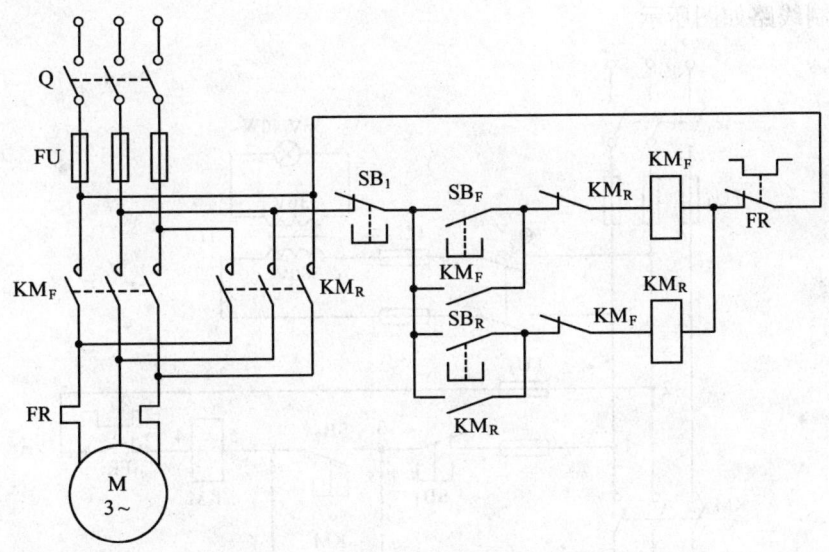

例 10.2 图

解 (1) 该控制电路能实现正反转控制；由 SB_F，SB_R 和 KM_F，KM_R 实现；
(2) ①短路保护，由 FU 实现；
②过载保护，由 FR 实现；
③联锁保护，由串接在控制线路中的常闭触点 KM_F 和 KM_R 实现。
(3) 按下正转启动按钮 SB_F，正转接触线圈 KM_F 工作，主触点 KM_F 闭合，电动机正转（此时控制线路中的常闭触点 KM_F 断开，防止反转）；
按下停止按钮 SB_1，电动机停止转动。
按下反转启动按钮 SB_R，反转接触线圈 KM_R 工作，主触点 KM_R 闭合，电动机反转（此时控制线路中的常闭触点 KM_R 断开，防止正转）。

10.4 课后习题选解

【10.2.3】 试画出三相笼型电动机既能连续工作、又能点动工作的继电接触器控制线路。

解 控制线路如图所示。

由线路图可知，按下 SB_2 后，电动机连续工作，故 SB_2 为连续工作启动按钮。SB_3 是双联按钮，用于点动工作。按下 SB_3 时，KM 通电，主触点闭合，电动机启动。因 SB_3 的常闭触点同时断开，无自锁作用。松开 SB_3，KM 断电，电动机停车。

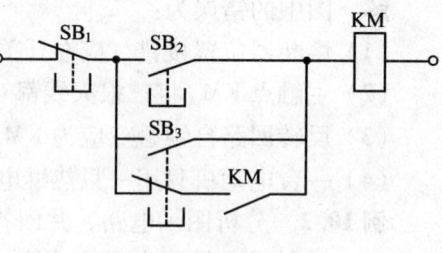

题 10.2.3 图

【10.2.4】 某机床的主电机（三相笼型）为 7.5kW，380V，15.4A，1440r/min，不需要反转。工作照明灯是 36V，40W。要求有短路保护、零压保护及过载保护。试绘出控制线路并选用电器元件。

解 控制线路如图所示。

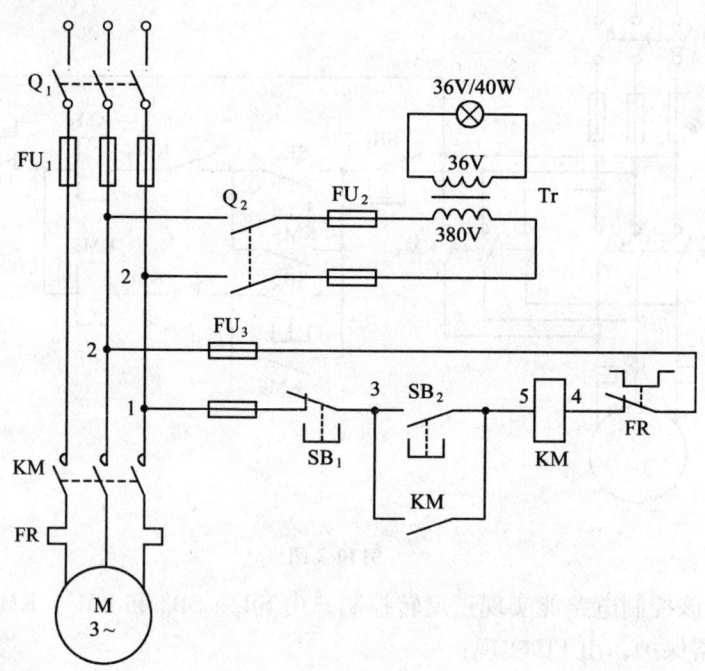

题 10.2.4 图

【10.2.5】 根据图示接线做实验，将开关 Q 合上后按下启动按钮 SB_2，发现有下列现象，试分析和处理故障：(1)接触器 KM 不动作；(2)接触器 KM 动作，但电动机不转动；(3)电动机转动，但一松手电动机就不转；(4)接触器动作，但吸合不上；(5)接触器触点有明显颤动，噪音较大；(6)接触器线圈冒烟甚至烧坏；(7)电动机不转动或者转得极慢，并有"嗡嗡"声。

解 （1）接触器 KM 不动作的故障原因可能有以下几种。

①三相电源无电；
②有关相中熔断器的熔丝已断，控制电路不通电；
③热继电器 FR 的动断触点动作后未复位；
④停止按钮 SB_1 接触不良；
⑤控制电路中电器元件的接线端接触不良或连接导线有松动。

（2）接触器 KM 动作，但电动机不转动的故障原因可能有以下几种（问题不在控制线路，应查主电路）。

① 接触器的主触点已损坏；

② 从接触器主触点到电动机之间的导线有断线处或接线端接触不良；

③ 电动机已损坏。

（3）电动机转动，但一松手电动机就不转，其原因是自锁触点未接上或该段电路有断损和接触不良。

（4）接触器动作，但吸合不上，主要由于电压过低，也可能因某种机械障碍造成。

（5）接触器触点有明显颤动，噪音较大的原因是由于铁芯端面的短路环断裂所致，也可能由于电压过低，吸力不够。

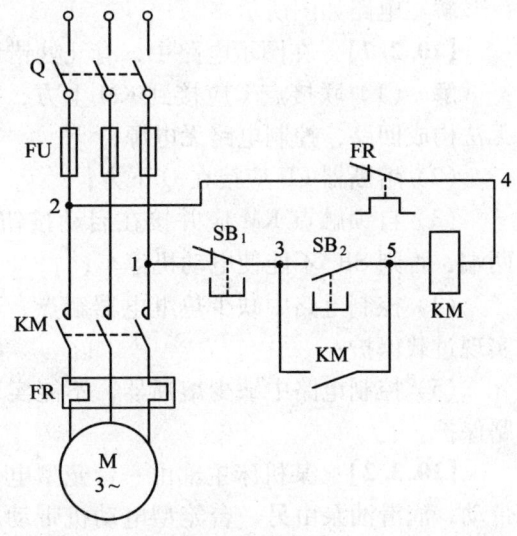

题 10.2.5 图

（6）接触器线圈冒烟甚至烧坏，其原因有：

① 电压过高；

② 由于(4)中的原因接触器吸合不上，导致线圈过热而烧坏。

（7）电动机不转动或者转得极慢，并有"嗡嗡"声，这是由于某种原因而造成电动机单相启动所致。

【10.2.6】 今要求三台笼型电动机 M_1，M_2，M_3 按一定顺序启动，即 M_1 启动后 M_2 才可以启动，M_2 启动后 M_3 才可以启动。试绘出控制线路。

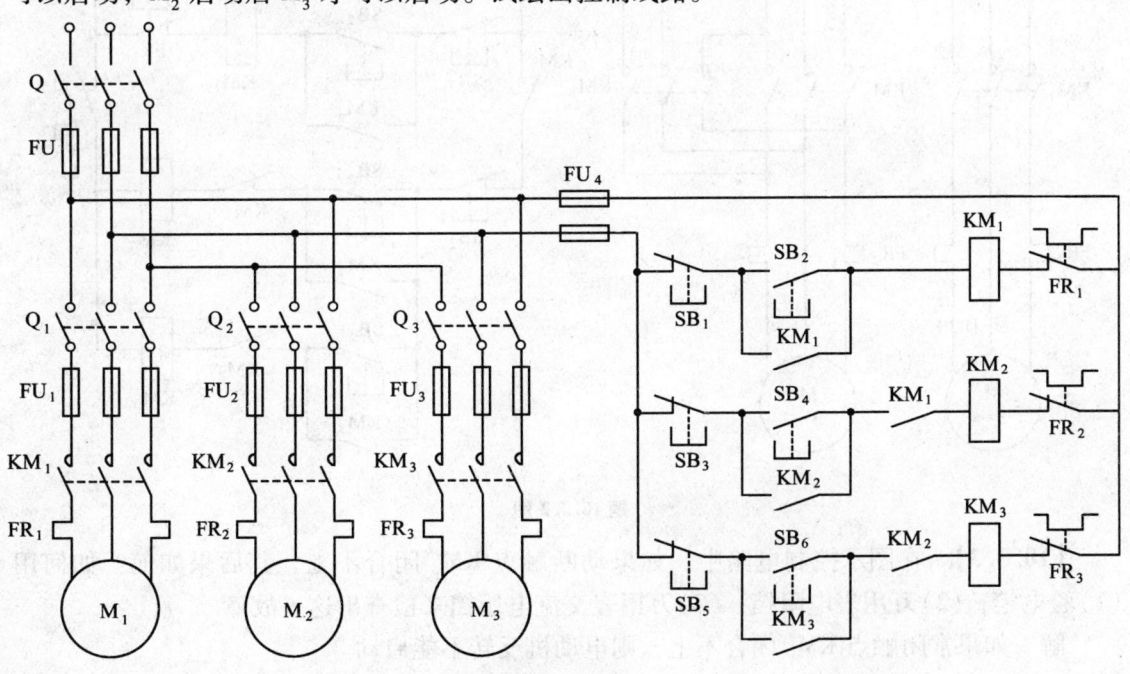

题 10.2.6 图

解 电路如图所示。

【10.2.7】 在图示电路中,有几处错误？请改正。

解 （1）联接点 1 应接到 KM 上方,否则无法构成回路,控制电路无电源；

（2）熔断器 FU 应接在 Q 下方；

（3）自锁触点 KM 应并接在启动按钮 SB_2 两端,否则 SB_1 不能使电动机停车；

（4）控制电路中缺少热继电器触点,不能实现过载保护；

（5）控制电路中缺少熔断器,不能实现短路保护。

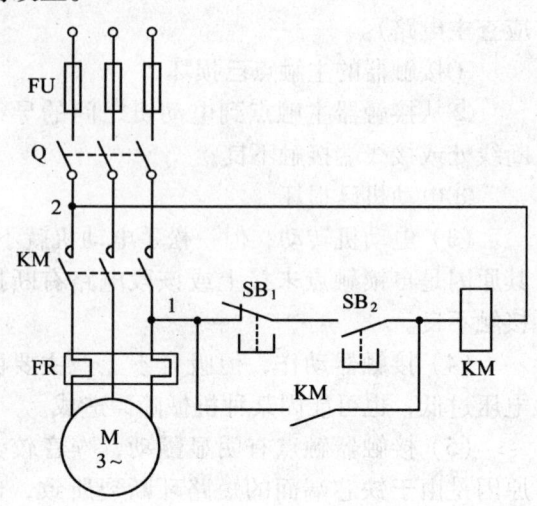

题 10.2.7 图

【10.3.2】 某机床主轴由一台笼型电动机带动,润滑油泵由另一台笼型电动机带动。今要求：（1）主轴必须在油泵开动后才能开动；（2）主轴要求能用电器实现正反转,并能单独停车；（3）有短路、零压及过载保护。试绘出控制线路。

解 控制线路如图所示。

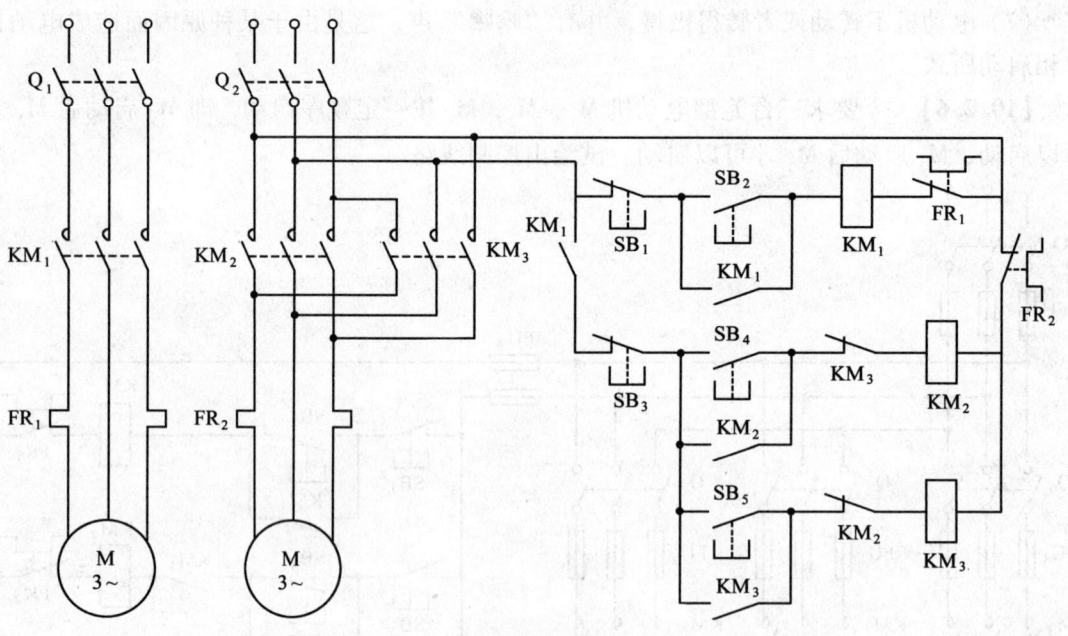

题 10.3.2 图

【10.3.3】 在图示控制电路中,如果动断触点 KM_F 闭合不上,其后果如何？如何用（1）验电笔；（2）万用表电阻挡；（3）万用表交流电压挡来检查出这一故障。

解 如果常闭触点 KM_F 闭合不上,则电动机反转不能启动。

（1）通电时,用验电笔测 KM_F 触点,可发现右边发光,左边不发光。

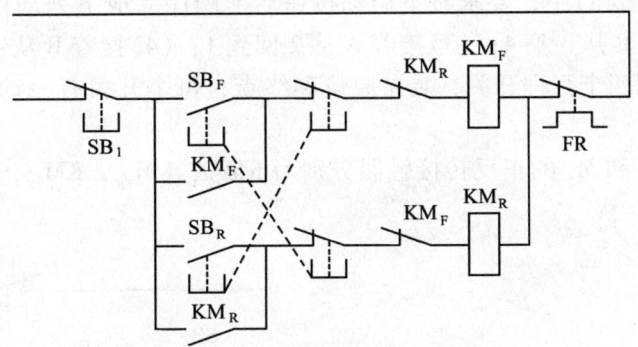

题 10.3.3 图

（2）在断电时，用万用表电阻挡可测得 KM_F 两端电阻为无穷大。

（3）万用表接 KM_F 右端和 SB_1 左端，有电压；接 KM_F 左端和 SB_1 左端无电压。

【10.4.1】 将图(a)所示的控制电路怎样改一下，就能实现工作台自动往复运动？

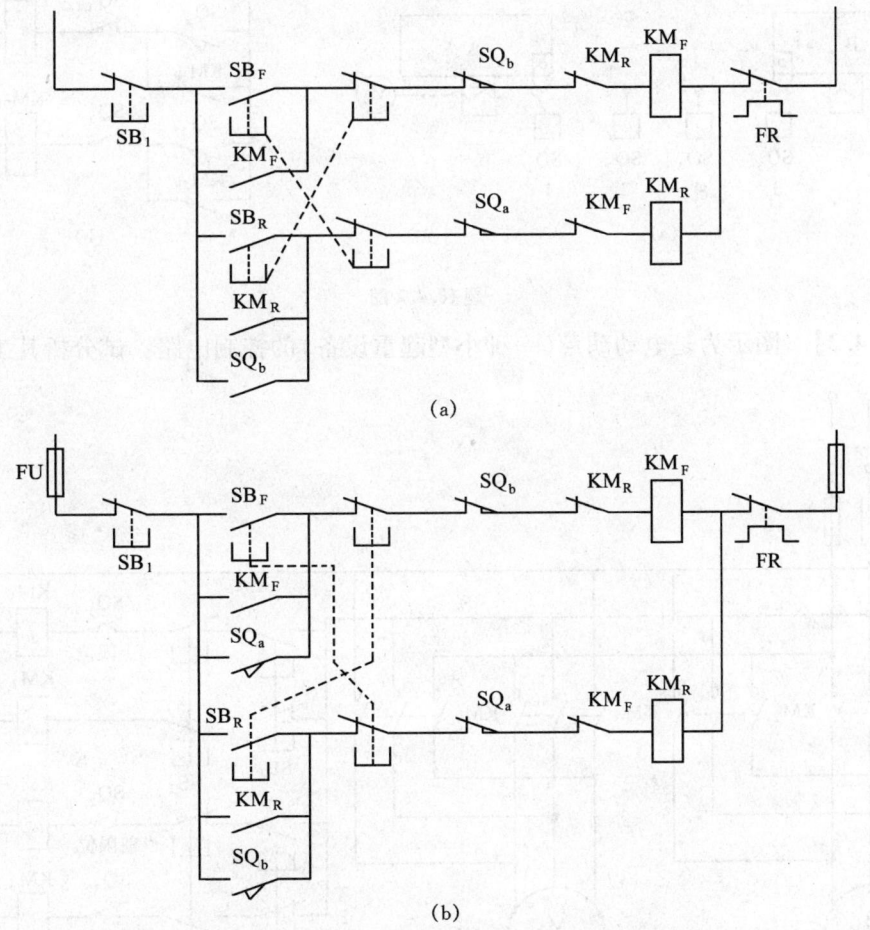

题 10.4.1 图

解 改造后的控制电路如图(b)所示。

【10.4.2】 在图(a)中，要求按下启动按钮后能顺序完成下列动作：(1)运动部件A从1到2；(2)接着B从3到4；(3)接着A从2回到1；(4)接着B从4回到3。试画出控制线路。(提示：用四个行程开关，装在原位和终点，每个开关有一动合触点和一动断触点。)

解 电动机 M_1 和 M_2 的正反转接触器分别为 KM_{1F}，KM_{1R}，KM_{2F}，KM_{2R}。控制电路如图(b)所示。

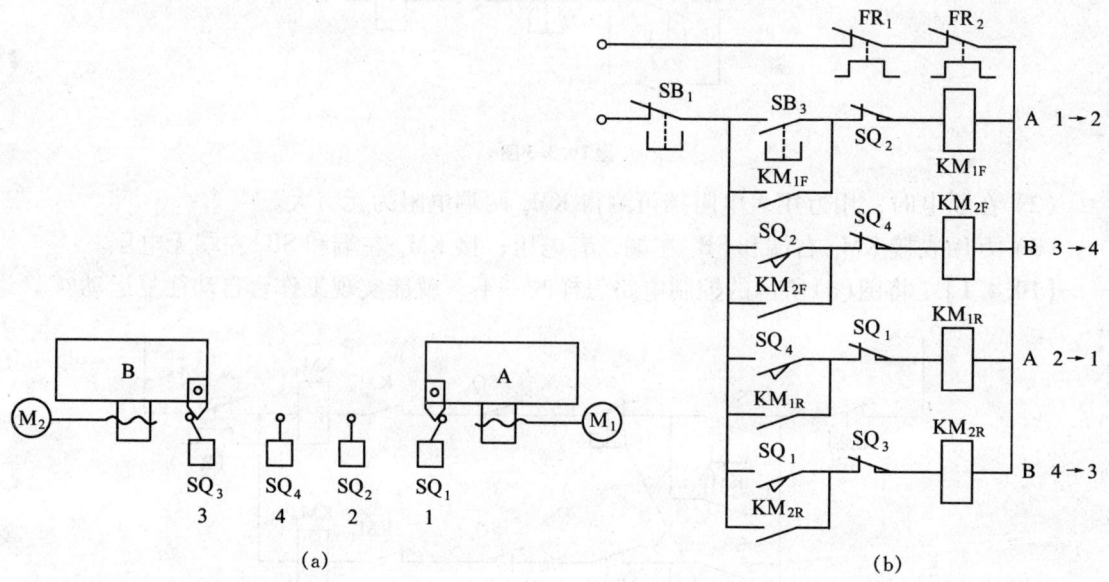

题 10.4.2 图

【10.4.3】 图示为是电动葫芦(一种小型起重设备)的控制电路，试分析其工作过程。

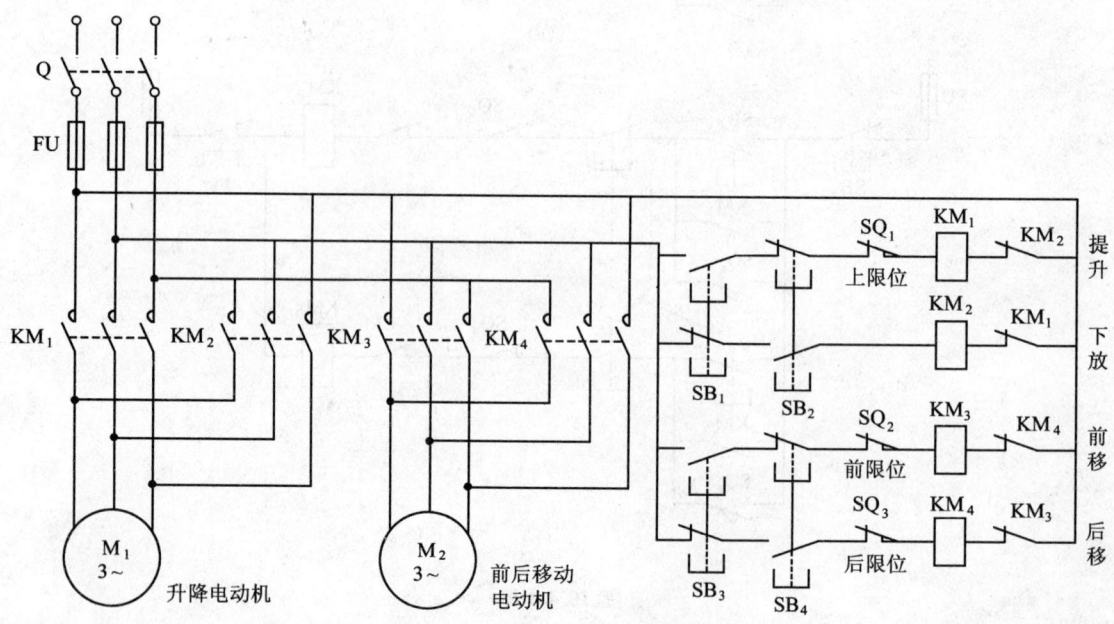

题 10.4.3 图

解 (1) 按下 SB_1，KM_1 通电，电动机 M_1 启动，提升重物，此时按下 SB_2，则电动机停转；上升中有 SQ_1 上限位，以保安全；

(2) 按下 SB_2，重物下降；

(3) 按下 SB_3，KM_3 通电，设备前移，前移中有 SQ_2 前限位，以保安全；

(4) 按下 SB_4，设备后移，后移中有 SQ_3 后限位，以保安全。

可见，升降，前后移动均为点动控制。

【10.5.1】 根据下列要求分别绘出控制电路（M_1 和 M_2 都是三相笼型电动机）：(1) 电动机 M_1 先启动后，M_2 才能启动，M_2 并能单独停车；(2) 电动机 M_1 先启动后，M_2 才能启动，M_2 并能点动；(3) M_1 先启动，经过一定延时后 M_2 能自行启动；(4) M_1 先启动，经过一定延时后 M_2 能自行启动，M_2 启动后，M_1 立即停车；(5) 启动时，M_1 启动后 M_2 才能启动；停止时，M_2 停止后 M_1 才能停止。

解 控制电路如图所示。

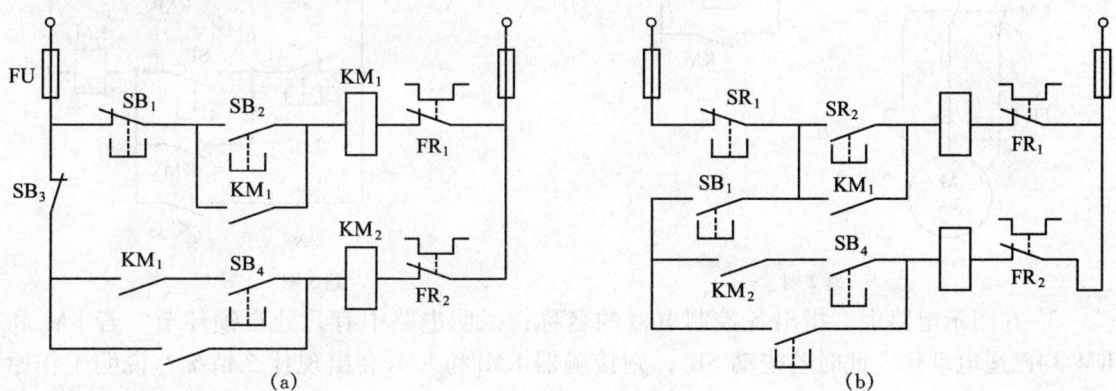

题 10.5.1 图

【10.5.2】 试绘出笼型电动机定子串联电阻降压启动的控制线路。

解 主电路和控制电路如图所示。

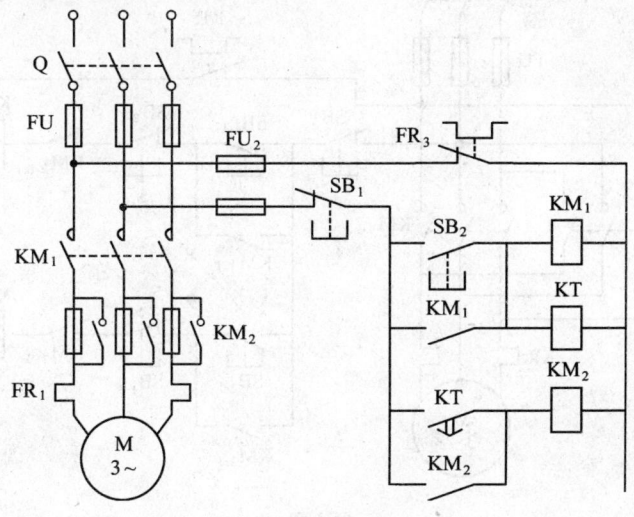

题 10.5.2 图

第 10 章自测题

1. 交流接触器常开主触头的图形符号是（　　　　）。
2. 图示电路中的过载保护是由（　　　　）实现的，短路保护是由（　　　　）实现的，零压或欠压保护，是由（　　　　）实现的。

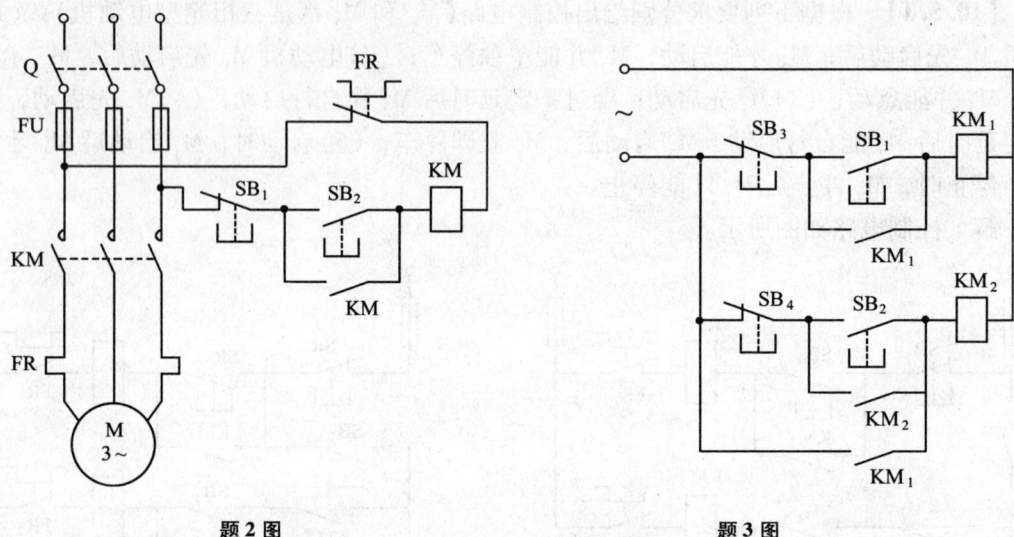

题 2 图　　　　　　　　　　　题 3 图

3. 在图示电路中，指出各控制电器的名称；说明电路中有几处自锁环节？若 KM_1 和 KM_2 均已通电动作，此时若按动 SB_4，则接触器 KM_1 和 KM_2 会出现什么情况？说明工作原理。

4. 试分析图示电动机正、反转控制电路的控制过程，并说明如何实现自锁和互锁保护。

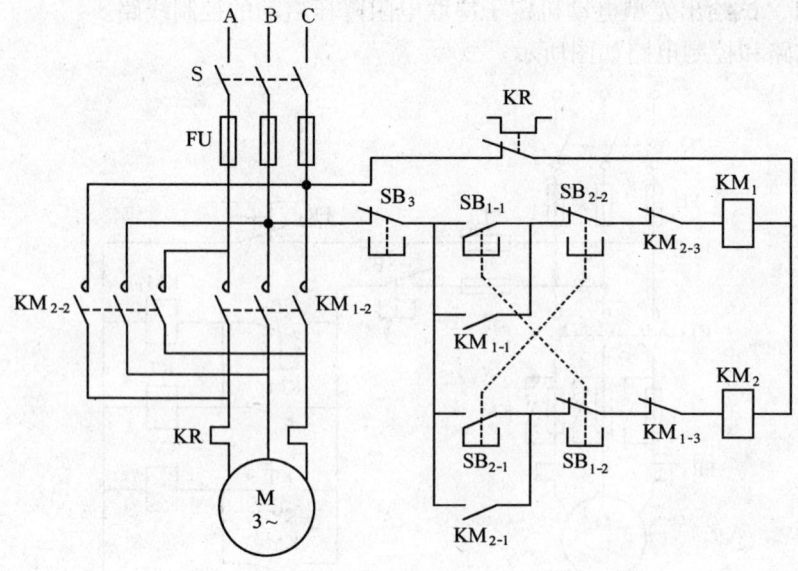

题 4 图

第 11 章 可编程控制器及应用

11.1 学习要点

(1) 了解可编程控制器的结构及各部分的作用。
(2) 掌握可编程控制器的工作方式。
(3) 了解可编程控制器的主要功能和特点。
(4) 掌握可编程控制器的编程语言和程序编制方法。

11.2 内容提要

11.2.1 可编程控制器的结构及各部分的作用

1. 结构

可编程控制器由主机、输入/输出(I/O)接口、编程器、输入/输出扩展接口、外部设备接口和电源六大部分组成。

(1) 主机。由 CPU、系统程序存储器和用户程序存储器组成。

(2) 输入/输出(I/O)接口。

输入部分：将被控对象各种开关信息和操作台上的操作命令转换成可编程控制器的标准输入信号，然后送到 PLC 的输入端点。

输出部分：由 PLC 输出接口及外围现场设备构成。CPU 的运算结果通过 PLC 的输出电路，提供给被控制装置。

(3) 编程器。用以输入、检查、修改、调试程序的外部设备。

(4) 输入/输出扩展接口。用以扩充外部输入、输出端子数目。

(5) 外部设备接口。此接口可将编程器、计算机、打印机、条码扫描仪等外部设备与主机相连。

(6) 电源。供主机、I/O 接口等内部电子电路工作的直流开关稳压电源。

2. 工作方式

(1) PLC 采用循环顺序扫描方式工作。

(2) PLC 的扫描方式分为输入采样、执行程序、输出刷新三个阶段，且周而复始地循环扫描工作。

3. PLC 的主要技术性能

4. PLC 的主要功能和特点

(1) 主要功能：能完成开关逻辑控制、定时/计数控制、步进控制、数据处理、过程控制、运动控制、通信联网、监控、数字量与模拟量的转换等。

（2）特点：用于工业环境，可靠性高，抗干扰能力强；功能完善，编程简单，组合灵活，扩展方便；体积小，质量轻，功耗低；可与各种组态软件结合，远程监控生产过程。

11.2.2　可编程控制器的程序编制

1. 可编程控制器的程序种类

有系统程序和用户程序两种，前者用户不能修改，后者用户可根据控制要求编写。

2. 可编程控制器的编程语言

常用的有梯形图、指令语句表两种编程语言。

3. 可编程控制器的编程原则

（1）PLC 编程元件的触点在编制程序时的使用次数是无限制的。

（2）梯形图的每一逻辑行皆起始于左母线，终止于右母线。

（3）编制梯形图时应尽量做到"上重下轻""左重右轻"，以符合"从左到右、自上而下"的执行程序的顺序。

（4）在梯形图中应避免将触点画在垂直线上。

（5）一般应避免同一继电器线圈在程序中重复输出。

（6）外部输入设备动断触点的处理。

4. 可编程控制器的编程方法

（1）确定 I/O 点数及其分配。

（2）编制梯形图和指令语句表。

11.3　典型例题解析

例 9.1　写出图(a)所示梯形图的指令语句表。

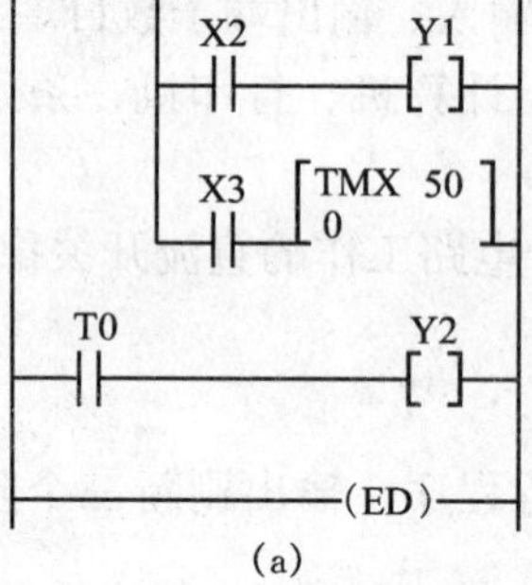

地址	指令
0	ST X0
1	PSHS
2	AN X1
3	OT Y0
4	RDS
5	AN X2
6	OT Y1
7	POPS
8	AN X3
9	TMX 0
	K 50
12	ST T0
13	OT Y2
14	ED

例 11.1 图

解　指令语句表如图(b)所示。

例 11.2　按下列指令语句表画出对应的梯形图。

第 11 章 可编程控制器及应用

地　　址	指　　令		地　　址	指　　令	
0	ST	X1	6	ST	X5
1	AN/	X2	7	OR	X6
2	ST/	X3	8	ST	X7
3	AN	X4	9	OR	X8
4	ORS		10	ANS	
5	OT	Y0	11	OT	Y1

解 与该指令语句表对应的梯形图如图所示。

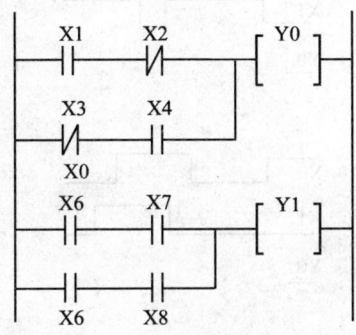

例 11.2 图

例 11.3 试编制一瞬时接通、延时 3s 断开的电路的梯形图和指令语句表，并画出动作时序图。

解 瞬时接通、延时 3s 断开的电路的梯形图和指令语句表，及动作时序图如图所示。

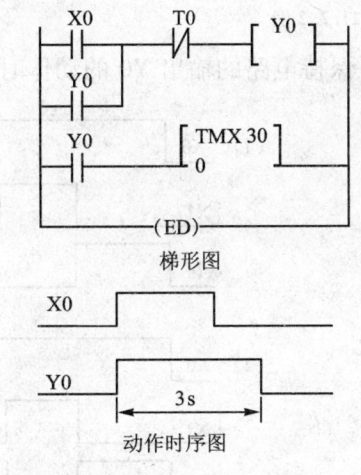

例 11.3 图

11.4 课后习题选解

【11.2.2】 试画出图(a)所示各梯形图中 Y0 的动作时序图。

解 各梯形图中 Y0 的动作时序图如图(b)所示。

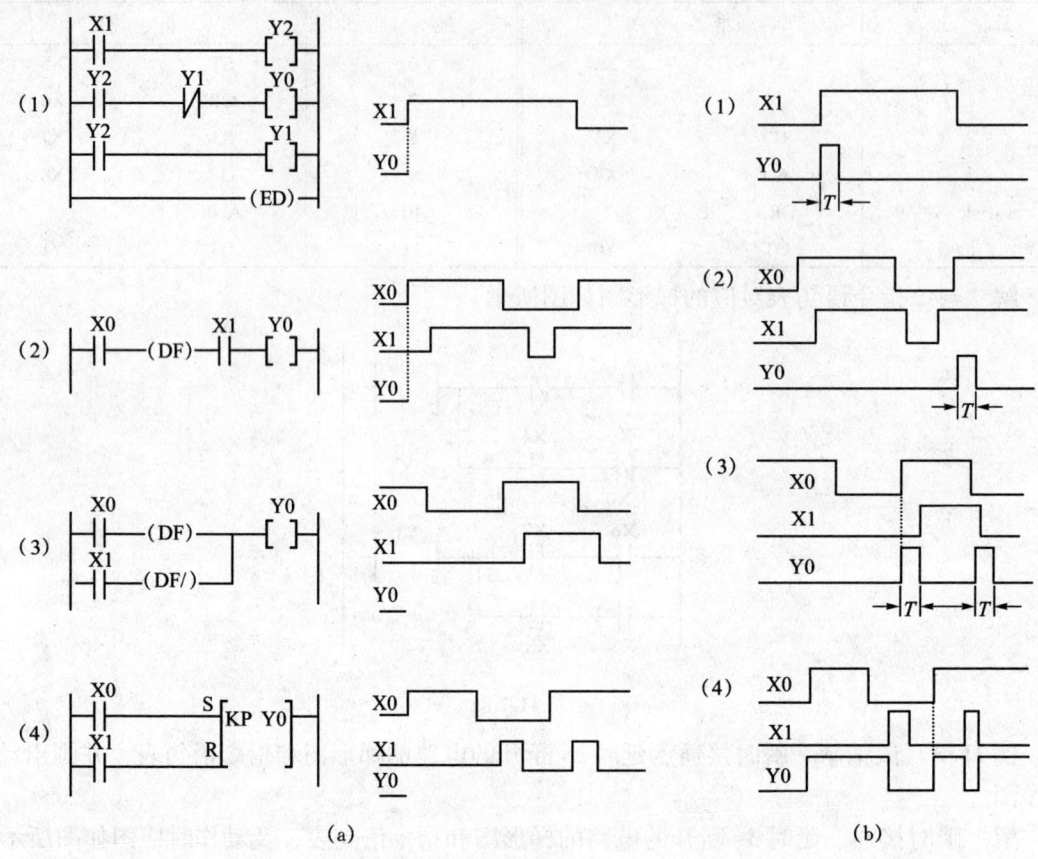

题 11.2.2 图

【11.2.3】 试比较图(a)中所示两个自保持电路的输出 Y0 的动作时序图。

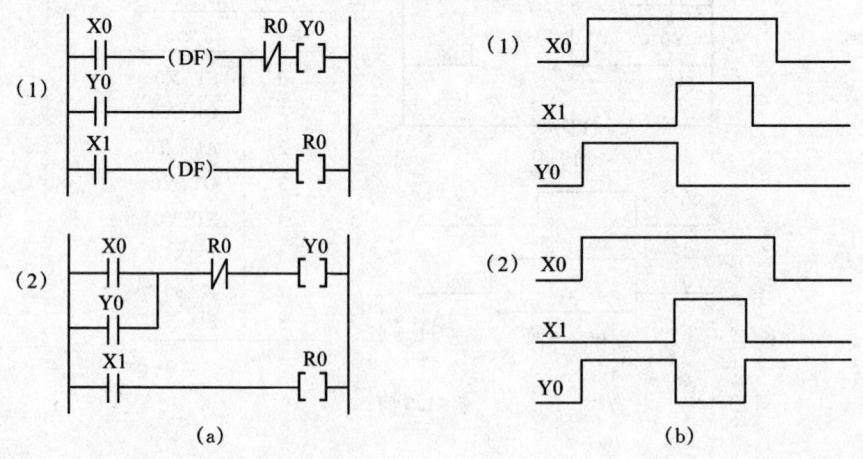

题 11.2.3 图

解 Y0 的动作时序图如图(b)所示。

【11.2.4】 试画出下列指令语句表所对应的梯形图。

第 11 章 可编程控制器及应用

```
ST      X0
DF
OR      R0
AN/     T0
PSHS
OT      R0
RDS
AN      X1
OT      Y0
POPS
TMX     0
K       30
ST      R0
DF
SET     Y1
ST      T0
DF/
RST     Y1
ED
```

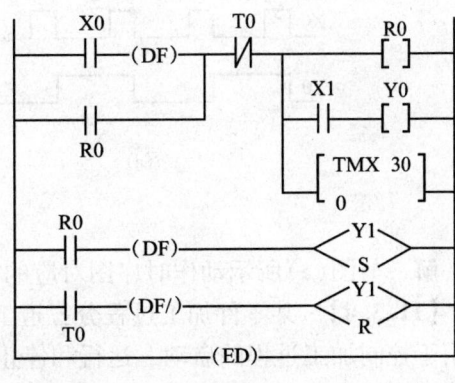

题 11.2.4 图

解 与该指令语句表对应的梯形图如图所示。

【11.2.5】 试写出图示两个梯形图的指令语句表。

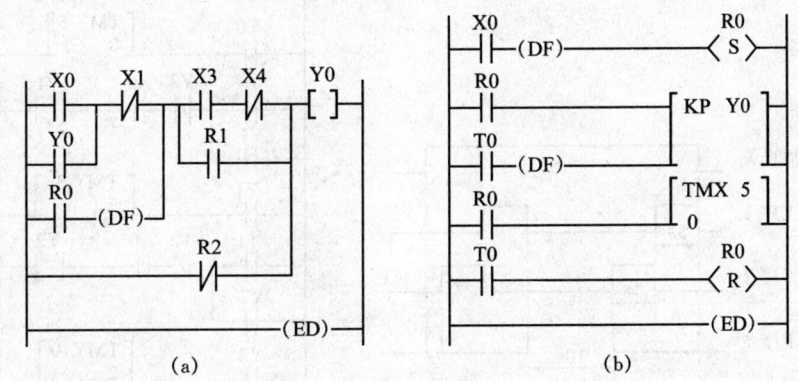

题 11.2.5 图

解 图中两个梯形图的指令语句分别如下。

(a)

地 址	指	令
0	ST	X0
1	OR	Y0
2	AN/	Y0
3	ST	R0
4	DF	
5	ORS	
6	ST	X3
7	AN/	X4
8	OR	R1
9	ANS	
10	OR	R2
11	OT	Y0
12	ED	

(b)

地 址	指	令
0	ST	X0
1	DF	
2	SET	R0
3	ST	R0
4	ST	T0
5	DF	
6	KP	Y0
7	ST	R0
8	TMX	0
	K	5
11	ST	T0
12	RST	R0
13	ED	

【11.2.6】 试画出能实现图(a)所示动作时序图的梯形图。

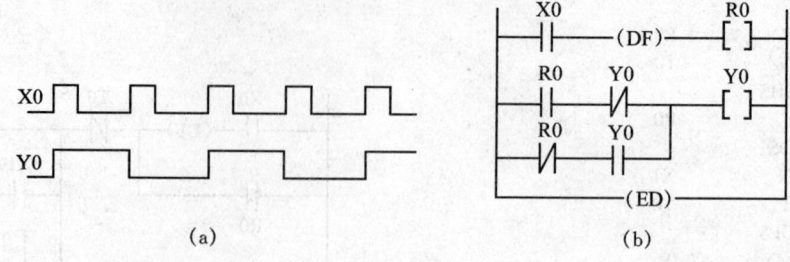

题 11.2.6 图

解 与图(a)所示动作时序图对应的梯形图如图(b)所示。

【11.3.4】 某零件加工过程分三道工序,共需 20s,其时序要求如图(a)所示。控制开关用于控制加工过程的启动、运行和停止。每次启动皆从第 1 道工序开始。试编制完成上述控制要求的梯形图。

解 完成上述控制要求的梯形图如图(b)所示。

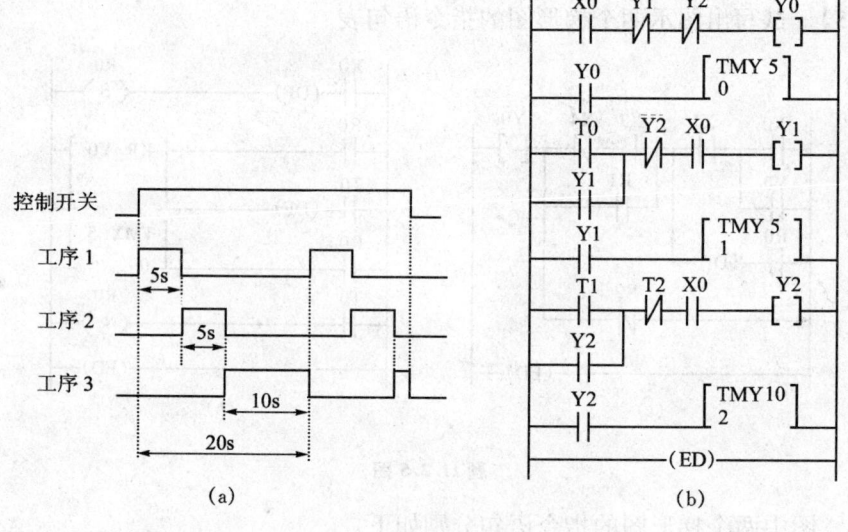

题 11.3.4 图

第 14 章　半导体器件

14.1　学习要点

本章为电子技术部分的基础，学习本章的基本要求如下：
(1) 了解半导体的导电特性。
(2) 了解 PN 结的形成，掌握其单向导电性。
(3) 掌握半导体二极管、稳压管的伏安特性及其应用。
(4) 掌握晶体管的输入、输出特性曲线及其应用。
(5) 了解光电器件及其应用。

14.2　内容提要

14.2.1　本征半导体

1. 半导体

导电性能介于导体与绝缘体之间的材料，称为半导体。

2. 本征半导体

完全纯净的具有晶体结构的半导体，称为本征半导体。用得最多的半导体是硅和锗，它们都是四价元素，即有 4 个价电子。在本征半导体的晶体结构中，每一个原子与相邻的四个原子相结合，每一个原子的一个价电子与另一个原子的一个价电子组成一个电子对，这对价电子是每两个相邻原子共有的，它们把相邻的原子结合在一起，构成共价键结构。在共价键结构中，原子最外层虽然具有 8 个电子而处于较为稳定的状态，但是共价键中的价电子还不像绝缘体中的价电子被束缚得那么紧。在获得一定能量(如温度、光照)后，即可挣脱原子核的束缚(受激发)成为自由电子。温度越高自由电子越多。这样共价键中就留下一个空位，称为空穴，原子的电中性便被破坏而带正电，在外电场的作用下，可以吸引相邻原子中的价电子，填补这个空穴……如此下去，就好像空穴在运动。

因此，当半导体两端加上电压时，将出现两部分电流：电子电流——由电子作定向运动；空穴电流——价电子递补空穴。这是半导体与金属导体在导电原理上的区别。

我们把电子和空穴称为载流子。自由电子和空穴是成对出现的，又不断复合，在一定温度下，载流子的产生和复合达到动态平衡，于是半导体中的载流子便维持一定数目。温度越高，载流子数目越多，导电性能也就好，故温度对半导体器件性能影响很大。

本征半导体虽然有自由电子和空穴两种载流子，但由于数量极小，故导电能力仍然很低，如果在其中掺入微量的杂质(某种元素)将使掺杂后的半导体——杂质半导体——的导电性能大大增强。

14.2.2 PN结及其单向导电性

1. N型半导体（又称电子半导体）

在本征半导体中掺入五价元素（磷），如在硅中掺磷，由于掺入硅晶体的磷原子数比硅原子数少得多，因此整个晶体结构基本不变，只是某些位置上的硅原子被磷原子取代，磷原子参加共价键结构只需4个价电子，多余的第五个价电子很容易挣脱磷原子核的束缚而成为自由电子。于是半导体中的自由电子数目大量增加，自由电子导电成为这种半导体的主要导电方式。掺杂五价元素后的杂质半导体称为N型半导体，其自由电子数目可增加几十万倍。由于自由电子增多而增加了复合的机会，空穴数目便减少，故在N型半导体中，自由电子是多数载流子，空穴是少数载流子。

2. P型半导体（又称空穴半导体）

在本征半导体中掺入三价元素，如硅中掺硼，硼原子只有3个价电子，构成共价键时，因缺少一个电子而形成一个空穴。这样，在半导体中就形成了大量空穴，以空穴导电作为主要导电方式，故在P型半导体中，空穴是多数载流子，自由电子是少数载流子。

3. PN结及其单向导电性

如图14.1所示，由于载流子浓度的不同，P、N型半导体之间存在扩散运动，在PN结的分界面形成空间电荷区（没有载流子的存在），也即形成内电场。内电场的形成产生了少数载流子运动形成的漂移运动，当扩散运动与漂移运动达到动态平衡时，PN结处于稳定状态。

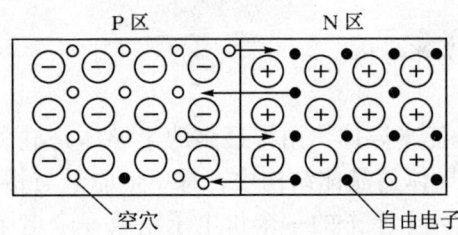 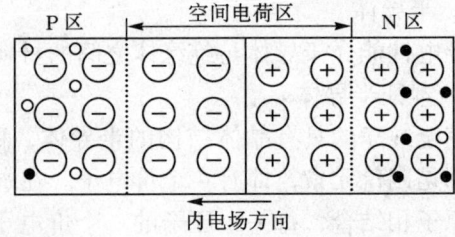

图14.1　PN结的单向导电性

当PN结上加正向电压，外电场与内电场的方向相反时，内电场被削弱，整个空间电荷区变窄，扩散与漂移的平衡被破坏。多数载流子的扩散运动增强，形成较大的扩散电流（正向电流），正向电流包括空穴电流和电子电流两部分。此时PN结呈低阻导通状态。

当PN结上加反向电压，则外电场与内电场方向一致，内电场增强，空间电荷区变宽，使多数载流子的扩散运动难于进行，但却加强了少数载流子的漂移运动（少子越过PN结进入对方），在电路中形成了反向电流，PN结呈高阻状态，称为截止，但反向电流受温度的影响很大。

结论：PN结具有单向导电性，即正向导通，反向截止。

14.2.3 半导体二极管

1. 基本结构

（1）点接触型：结面积小，结电容小，正向电流小。用于检波和变频等高频电路。

(2) 面接触型：结面积大，正向电流大，结电容大。用于大电流整流电路中。

(3) 平面型：用于集成电路制作工艺中。PN结结面积可大可小，用于大功率整流和数字电路的开关电路中。

2. 伏安特性

二极管的伏安特性如图14.2所示。图(a)为硅管特性，图(b)为锗管特性。

死区电压：硅管0.5V；锗管0.1V；正向工作电压：硅管0.6~0.8V；锗管0.2~0.3V。

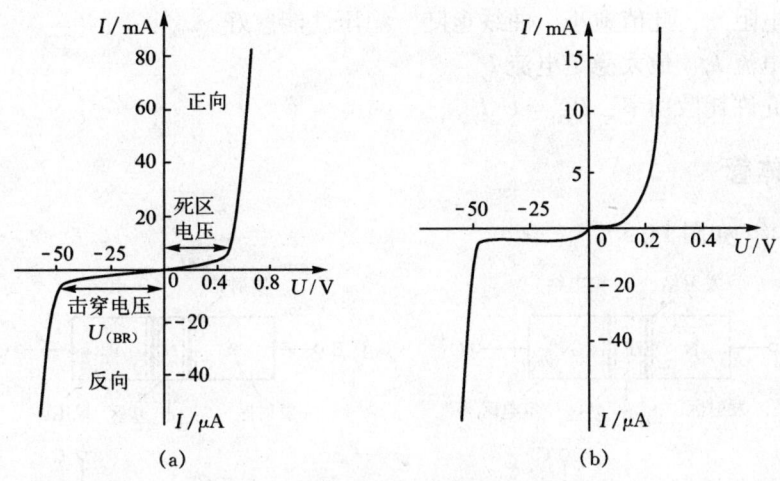

图14.2　半导体二极管的伏安特性

3. 主要参数

(1) 最大整流电流 I_{OM}：二极管长期使用时，允许流过二极管的最大正向平均电流。

(2) 反向工作峰值电压 U_{RWM}：为了保证二极管不被击穿而给出的反向峰值电压，一般是二极管反向击穿电压 U_{BR} 的一半或三分之二。二极管击穿后单向导电性被破坏，甚至过热而被烧坏。

(3) 反向峰值电流 I_{RM}：指二极管加最高反向工作电压时的反向电流。反向电流大，说明管子的单向导电性差，I_{RM} 受温度的影响，温度越高反向电流越大。硅管的反向电流较小，锗管的反向电流较大，为硅管的几十到几百倍。

4. 二极管的单向导电性

(1) 二极管加正向电压(正向偏置，阳极接正、阴极接负)时，二极管处于正向导通状态，二极管正向电阻较小，正向电流较大。

(2) 二极管加反向电压(反向偏置，阳极接负、阴极接正)时，二极管处于反向截止状态，二极管反向电阻较大，反向电流很小。

(3) 外加电压大于反向击穿电压，二极管被击穿，失去单向导电性。

(4) 二极管的反向电流受温度的影响，温度愈高反向电流愈大。

14.2.4　稳压二极管

1. 特点

稳压管是一种特殊的面接触型半导体硅二极管，其特点是：

（1）稳压管正常工作时加反向电压。
（2）稳压管反向击穿后，电流变化很大，但其两端电压变化很小，利用此特性，稳压管在电路中可起稳压作用。
（3）使用时要加限流电阻。

2. 主要参数
（1）稳定电压 U_Z：稳压管正常工作（反向击穿）时管子两端的电压。
（2）电压温度系数 a_u：环境温度每变化 1℃ 引起稳压值变化的百分数。
（3）动态电阻 r_Z：此值愈小，曲线愈陡，稳压性能愈好。
（4）稳定电流 I_Z，最大稳定电流 I_{ZM}。
（5）最大允许耗散功率：$P_{ZM} = U_Z I_{ZM}$。

14.2.5 晶体管

1. 基本结构（如图 14.3）

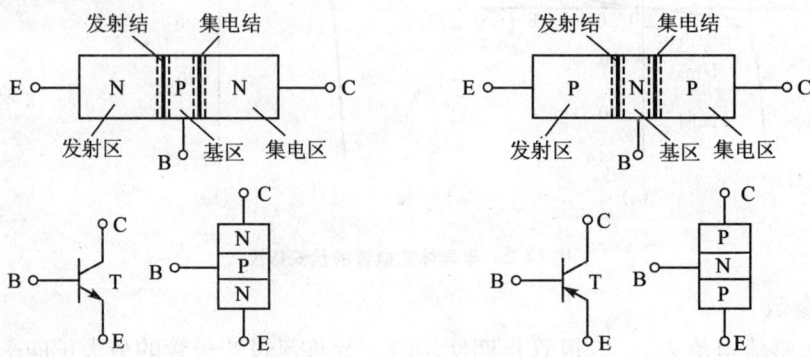

图 14.3　晶体管的基本结构

2. 电流分配和放大原理（如图 14.4）

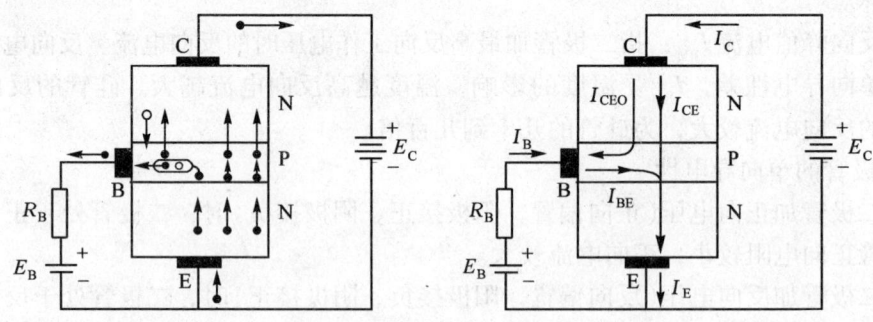

图 14.4　晶体极管的电流分配

NPN 型共发射极接法，$E_C > E_B$，使发射结正偏，集电结反偏。发射区向基区扩散电子；电子在基区扩散和复合；集电区收集扩散过来的电子。

结论：
（1）晶体管的电流分配是：$I_E = I_C + I_B$。
（2）晶体管具有电流放大作用：$I_C = \beta I_B$。

（3）晶体管起电流放大作用的内部条件是基区薄且掺杂浓度低，外部条件是发射结正偏，集电结反偏。

3. 特性曲线

（1）输入特性曲线，如图14.5所示。
$$I_B = f(U_{BE}), \quad U_{CE} = 常数$$

（2）输出特性曲线，如图14.6所示。
$$I_C = f(U_{CE}), \quad I_B = 常数$$

输出特性曲线可分为三个工作区：

放大区：近于水平部分。$I_C = \beta I_B$，成正比关系，发射结正偏，集电结反偏。

截止区：无放大作用。$I_C = I_{CEO} < 0.001 \text{mA}$，发射结反偏，集电结反偏。

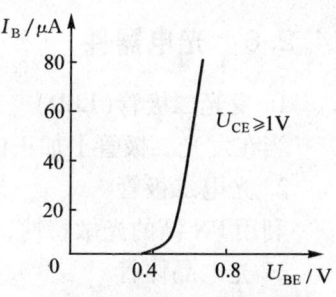

图14.5 三极管输入特性曲线

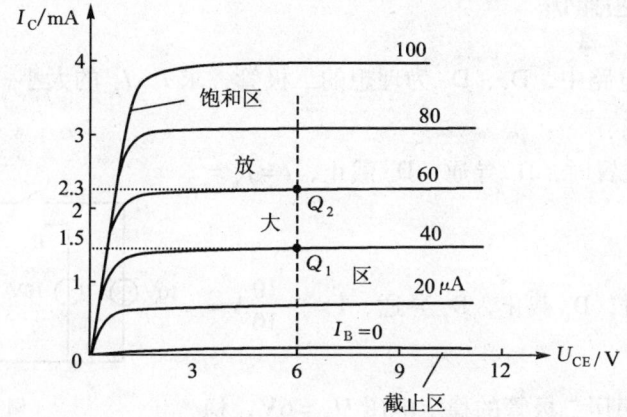

图14.6 三极管输出特性曲线

饱和区：无放大作用。曲线的上升部分 $I_C \neq \beta I_B$，发射结正偏，集电结正偏。

4. 主要参数

晶体管的特性除用特性曲线表示外，还可用一些数据来说明，即晶体管的参数，它也是设计电路、选用晶体管的依据。

（1）电流放大系数（$\bar{\beta}$，β）：

$\bar{\beta} = \dfrac{I_C}{I_B}$——静态电流（直流）放大系数（无输入信号时）

$\beta = \dfrac{\Delta I_C}{\Delta I_B}$——动态电流（交流）放大系数（有输入信号时）

（2）集—基极反向截止电流 I_{CBO}：当发射极开路时由于集电结处于反向偏置，集电区和基区中的少子的漂移运动所形成的电流，受温度的影响大（硅管好于锗管），希望越小越好。

（3）集—射极反向截止电流 I_{CEO}：基极开路、集电结反偏、发射结正偏时，集电极电流又称穿透电流 $I_{CEO} = (1 + \bar{\beta})I_{CBO}$，受温度影响更大。

（4）集电极最大允许电流 I_{CM}：I_C 超过一定数值时 β 值下降，β 值下降到正常数值的三分之二时的 I_C 值。

（5）集—射极反向击穿电压 $U_{(BR)CEO}$。
（6）集电极最大允许耗散功率 P_{CM}。

14.2.6 光电器件

1. 发光二极管（LED）
当在发光二极管上加正向电压并有足够大的正向电流时，就能发出清晰的光。
2. 光电二极管
利用 PN 结的光敏特性，将接受到的光的变化转变为电流的变化。
3. 光电晶体管
利用入射光照度的强弱来控制集电极电流的大小。

14.3 典型例题解析

例 14.1 图示电路中，D_1、D_2 为理想的二极管，求 I，I_A 的大小，并说明二极管是处于导通还是截止状态。

解 开关在 1 位置时，D_1 导通，D_2 截止，$I = I_A = \frac{10}{10}A = 1A$；

开关在 2 位置时，D_1 截止，D_2 导通，$I = -\frac{10}{10}A = -1A$，$I_A = 0A$。

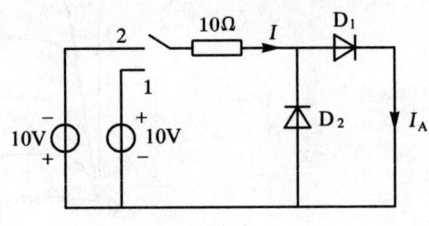

例 14.1 图

例 14.2 已知稳压二极管的稳定电压 $U_Z = 6V$，稳定电流的最小值 $I_{Zmin} = 5mA$。求图示电路 U_{O1} 和 U_{O2}。

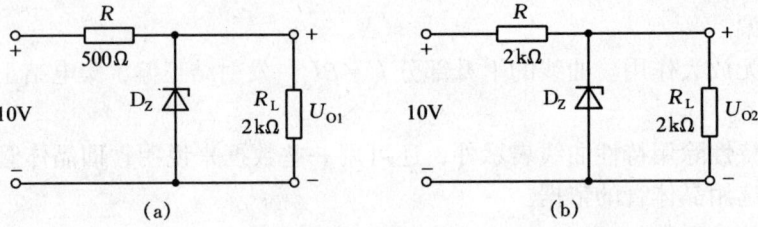

例 14.2 图

解 图（a）中 D_Z 承受的反向电压为：$\frac{2}{0.5+2} \times 10V = 8V$，稳压管电击穿，则 $U_{O1} = U_Z = 6V$。

图（b）中 D_Z 承受的反向电压为：$\frac{2}{2+2} \times 10V = 5V$，稳压管未被电击穿，则 $U_{O2} = 5V$。

例 14.3 已知稳压二极管 D_Z 的稳定电压 $U_Z = 6V$，稳定电流的最小值 $I_{Zmin} = 5mA$，最大功耗 $P_{ZM} = 150mW$。试求图示电路中电阻 R 的取值范围。

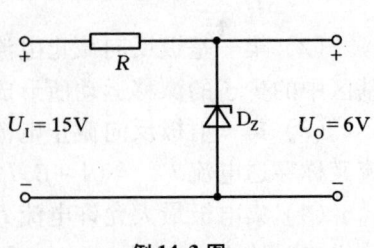

例 14.3 图

解 稳压二极管 D_Z 的最大稳定电流为

$$I_{ZM} = P_{ZM}/U_Z = \frac{150}{6}\text{mA} = 25\text{mA}$$

电阻 R 的电流为 $I_{ZM} \sim I_{Z\min}$，所以电阻 R 的取值范围为

$$R = \frac{U_1 - U_Z}{I_Z} = 0.36 \sim 1.8\text{k}\Omega$$

例 14.4 在图示电路中，发光二极管 D 的导通电压 $U_D = 1.5\text{V}$，正向电流在 $5 \sim 15\text{mA}$ 时才能正常工作。试问：

（1）开关 S 在什么位置时发光二极管才能发光?
（2）R 的取值范围是多少？

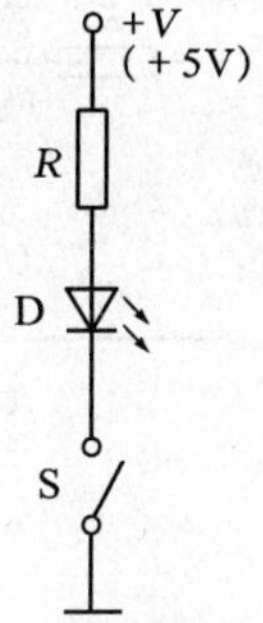

解 （1）S 闭合。
（2）R 的范围为

$$R_{\min} = (V - U_D)/I_{D\max} \approx 232\Omega$$
$$R_{\max} = (V - U_D)/I_{D\min} \approx 700\Omega$$

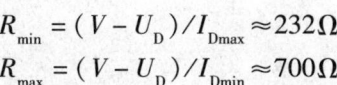

例 14.4 图

例 14.5 在图示电路中，若 $U_{CES} = U_{BE}$，试问 β 大于多少时晶体管饱和？

解 若管子饱和，则满足 $\beta I_B \geq I_C$，即

$$\beta \cdot \frac{V_{CC} - U_{BE}}{R_b} \geq \frac{V_{CC} - U_{CES}}{R_c}$$

$$\beta R_c \geq R_b$$

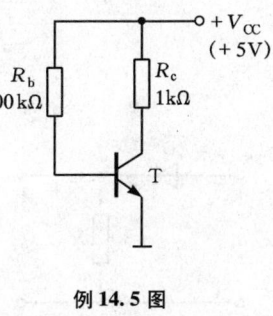

例 14.5 图

所以，$\beta \geq \dfrac{R_b}{R_c} = 100$ 时，管子饱和。

例 14.6 有两个晶体管分别接在电路中，今测得它们管脚的电位（对"地"）分别如下表所列，试判别管子的三个管脚，并说明是硅管还是锗管，是 NPN 型还是 PNP 型。

晶体管 I

管脚	1	2	3
电位/V	4	3.4	9

晶体管 II

管脚	1	2	3
电位/V	−6	−2.3	−2

解 晶体管 I 为 NPN 型硅管，1 为基极，2 为发射极，3 为集电极。
晶体管 II 为 PNP 型锗管，1 为集电极，2 为基极，3 为发射极。

14.4 课后习题选解

【14.3.6】 图(a)所示电路中，$U = 5\text{V}$，$u_i = 10\sin\omega t\text{V}$，二极管的正向压降可忽略不计。试分别画出输出电压 u_o 的波形。这四种均为二极管削波电路。

解 利用二极管的单向导电性，分析各个电路，所以它们的输出电压波形如图(b)所示。其中图(a)中电路(1)(2)对应图(b)中波形(1)，图(a)中电路(3)(4)对应图(b)中波形(2)。

【14.3.7】 电路如图(a)所示，已知 $u_i = 30\sin\omega t\text{V}$，试分别画出 u_o 的波形。设二极管正向导通电压可忽略不计。

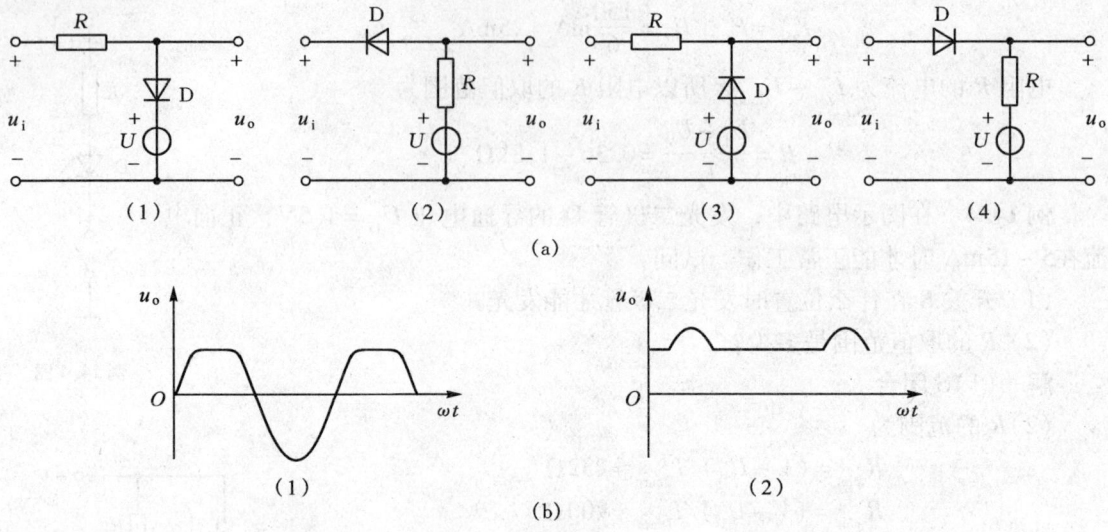

题 14.3.6 图

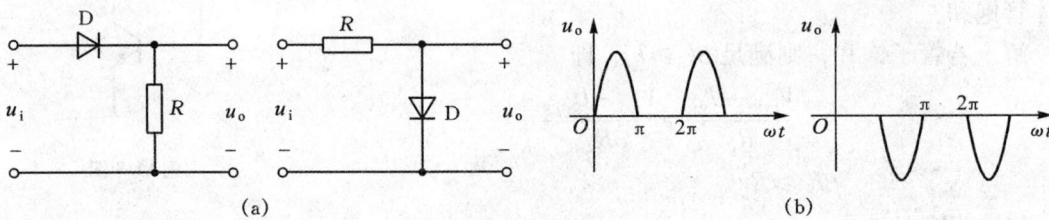

题 14.3.7 图

解 u_o 的输出波形如图(b)所示。

【14.3.8】 在图示电路中,试求下列几种情况下输出端 Y 的电位 V_Y 及各元件中通过的电流:(1) $V_A = V_B = 0V$;(2) $V_A = +3V$,$V_B = 0V$;(3) $V_A = V_B = +3V$。二极管的正向压降可忽略不计。

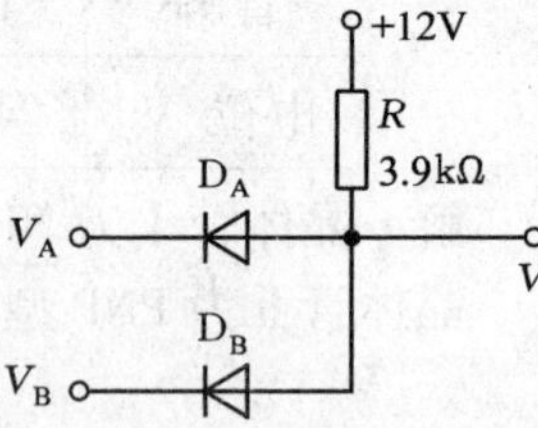

解 (1) 当 $V_A = V_B = 0$ 时,因二极管正向偏置,而使 D_A 和 D_B 都处于导通状态,电流相等,电阻 R 上的电流为:$I_R = \dfrac{12}{3.9}\text{mA}$ = 3.08mA,输出端 $V_Y = 0V$,$I_{D_A} = I_{D_B} = \dfrac{1}{2}I_R = \dfrac{1}{2} \times 3.08\text{mA} = 1.54\text{mA}$。

(2) 当 $V_A = 3V$,$V_B = 0$ 时,因二极管 D_B 正向偏置,而使其优先导通,而使 D_A 反向截止,则流过 D_A 的电流为 0;流过 D_B 和电阻 R 上的电流相等,即

$$I_R = I_{D_B} = \dfrac{12}{3.9}\text{mA} = 3.08\text{mA}$$

(3) 当 $V_A = V_B = +3V$ 时,因二极管正向偏置,而使 D_A 和 D_B 处于导通状态,电流相等,电阻 R 上的电流为:$I_R = \dfrac{12-3}{3.9}\text{mA} = 2.3\text{mA}$,输出端 $V_Y = +3V$,$I_{D_A} = I_{D_B} = \dfrac{1}{2}I_R = \dfrac{1}{2} \times 2.3\text{mA} = 1.15\text{mA}$。

题 14.3.8 图

第 14 章 半导体器件

【14.4.3】 已知图示电路，$U = 20\text{V}$，稳压二极管 D_Z 的稳定电压 $U_Z = 10\text{V}$，最大稳定电流 $I_{ZM} = 8\text{mA}$。试求稳压二极管中通过的电流 I_Z，是否超过 I_{ZM}？如果超过，怎么办？

解 电阻 R_1 中的电流为

$$I_1 = \frac{U - U_Z}{R_1} = \frac{20-10}{900}\text{A} = 11.1\text{mA}$$

电阻 R_2 中的电流为

$$I_2 = \frac{U_Z}{R_2} = \frac{10}{1100}\text{A} = 9.09\text{mA}$$

稳压二极管 D_Z 中的电流为

$$I_Z = I_1 - I_2 = 2.02\text{mA} < I_{ZM}$$

如果 I_Z 超过 I_{ZM}，应加大电阻 R_1 或减小电阻 R_2，或另选稳压管。

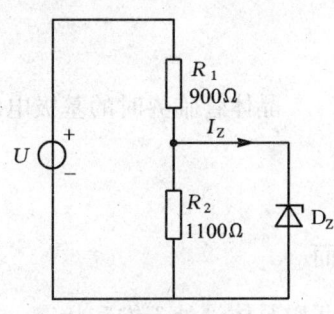

题 14.4.3 图

【14.5.8】 某一晶体管的 $P_{CM} = 100\text{mW}$，$I_{CM} = 20\text{mA}$，$U_{(BR)CEO} = 15\text{V}$。试问在下列几种情况下，哪种是正常工作？（1）$U_{CE} = 3\text{V}$，$I_C = 10\text{mA}$；（2）$U_{CE} = 2\text{V}$，$I_C = 40\text{mA}$；（3）$U_{CE} = 6\text{V}$，$I_C = 20\text{mA}$。

解 （1）因为 $U_{CE} < U_{(BR)CEO} = 15\text{V}$，$I_C < I_{CM} = 20\text{mA}$，$P_C = U_{CE}I_C < P_{CM}$，所以该晶体管能够正常工作。

（2）因为 $I_C > I_{CM} = 20\text{mA}$，所以该晶体管不能够正常工作。

（3）因为 $U_{CE} < U_{(BR)CEO} = 15\text{V}$，$I_C < I_{CM} = 20\text{mA}$，而 $P_C = U_{CE}I_C > P_{CM}$，所以该晶体管不能够正常工作。

【14.5.9】 试问在图示各电路中，晶体管工作于何种状态？

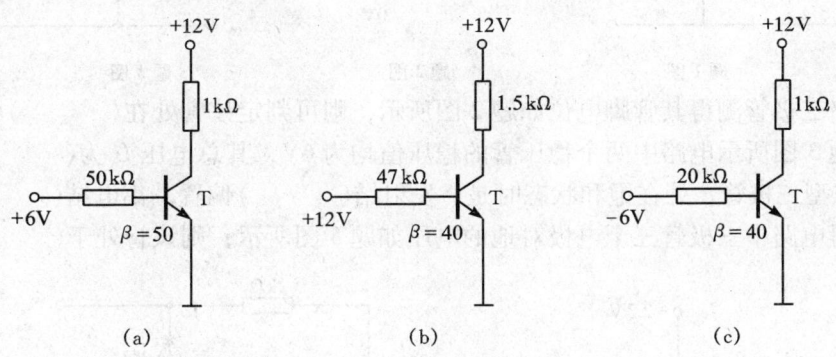

题 14.5.9 图

解 （1）在图(a)中，晶体管临界饱和时的集电极电流为

$$I_{c(sat)} \approx \frac{U_{CC}}{R_C} = \frac{12}{1}\text{mA} = 12\text{mA}$$

晶体管临界时的基极电流为

$$I_B' = \frac{I_c}{\beta} = \frac{12}{50} = 240\mu\text{A}$$

而

$$I_B = \frac{U_I - U_{be}}{R_b} \approx \frac{U_I}{R_b} = \frac{6}{50}\text{mA} = 120\mu\text{A} < I_{b(sat)}$$

所以晶体管处于放大状态。

（2）在图(b)中，晶体管临界饱和时的集电极电流为

$$I_{c(sat)} \approx \frac{U_{CC}}{R_C} = \frac{12}{1.5}\text{mA} = 8\text{mA}$$

晶体管临界时的基极电流为

$$I_B' = \frac{I_c}{\beta} = \frac{8}{40}\text{mA} = 200\mu\text{A}$$

而

$$I_B = \frac{U_I - U_{be}}{R_b} \approx \frac{U_I}{R_b} = \frac{12}{47}\text{mA} = 255\mu\text{A} > I_B'$$

所以晶体管处于饱和状态。

（3）在图(c)中，因为输入电压为 -6V，则晶体管的发射结反向偏置，集电结反向偏置，所以晶体管工作在截止区，处于截止状态。

第 14 章自测题

1. 理想二极管构成的电路如题 1 图所示，其输出电压 U_0 为（　　）V。

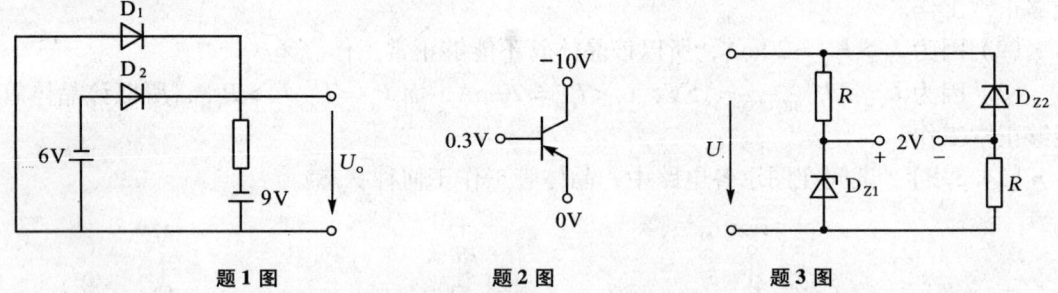

题 1 图　　　　题 2 图　　　　题 3 图

2. 某锗三极管测得其管脚电位如题 2 图所示，则可判定该管处在（　　）状态。
3. 在题 3 图所示电路中两个稳压管的稳压值均为 6V，其总电压 U 为（　　）V。
4. NPN 型三极管，处在饱和状态时是，发射结（　　）偏置，集电结（　　）偏置。
5. 测得电路中三极管三个电极对地的电压如题 5 图所示，则该管处于（　　）状态。

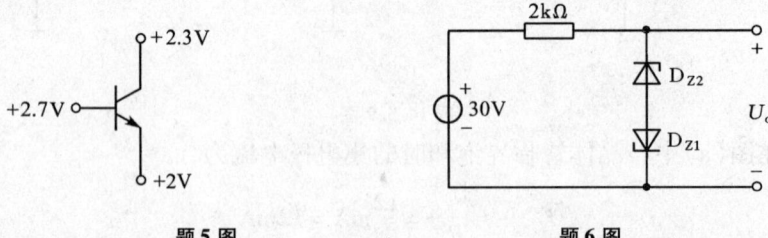

题 5 图　　　　题 6 图

6. 电路如题 6 图所示，设 D_{Z1} 的稳定电压为 6V，D_{Z2} 的稳定电压为 12V，设稳压管的正向压降为 0.7V，则输出电压等于（　　）V。
7. 已知某晶体管处于放大状态，测得其三个极的电位分别为 3.4V、4V 和 9V，则 3.4V、4V 和 9V 所对应的管脚分别为（　　）。
8. 晶体管的控制方式为（　　）。

第15章 基本放大电路

15.1 学习要点

(1) 掌握基本放大电路的组成及其工作原理。
(2) 熟练掌握放大电路的静、动态分析。
(3) 了解差分放大电路的组成及其工作原理。
(4) 了解互补对称功率放大电路的组成及其工作原理。

15.2 内容提要

15.2.1 基本放大电路

基本放大电路的组成如图15.1所示。
(1) 晶体管 T：担负着放大作用，是整个电路的核心。
(2) 集电极电源 U_{CC}：一方面保证集电结反偏，使电路工作在放大状态；另一方面为输出信号提供能量。
(3) R_C：集电极负载电阻，通过它把电流的变化转换成电压的变化反映在输出端。
(4) 基极电阻 R_B：通过 U_{CC} 使发射结正偏，并提供合适的基极电流，使放大电路的静态工作点合适。
(5) 耦合电容 C_1 和 C_2：一方面起隔直的作用，另一方面起交流耦合作用。

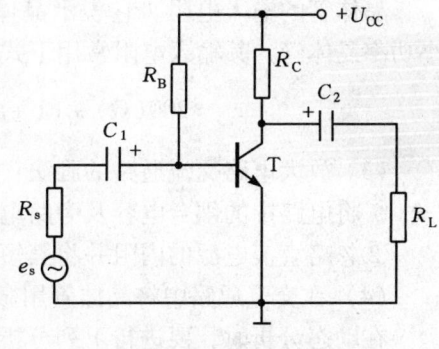

图 15.1 基本放大电路

15.2.2 放大电路的基本分析方法

晶体管是放大电路的主要器件，它的输入特性和输出特性都是非线性的。因此对放大电路进行定量分析时，主要矛盾是如何处理晶体管的非线性问题。常用的解决方法有两种：第一是图解法，在承认晶体管特性为非线性的前提下，在晶体管的特性曲线上用作图的方法求解；第二是微变等效电路法，其实质是在静态工作点附近一个比较小的变化范围内，近似地认为晶体管的特性是线性的，从而将非线性问题转化为线性问题。对放大电路进行定量分析，主要是进行静态分析和动态分析。

1. 放大电路的静态分析

静态分析的目的是确定静态工作点，即确定 U_{CE}，I_B，I_C 的值，从而保证晶体管工作在放大区。分析方法有两种。

(1) 图解法。由输出特性曲线、基极电流 I_B 和直流负载线确定静态工作点 Q。

(2) 近似分析法(直流通路法)：利用耦合电容的隔直作用，画出放大电路的直流通路，得到放大电路的静态值。例如图 15.2 所示的直流通路：

$$I_B = \frac{U_{CC} - U_{BE}}{R_B} \approx \frac{U_{CC}}{R_B}$$

$$I_C = \beta I_B$$

$$U_{CE} = U_{CC} - I_C R_C$$

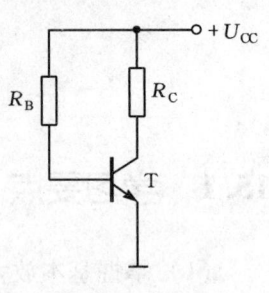

图 15.2 直流通路

2. 放大电路的动态分析

动态分析是研究信号在电路中的传输情况，确定输出信号的大小、相位和质量。有以下两种分析方法。

(1) 图解法。由输出特性曲线、直流负载线和交流负载线的交点确定静态工作点 Q 的位置。当静态工作点 Q 过高，信号进入饱和区，产生饱和失真；当静态工作点 Q 过低，信号进入截止区，产生截止失真。这是由三极管的非线性造成的，又称非线性失真。

(2) 近似分析法(微变等效电路法)。当晶体管工作在放大区时，在静态工作点附近可将晶体管特性线性化处理，画出晶体管的微变等效电路来进行动态分析。其等效电路如图 15.3 所示。

晶体管的输入电阻。它表示晶体管的输入特性。对于低频小功率晶体管，其输入电阻常用下式估算：

$$r_{be} = 200(\Omega) + (1+\beta)\frac{26(mV)}{I_E(mA)}$$

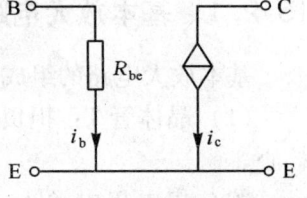

图 15.3 等效电路

(3) 放大电路交流通路的画法：

①将电路中的耦合电容及旁路电容短接；

②忽略直流电源的内阻并将其短路。

(4) 在交流通路中将晶体管用微变等效电路代替，即得放大电路的微变等效电路。

在动态分析时，要进行下列分析计算。对放大电路要进行下列分析：

①电压放大倍数：
$$A_u = \frac{\dot{U}_o}{\dot{U}_i}$$

②放大电路的输入电阻：
$$r_i = \frac{\dot{U}_i}{\dot{I}_i}$$

③放大电路的输出电阻：
$$r_o = \frac{\dot{U}_o}{\dot{I}_o}$$

3. 影响电路放大质量的因素

(1) 非线性失真。晶体管是非线性元件，当静态工作点不合适时，易产生非线性失真。

(2) 静态工作点的稳定。晶体管是半导体器件，受温度的影响很大。所以，当温度升高时，固定偏置放大电路的静态工作点上升，容易产生饱和失真。常用的稳定静态工作点的方法是采用分压式带直流电流串联负反馈的偏置放大电路。

15.2.3 几种常用的基本放大电路的分析

1. 固定偏置放大电路

电路如图 15.4(a)所示。

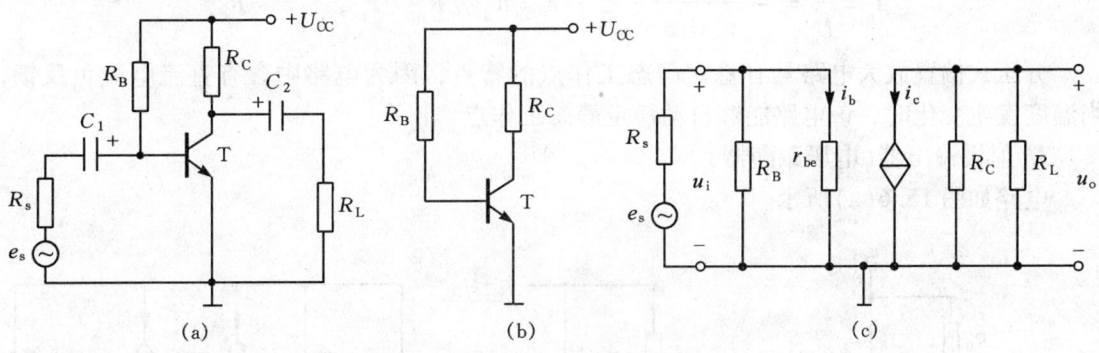

图 15.4 固定偏置放大电路

静态分析：直流通路如图 15.4(b)所示，求得

$$I_B = \frac{U_{CC} - U_{BE}}{R_B} \approx \frac{U_{CC}}{R_B}, \quad I_C = \beta I_B, \quad U_{CE} = U_{CC} - I_C R_C$$

动态分析：微变等效电路如图 15.4(c)所示，得

$$A_u = \frac{\dot{U}_o}{\dot{U}_i} = -\frac{\beta(R_L /\!/ R_C)}{r_{be}} \quad r_i = R_B /\!/ r_{be} \quad r_o \approx R_c$$

固定偏置放大电路的缺点是：当温度升高时，导致静态工作点上移，容易产生饱和失真。

2. 分压式偏置放大电路

电路如图 15.5(a)所示。

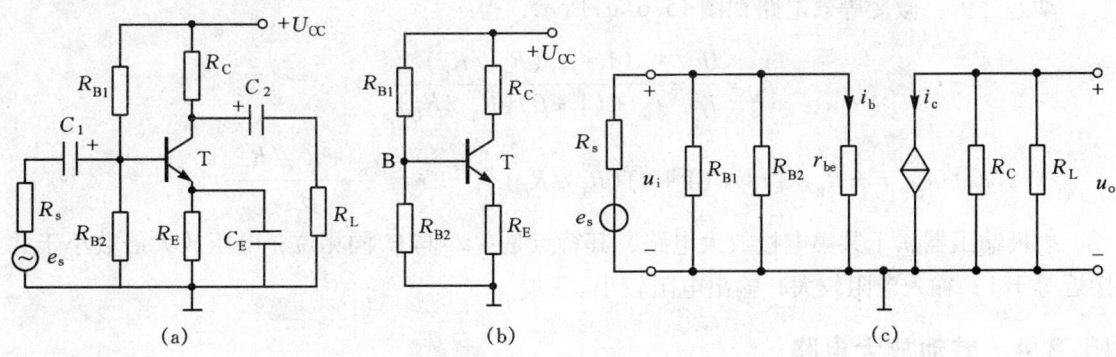

图 15.5 分压式偏置放大电路

静态分析：直流通路如图 15.5(b)所示，求得

$$V_B = \frac{U_{CC} \times R_{B2}}{R_{B1} + R_{B2}}, \quad V_E = \frac{V_B - U_{BE}}{R_E}, \quad I_E = \frac{V_E}{R_E} \approx \frac{U_{CC}}{R_B}, \quad I_C \approx I_E$$

$$I_B = \frac{I_C}{\beta}, \quad U_{CE} = U_{CC} - I_C(R_C + R_E)$$

动态分析：微变等效电路如图 15.5(c)所示，得

$$A_u = \frac{\dot{U}_o}{\dot{U}_i} = -\frac{\beta(R_L /\!/ R_C)}{r_{be}}, \quad r_i = R_{B1} /\!/ R_{B2} /\!/ r_{be}, \quad r_o \approx R_C$$

分压式偏置放大电路具有稳定静态工作点的特点，因为电路中含有直流电流负反馈，当温度发生变化时，该电路能够自动稳定静态工作点。

3. 射极输出器（电压跟随器）

电路如图 15.6(a)所示。

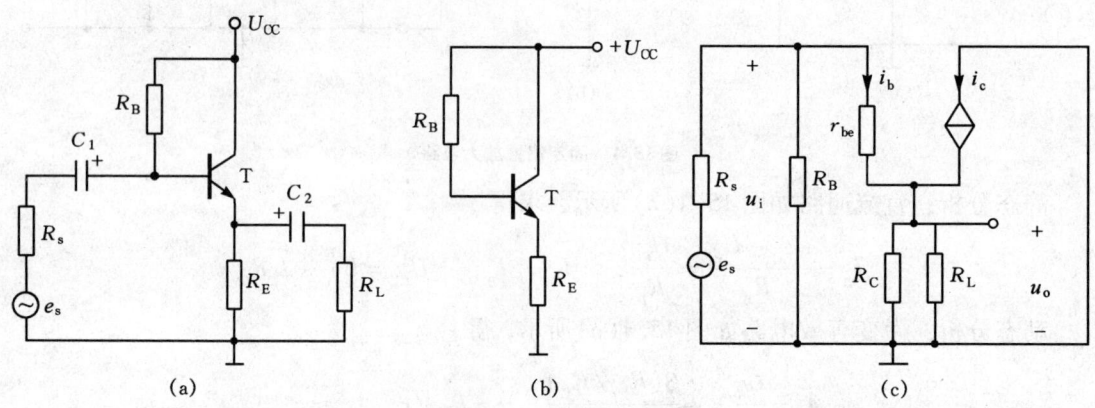

图 15.6　射极输出器电路

静态分析：直流通路如图 15.6(b)所示，求得

$$I_B = \frac{U_{CC} - U_{BE}}{R_B} \approx \frac{U_{CC}}{R_B}, \quad I_C = \beta I_B, \quad U_{CE} = U_{CC} - I_C R_C$$

动态分析：微变等效电路如图 15.6(c)所示，得

$$A_u = \frac{\dot{U}_o}{\dot{U}_i} = \frac{(1+\beta)(R_L /\!/ R_C)}{r_{be} + (1+\beta)(R_L /\!/ R_C)} \approx 1$$

$$r_i = R_B /\!/ [r_{be} + (1+\beta)(R_L /\!/ R_C)], \quad r_o \approx \frac{r_{be} + R_s /\!/ R_B}{\beta}$$

射极输出器属于共集电极放大电路，其特点是：u_o 与 u_i 同相位；电压放大倍数小于并接近等于 1；输入电阻较大，输出电阻较小。

15.2.4　差动放大电路

1. 用途

用于直接耦合放大电路中，能够抑制零点漂移，是集成运算放大器的基本组成部分之一，常用做前置级。

2. 差动放大电路的几种接法

如图 15.7 所示。

(1) 双端输入—双端输出：U_{i1} 和 U_{i2} 作为输入，U_{o1} 和 U_{o2} 作为输出。

总差模放大倍数为

$$A_d = A_{d1} = A_{d2} = -\frac{\beta R_L'}{R_B + r_{be}}$$

$$r_i = 2(R_B + r_{be}), \quad r_o \approx 2R_C$$

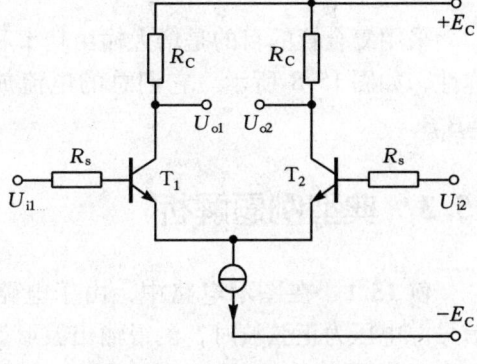

(2) 双端输入—单端输出：U_{i1} 和 U_{i2} 作为输入，U_{o1} 或 U_{o2} 作为输出。

总差模放大倍数为

$$A_d = A_{d1} = A_{d2} = -\frac{1}{2}\frac{\beta R_L'}{R_B + r_{be}}$$

$$r_i = 2(R_B + r_{be}), \quad r_o \approx R_C$$

图 15.7 差动放大电路

(3) 单端输入—双端输出：U_{i1} 或 U_{i2} 作为输入，U_{o1} 和 U_{o2} 作为输出。

总差模放大倍数为 $A_d = A_{d1} = A_{d2} = -\dfrac{\beta R_L'}{R_B + r_{be}}$

$$r_i = 2(R_B + r_{be}), \quad r_o \approx 2R_C$$

(4) 单端输入—单端输出：U_{i1} 或 U_{i2} 作为输入，U_{o1} 或 U_{o2} 作为输出。

总差模放大倍数为 $A_d = A_{d1} = A_{d2} = -\dfrac{1}{2}\dfrac{\beta R_L'}{R_B + r_{be}}$

$$r_i = 2(R_B + r_{be}), \quad r_o \approx R_C$$

3. 输入信号模式

(1) 共模输入信号：两输入端上信号大小相等，极性相同；

(2) 差模输入信号：两输入端上信号大小相等，极性相反；

(3) 比较输入信号：两输入端上信号大小不等，极性相同或相反。

4. 共模抑制比

为了全面衡量差动放大电路放大差模信号和抑制共模信号的能力，通常引用共模抑制比 K_{CMRR} 来表征。

其定义为：放大电路对差模信号的放大倍数 A_d 和对共模信号的放大倍数 A_c 之比。即

$$K_{CMRR} = \frac{A_d}{A_c} \quad \text{或} \quad K_{CMR} = 20\lg\frac{A_d}{A_c} \quad (\text{dB})$$

显然，共模抑制比越大，差动放大电路分辨率所需要的差模信号的能力越强，而受共模信号的影响越小。

15.2.5 功率放大电路

1. 对功率放大电路的基本要求

(1) 根据负载要求，提供所需要的输出功率；

(2) 具有较高的效率，要求放大电路工作在乙类或甲乙类工作状态；

(3) 尽量减小非线性失真，要求采用互补对称电路；

2. 复合管

采用复合管的目的是增大输出功率和提高电路的对称性，如图 15.8 所示。它们总的电流放大倍数均为 $\beta = \beta_1 \beta_2$。

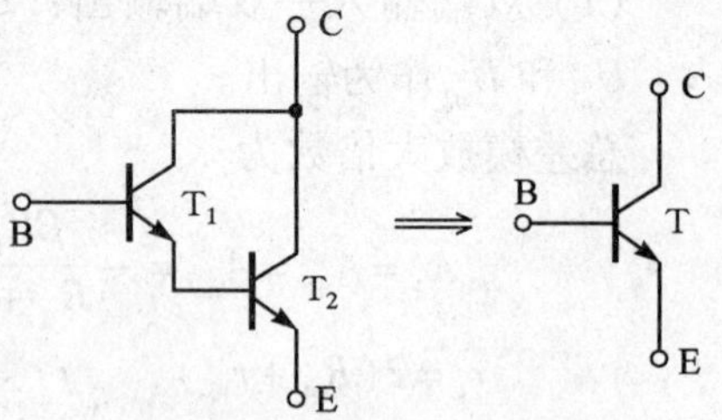

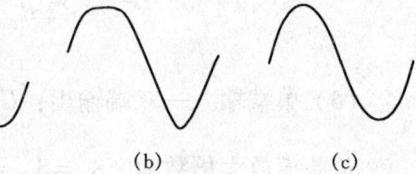

图 15.8 复合管功率放大电路

15.3 典型例题解析

例 15.1 在图示电路中，由于电路参数不同，在信号源电压为正弦波时，测得输出波形如图(a)(b)(c)所示，试说明电路分别产生了什么失真，如何消除。

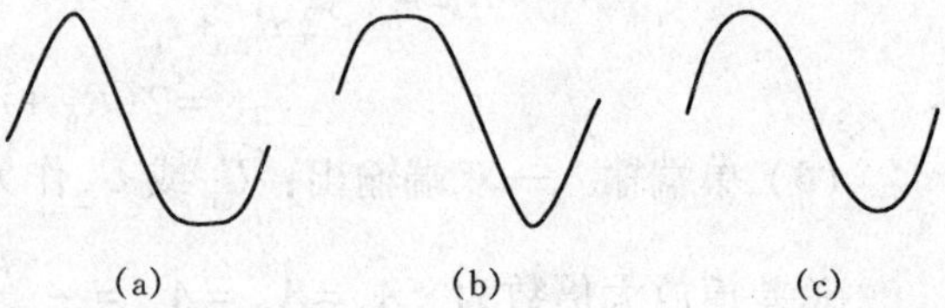

解 (a)饱和失真，增大 R_b，减小 R_c。
(b)截止失真，减小 R_b。
(c)同时出现饱和失真和截止失真，应增大 U_{CC} 或减小 u_i 幅度。

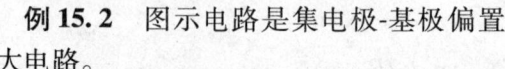

(a)　　　(b)　　　(c)

例 15.1 图

例 15.2 图示电路是集电极-基极偏置放大电路。

(1)试说明其稳定静态工作点的物理过程；(2)设 $U_{CC}=20\text{V}$，$R_C=10\text{k}\Omega$，$R_B=33\text{k}\Omega$，$\beta=50$，试求其静态值。

解 (1)稳定过程如下。

温度 $T\uparrow \to I_C\uparrow \to U_{CE}\downarrow \to I_B=(U_{CE}-U_{BE})/R_B\downarrow \to I_C\downarrow$

(2) 由基尔霍夫电压定律，得
$$U_{CC}=I_C R_C + I_B R_B + U_{BE}$$
$$I_B=\frac{U_{CC}-U_{BE}}{R_B+(1+\beta)R_C}=\frac{20-0.6}{330+51\times 10}\text{mA}\approx 23\mu\text{A}$$
$$I_C=\beta I_B \approx 1.16\text{mA}$$
$$U_{CE}=U_{CC}-I_C R_C=(20-1.16\times 10)\text{V}\approx 8.4\text{V}$$

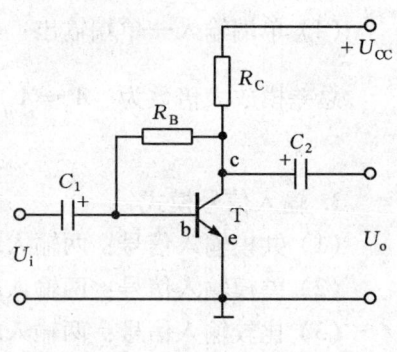

例 15.2 图

例 15.3 图示电路中，已知晶体管的 $\beta=30$。试计算此放大电路静态工作点和电压放大倍数 A_u；如果信号内阻 $R_s=10\text{k}\Omega$，则此时的放大倍数 $A_{us}=?$

解 静态值：$V_B=\dfrac{2.5}{7.5+2.5}\times 12\text{V}=3\text{V}$

$$I_E=\frac{3-0.7}{1}\text{mA}=2.3\text{mA}\quad I_E\approx I_C$$
$$I_B=\frac{I_C}{\beta}=0.077\text{mA}=77\mu\text{A}$$
$$U_{CE}=12-I_C R_C - I_E R_E = 5.1\text{V}$$

由于接入了旁路电容 C_E，所以不影响放大倍数：

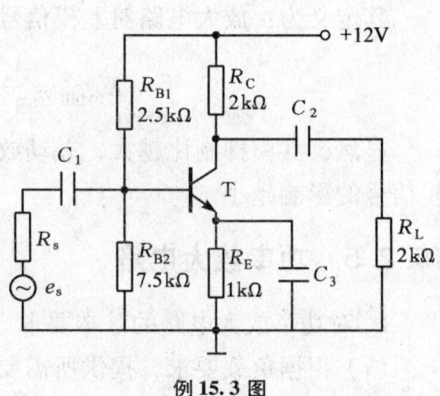

例 15.3 图

$$r_{be} = 200 + (1+\beta)\frac{26}{I_E} = \left(200 + 31 \times \frac{26}{2.3}\right)\Omega = 550\Omega$$

$$R_L' = R_C // R_L = 1\text{k}\Omega$$

$$A_u = \frac{\dot{U}_o}{\dot{U}_i} = -\beta \frac{R_L'}{r_{be}} = -\frac{30 \times 1}{0.55} = -54.5$$

若 $R_s \neq 0$, $A_{us} = \dfrac{\dot{U}_o}{\dot{E}_s} = \dfrac{r_i}{R_s + r_i} A_u$

$$r_i = R_{B1} // R_{B2} // r_{be} = 2.5\text{k}\Omega // 7.5\text{k}\Omega // 0.55\text{k}\Omega = 0.425\Omega \quad R_s = 10\text{k}\Omega$$

$$A_{us} = \frac{0.425}{10 + 0.425} \times (-54.5) = -2.22$$

例 15.4 在图示电路中,已知晶体管的电流放大系数 $\beta = 60$,输入电阻 $r_{be} = 1.8\text{k}\Omega$,信号源的输入电压 $E_s = 15\text{mV}$,内阻 $R_s = 0.6\text{k}\Omega$。试求:(1)该放大电路的输入电阻和输出电阻;(2)输出电压 U_o;(3)如果 $R_{E2} = 0$,U_o 等于多少?

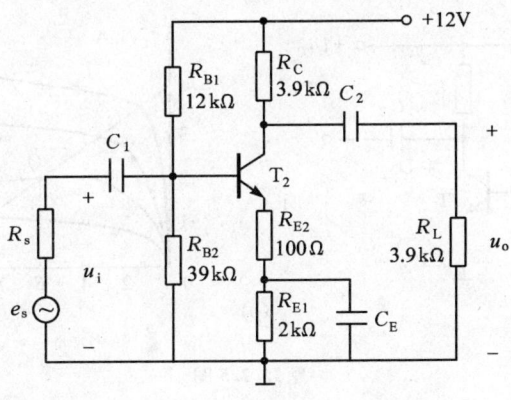

例 15.4 图

解 (1)输入电阻:

$$r_i = R_{B1} // R_{B2} // [r_{be} + (1+\beta)R_{E2}] = [120 // 39 // (1.8 + 61 \times 0.1)]\text{k}\Omega = 6.23\text{k}\Omega$$

输出电阻:

$$r_o \approx R_C = 3.9\text{k}\Omega$$

(2) $A_{us} = -\dfrac{r_i}{r_i + R_s} \times \dfrac{\beta R_L'}{[r_{be} + (1+\beta)R_{E2}]} = -\dfrac{6.23}{6.23 + 0.6} \times \dfrac{60 \times (3.9 // 3.9)}{1.8 + 61 \times 0.1} \approx -13.5$

$$U_o = |A_{us}| \times E_s = 13.5 \times 15\text{mV} \approx 203\text{mV}$$

(3) $r_i = R_{B1} // R_{B2} // r_{be} = (120 // 39 // 1.8)\text{k}\Omega \approx 1.7\text{k}\Omega$

$$A_{us} = -\frac{r_i}{r_i + R_s} \times \frac{\beta R_L'}{r_{be}} = -\frac{1.7}{1.7 + 0.6} \times \frac{60 \times 1.95}{1.8} \approx -48$$

$$U_o = |A_{us}| \cdot E_s = 48 \times 15\text{mV} = 720\text{mV}$$

15.4 课后习题选解

【15.2.5】 晶体管放大电路及其输出特性如图(a)所示。已知 $U_{CC}=12V$，$R_C=3k\Omega$，$R_B=240k\Omega$，晶体管的 $\beta=40$。(1)试用直流通路估算静态值 I_B，I_C，U_{CE}；(2)试用图解法求放大电路的静态工作点；(3)在静态时($u_i=0$) C_1 和 C_2 上的电压各为多少？并标出极性。

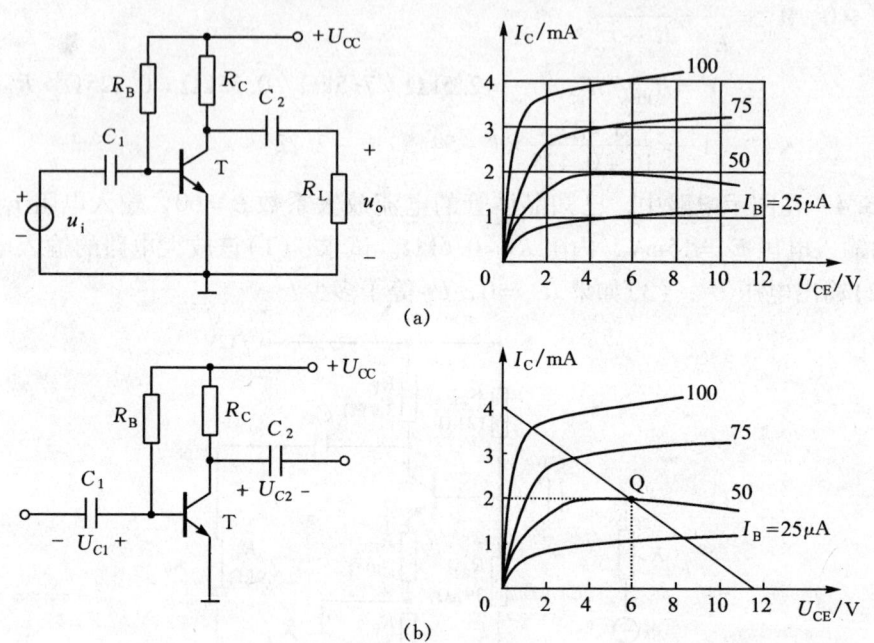

题 15.2.5 图

解 (1)电路的直流通路如图(b)所示，为便于标注 C_1 和 C_2 的极性，图中保留了 C_1 和 C_2，它不影响静态值。

$$I_B \approx \frac{U_{CC}}{R_B} = \frac{12}{240}\text{mA} = 50\mu A$$

$$I_C = \beta I_B = 40 \times 50\mu A = 2\text{mA}$$

$$U_{CE} = U_{CC} - I_C R_C = (12 - 2\times 3)V = 6V$$

(2)在输出特性上作直流负载线，根据 $U_{CE}=U_{CC}-I_C R_C$ 有 $I_C=0$，$U_{CE}=12V$，$U_{CE}=0$，$I_C=4\text{mA}$，过此两点作一条直线，即直流负载线，与 $I_B=50\mu A$ 的交点为静态工作点 Q，由图得静态值为：$I_B=50\mu A$，$I_C=2\text{mA}$，$U_{CE}=6V$。

(3)静态时 $U_{C1}=U_{BE}$，$U_{C2}=U_{CE}=6V$，极性如图(b)所示。

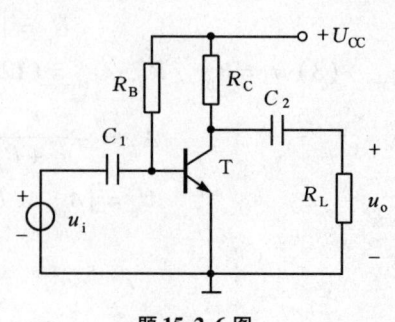

题 15.2.6 图

【15.2.6】 图示电路中，若 $U_{CC}=10V$，今要求 $U_{CE}=5V$，$I_C=2\text{mA}$，试求 R_C 和 R_B 的阻值。设晶体管的 $\beta=40$。

解 $R_C = \dfrac{U_{CC} - I_C R_C}{I_C} = \dfrac{10-5}{2}\text{k}\Omega = 2.5\text{k}\Omega$

$I_B = \dfrac{I_C}{\beta} = \dfrac{2}{40}\text{mA} = 50\mu\text{A}$

$R_B = \dfrac{U_{CC}}{I_B} = \dfrac{10}{50\times 10^{-6}}\text{k}\Omega = 200\text{k}\Omega$

【15.2.7】 在图示电路中，晶体管是 PNP 型锗管。(1) U_{CC} 和 C_1，C_2 的极性如何考虑？请在图中标出；(2) 设 $U_{CC} = -12\text{V}$，$R_C = 3\text{k}\Omega$，$\beta = 75$，如果要将静态值 I_C 调到 1.5mA，问 R_B 应调到多大？(3) 在调整静态工作点时，如不慎将 R_B 调到零，对晶体管有无影响？为什么？通常采用何种措施来防止这种情况？

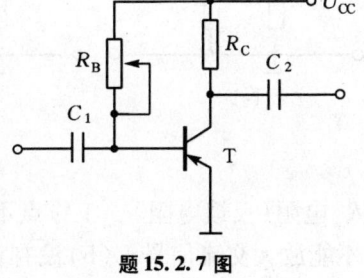

题 15.2.7 图

解 (1) PNP 和 NPN 电源极性相反，故电容 C_1，C_2 的极性也和 NPN 图中所示极性相反。

(2) $I_B = \dfrac{I_C}{\beta} = \dfrac{1.5}{75}\text{mA} = 20\mu\text{A}$

$R_B \approx \dfrac{U_{CC}}{I_B} = \dfrac{12}{20\times 10^{-6}}\Omega = 600\text{k}\Omega$

(3) 若将 R_B 调到零，则 12V 电压全部加到 B、E 间，I_B 大大增加，使 PN 结发热而损坏。通常在偏置电路中给 R_B 再串联一个较小的固定电阻。

【15.3.4】 利用微变等效电路计算图 (a) 所示电路的电压放大倍数 A_u。
(1) 输出端开路；
(2) $R_L = 6\text{k}\Omega$。设 $r_{be} = 0.8\text{k}\Omega$。

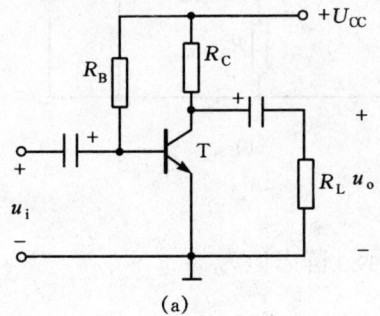

(a)

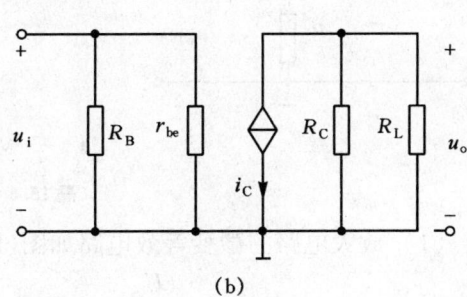

(b)

题 15.3.4 图

解 微变等效电路图如图 (b) 所示。

(1) $A_u = -\dfrac{\beta R_C}{r_{be}} = -\dfrac{40\times 3}{0.8} = -150$

(2) $A_u = -\dfrac{\beta R_L'}{r_{be}} = -\dfrac{40}{0.8}\times\dfrac{3\times 6}{3+6} = -100$

【15.4.3】 试判断下列图示各电路是否能放大交流信号？为什么？

解 电路 (a)，(c) 均可以放大交流信号，但电路 (c) 虽采用分压式放大电路，却没有

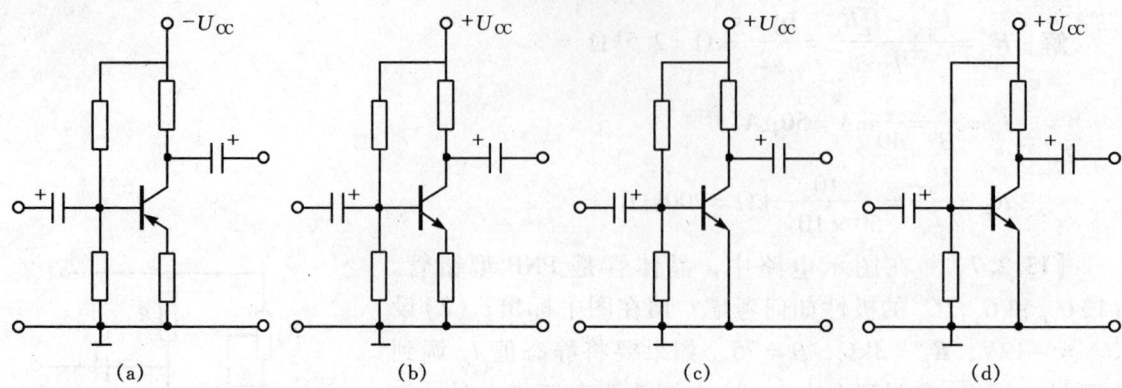

题 15.4.3 图

R_e 电阻(反馈电阻),工作点不稳定,同时使输入电阻更低,且 $V_B = U_{be}$。电路(b)和(d)均不能放大交流信号。(b)没有直流负载电阻,使 $U_o = U_{CC}$;(d)没有偏置电阻,不能保证发射结正偏,集电结反偏。

【15.6.4】 图(a)所示电路中,$U_{CC} = 12V$,$R_C = 2k\Omega$,$R_E = 2k\Omega$,$R_B = 300k\Omega$,晶体管的 $\beta = 50$,电路有两个输出端。试求:(1)电压放大倍数 $A_{u1} = \dfrac{\dot{U}_{o1}}{\dot{U}_i}$ 和 $A_{u2} = \dfrac{\dot{U}_{o2}}{\dot{U}_i}$;(2)输出电阻 r_{o1} 和 r_{o2}。

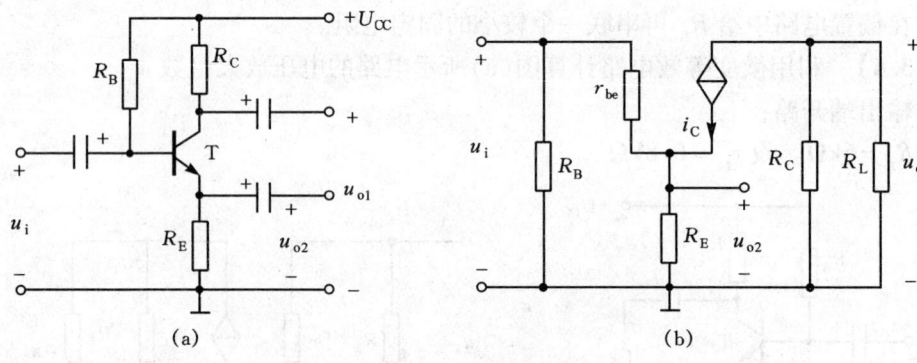

题 15.6.4 图

解 (1)放大电路的微变等效电路如图(b)所示。静态值为

$$I_B \approx \dfrac{U_{CC}}{R_B + (1+\beta)R_E} = \dfrac{12}{300 + 51 \times 2}\text{mA} \approx 30\mu A$$

$$I_E = (1+\beta)I_B = 51 \times 30\mu A = 1.53\text{mA}$$

$$r_{be} = 200 + (1+\beta)\dfrac{26}{I_E} = \left(200 + 51 \times \dfrac{26}{1.53}\right)\Omega = 1.07\text{k}\Omega$$

$$\dot{U}_i = \dot{I}_b r_{be},\quad \dot{U}_{o1} = -\beta \dot{I}_b R_C,\quad \dot{U}_{o2} = (1+\beta)\dot{I}_b R_E$$

$$A_{u1} = \dfrac{-\beta R_C}{r_{be} + (1+\beta)R_E} \approx -0.96$$

$$A_{u2} \approx 1$$

(2) 由 $u_i = 0$，得

$$\dot{I}_b r_{be} + (1+\beta)\dot{I}_b R_E = 0$$

所以
$$\dot{I}_b = 0$$
$$r_{o1} = R_C = 2\text{k}\Omega$$
$$r_{o2} = R_E // \frac{r_{be} + R_B}{1+\beta} \approx 21\Omega$$

【15.4.5】 图示电路为分压式放大电路。已知：$U_{CC} = 24\text{V}$，$R_C = 3.3\text{k}\Omega$，$R_E = 1.5\text{k}\Omega$，$R_{B1} = 33\text{k}\Omega$，$R_{B2} = 10\text{k}\Omega$，$R_L = 5.1\text{k}\Omega$，晶体管的 $\beta = 66$，并设 $R_s = 0$。试求：(1) 静态值；(2) 画出微变等效电路；(3) 计算晶体管的输入电阻 r_{be}；(4) 计算电压放大倍数 A_u；(5) 计算放大电路输出端开路时的电压放大倍数，并说明负载电阻 R_L 对电压放大倍数的影响；(6) 估算放大电路的输入电阻和输出电阻。

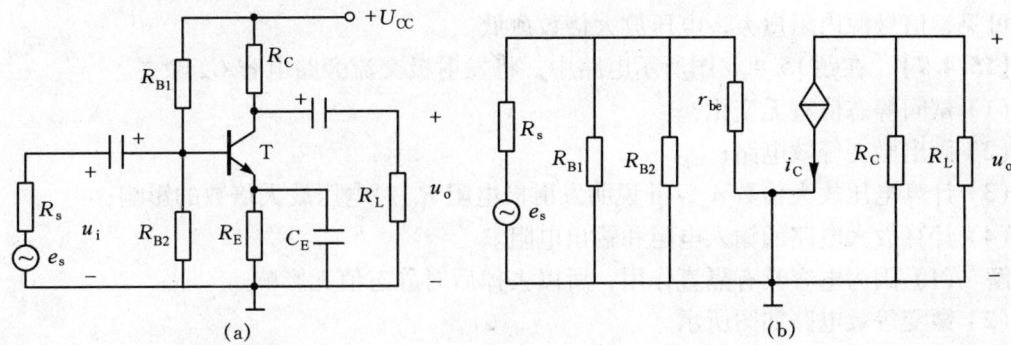

题 15.4.5 图

解 (1) 由直流通路得

$$V_B = \frac{R_{B2}}{R_{B1} + R_{B2}} U_{CC} = \frac{10}{33+10} \times 24\text{V} = 5.58\text{V}$$

$$R_B = \frac{R_{B2} \cdot R_{B1}}{R_{B1} + R_{B2}} = \frac{33 \times 10}{33+10}\text{k}\Omega = 7.67\text{k}\Omega$$

$$I_B = \frac{V_B - U_{BE}}{R_B + (1+\beta)R_E} = \frac{5.58 - 0.6}{7.67 + 67 \times 1.5}\text{mA} = 46\mu\text{A}$$

$$I_C = \beta I_B = 66 \times 46\mu\text{A} = 3.04\text{mA}$$

$$U_{CE} = U_{CC} - I_C R_C - I_E R_E = (24 - 3.04 \times 3.3 - 3.08 \times 1.5)\text{V} = 9.35\text{V}$$

(2) 微变等效电路如图(b)所示。

(3) $r_{be} = 200 + (1+\beta)\frac{26}{I_E} = \left(200 + 67 \times \frac{26}{3.08}\right)\text{k}\Omega \approx 0.766\text{k}\Omega$

(4) $A_u = -\frac{\beta R_L'}{r_{be}} = -\frac{66}{0.766} \times \frac{3.3 \times 5.1}{3.3 + 5.1} \approx -173$

(5) $A_{uo} = -\frac{\beta R_c}{r_{be}} = -\frac{66}{0.766} \times 3.3 = -284$

接入负载后，使放大倍数降低。

(6) 输入电阻为

$$r_i = R_{B1} /\!/ R_{B2} /\!/ r_{be} = 33 /\!/ 10 /\!/ 0.766 \text{k}\Omega \approx 0.766 \text{k}\Omega$$

输出电阻为

$$r_o \approx R_c = 3.3 \text{k}\Omega$$

【15.4.6】 在题 15.4.5 中，设 $R_s = 1\text{k}\Omega$，试计算输出端接有负载时的电压放大倍数 $A_u = \dfrac{\dot{U}_o}{\dot{U}_i}$ 和 $A_{us} = \dfrac{\dot{U}_o}{\dot{E}_s}$；并说明信号源内阻 R_s 对电压放大倍数的影响。

解 由上题知：$A_u = -173$ ($R_s = 0$)

当 $R_s = 1\text{k}\Omega$ 时 $\dot{U}_i = \dfrac{r_i}{r_i + R_s}\dot{E}_s$，$\dot{E}_s = \dot{U}_i \dfrac{r_i}{r_i + R_s}$

则

$$A_{us} = \dfrac{\dot{U}_o}{\dot{E}_s} = \dot{U}_o \Big/ \dfrac{r_i + R_s}{r_i}\dot{U}_i = \dfrac{r_i + R_s}{r_i} A_u = \dfrac{0.766}{0.766 + 1} \times (-173) \approx -75 < A_u$$

可见，信号源内阻愈大，电压放大倍数愈低。

【15.4.7】 在题 15.4.5 图所示电路中，将发射极交流旁路电容 C_E 除去。
(1) 试问静态值有无变化？
(2) 画出微变等效电路；
(3) 计算电压放大倍数 A_u，并说明发射极电阻 R_E 对电压放大倍数的影响；
(4) 计算放大电路的输入电阻和输出电阻。

解 (1) 因为电容具有隔直作用，所以去掉后对静态值无影响。
(2) 微变等效电路如图所示。

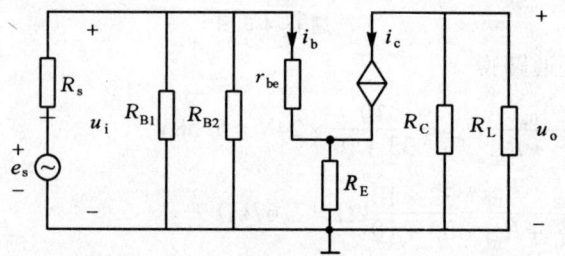

题 15.4.7 图

(3) 令 $R_s = 0$，则 $\dot{U}_i = \dot{E}_s = \dot{I}_b r_{be} + (1+\beta)\dot{I}_b R_E$

$$\dot{U}_o = -\beta \dot{I}_b R_L' = -\beta \dot{I}_b \dfrac{R_C R_L}{R_C + R_L}$$

$$A_u = \dfrac{\dot{U}_o}{\dot{U}_i} = \dfrac{-\beta \dot{I}_b \dfrac{R_C R_L}{R_C + R_L}}{\dot{I}_b [r_{be} + (1+\beta)\dot{I}_b R_E]} \approx -1.3$$

可见，电阻 R_E 使电压放大倍数降低。
(4) 输入电阻：$r_i = R_{B1} /\!/ R_{B2} /\!/ [r_{be} + (1+\beta)R_E] \approx 7.13 \text{k}\Omega$
输出电阻：$r_o \approx R_C = 3.3 \text{k}\Omega$。

【15.6.2】 图示电路为射极输出器。已知：$R_s = 50\Omega$，$R_{B1} = 100\text{k}\Omega$，$R_{B2} = 30\text{k}\Omega$，$R_E$

$=1\text{k}\Omega$,晶体管的 $\beta=50$,$r_{be}=1\text{k}\Omega$。试求 A_{us},r_i 和 r_o。

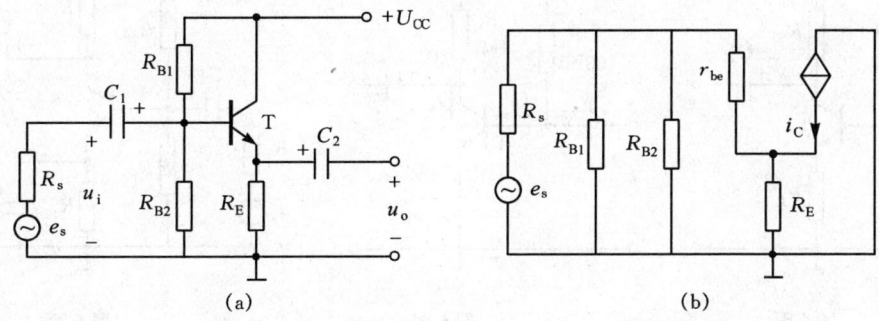

题 15.6.2 图

解 $r_i = R_{B1} // R_{B2} // [r_{be}+(1+\beta)R_E] = [100//30//(1+51\times1)]\text{k}\Omega \approx 16\text{k}\Omega$

$$A_{us} = \frac{r_i}{R_s+r_i} \times \frac{(1+\beta)R_E}{r_{be}+(1+\beta)R_E} = \frac{16}{0.05+16} \times \frac{51\times1}{1+51\times1} = 0.98$$

$$r_o = R_E // \frac{r_{be}+R_s//R_{B1}//R_{B2}}{1+\beta} \approx 20\Omega$$

第 15 章自测题

1. 电路如题 1 图,晶体管 $\beta=65$,$r_{be}=900\Omega$,$R_c=R_L=3\text{k}\Omega$,欲使电压放大倍数 $A_u=-13$ 时,发射极电阻 R_E 应选取(　　)。

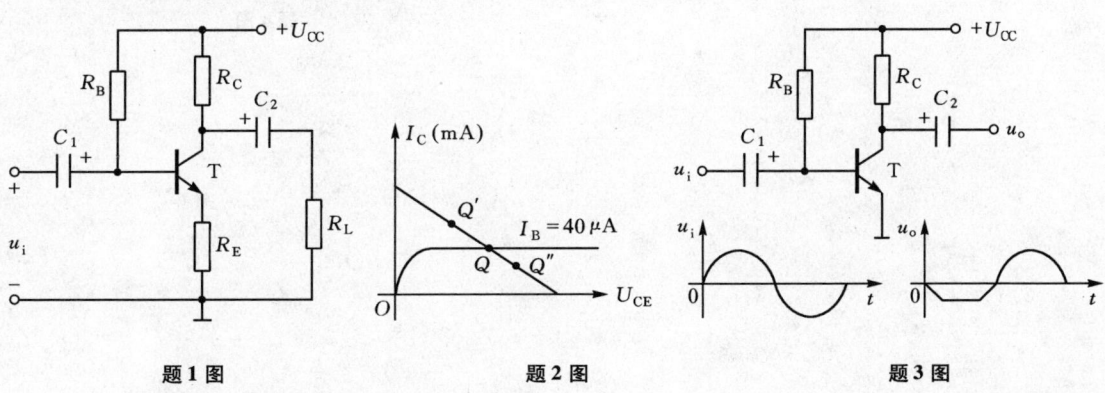

题 1 图　　　　　题 2 图　　　　　题 3 图

2. 固定偏置单管交流放大电路的静态工作点 Q 如题 2 图所示,当温度升高时工作点 Q 将向(　　)点移动。

3. 根据题 3 图放大电路输入与输出波形,可判断该电路产生了(　　)失真,如果要消除该失真,应将电阻 R_b(　　)(填"增加"或"减小")。

4. 电路如题 4 图所示,已知 $U_{CC}=12\text{V}$,$R_C=3\text{k}\Omega$,$\beta=40$ 且忽略 U_{BE},若使静态时 $U_{CE}=9\text{V}$,则 R_B 应取(　　)Ω。

5. 如题 5 图所示的电路中的三极管为硅管,$\beta=50$,通过估算,可判断电路工作在(　　)区。

6. 在如题 6 图所示射级偏置电路中,若上偏流电阻 R_{b1} 短路,则该电路中的三极管处

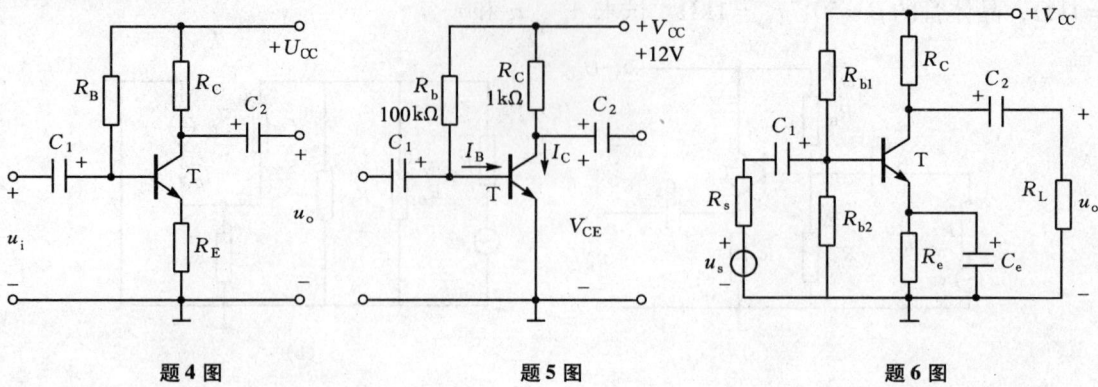

题 4 图 题 5 图 题 6 图

于( )状态。

7. 射极输出器的电压放大倍数接近( )。

8. 三极管放大电路如题 8 图所示，已知 $\beta = 100$，$r_{be} = 961\Omega$，$R_{B1} = 75k\Omega$，$R_{B2} = 25k\Omega$，$R_C = 2k\Omega$，$R_E = 2k\Omega$，$R_L = 3k\Omega$，$V_{CC} = 12V$。

(1) 计算静态值 I_B，I_C，U_{CE}；

(2) 画出微变等效电路图；

(3) 计算输入电阻 r_i、输出电阻 r_o 和空载电压放大倍数 A_{uo}；

(4) 求接入负载 R_L 时的电压放大倍数 A_u。

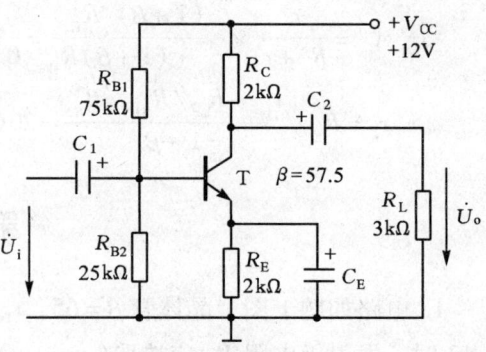

题 8 图

第16章 集成运算放大器

16.1 学习要点

(1) 了解集成运算放大器组成及其特点。
(2) 掌握理想运算放大器及其分析的依据。
(3) 熟练掌握运算放大器在信号运算方面的应用:比例运算、加法运算和减法运算。
(4) 了解积分运算、微分运算。
(5) 了解运算放大器在信号处理方面的应用。

16.2 内容提要

16.2.1 集成运算放大器的简单介绍

1. 集成运算放大器的组成及主要参数

(1) 电路组成

集成运算放大器(简称运放)的电路主要由输入级、中间级、输出级和偏置电路组成,如图16.1所示。

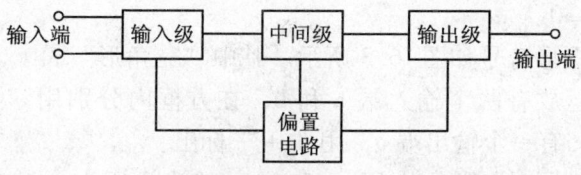

图16.1 运算放大器的方框图

典型运算放大器F007的外形、管脚和符号图如图16.2所示。

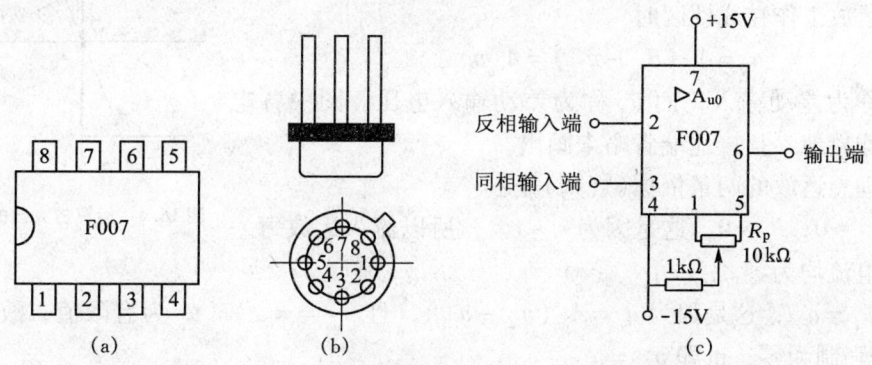

图16.2 F007集成运算放大器的外形、引脚和符号图

图中: 2 为反相输入端。由此端输入信号,其输出信号与输入信号是反相的。

3 为同相输入端。由此端输入信号,其输出信号与输入信号是同相的。

4 为负电源端。接 -15V 稳压电源。

7 为正电源端。接 $+15\text{V}$ 稳压电源。

6 为输出端。

1 和 5 为外接调零电位器(通常为 $10\text{k}\Omega$)的两个端子。

8 为空脚。

(2) 主要参数

运算放大器的性能可用一些参数来衡量。在使用时要了解各主要参数的意义。

最大输出电压 U_{OPP} 能使输出电压和输入电压保持不失真关系的最大输出电压,称为运算放大器的最大输出电压。F007 的 $U_{OPP} \approx \pm 13\text{V}$。

开环电压放大倍数 A_{u0} 在没有外接反馈电路时所测出的差模电压放大倍数。A_{u0} 越高,所构成的运算电路越稳定,运算精度也越高。

输入失调电压 U_{IO} 理想运放当 $u_{i1} = u_{i2} = 0$ 时,输出电压为零。而实际运放要使输出电压为零,必须在输入端加一个很小的补偿电压,这个电压即称为输入失调电压。U_{IO} 愈小愈好。

输入失调电流 I_{IO} 输入信号为零时,两个输入端静态基极电流之差。即 $I_{IO} = |I_{B1} - I_{B2}|$,$I_{IO}$ 愈小愈好。

2. 理想运算放大器及其分析依据

在分析运算放大器时,通常可将其看做理想运算放大器。理想化的条件主要是:

开环电压放大倍数 $A_{u0} \to 0$;

差模输入电阻 $r_{id} \to \infty$;

开环输出电阻 $r_0 \to 0$。

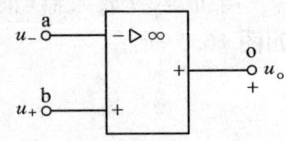

理想运放的电路图形符号如图 16.3 所示。其中"三角形"符号表示"放大器"。运放有两个输入端 a 和 b,在方框内分别用"$-$"和"$+$"标出,有一个输出端 o,用"$+$"标出。

图 16.3 运放的图形符号

如果在 a 端和 b 端同时加输入电压 u_- 和 u_+,输出电压为 u_o,表示输出电压与输入电压之间关系的特性曲线称为传输特性。如图 16.4 所示。

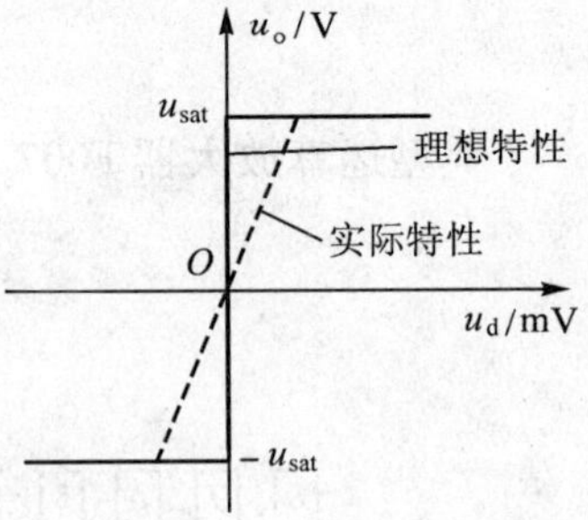

理想运放工作在线性区时

$$u_o = A_{uo}(u_+ - u_-) = A_{uo}u_d$$

这种输入称为差动输入,而 u_d 称为差动输入电压。图中各电压的负端均接地,且接地端省略未画出。

分析理想运放的两条依据(规则)是:

(1) $i_- \approx 0$,$i_+ \approx 0$,这是因为 $r_{id} \to \infty$,所以流入运放每一输入端的电流均为零。

图 16.4 运算放大器的传输特性

(2) $u_+ = u_-$,这是因为 $u_o = A_{uo}(u_+ - u_-)$,且 $A_{uo} = \infty$,而 u_o 为有限值,故差动输入电压 u_d 被强制为零,也即 $u_+ = u_-$。

如果不是差动输入情况，而是把反相端（或同相端）接地，则有 $u_- = 0$（或 $u_+ = 0$），于是同相端（或反向端）的电压 u_+（或 u_-）就被强制为零值，这也称为"虚地"。

16.2.2 运算放大器在信号运算方面的应用

1. 比例运算

（1）反相输入

如果输入信号从反相输入端引入，便是反相运算。

如图 16.5 所示，求输出电压 u_o 与输入电压 u_i 的关系。根据分析理想运放的两条规则，由规则 1，因为 $i_+ = 0$，所以，$u_+ = 0$。

再由规则 2，有 $u_- = 0$（虚地），于是

$$i_1 = i_2$$

即

$$\frac{u_i}{R_1} = -\frac{u_o}{R_F}$$

所以

$$u_o = -\frac{R_F}{R_1} u_i$$

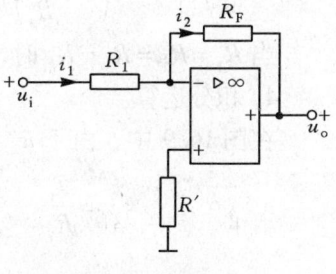

图 16.5　反相比例运算电路

其输出电压与输入电压成比例运算关系，放大系数值为 $\frac{R_F}{R_1}$，其负号表明输出与输入相位相反。

（2）同相输入

如图 16.6 所示，求输出电压 u_o 与输入电压 u_i 的关系。根据分析理想运放的两条规则，因为 $i_+ = 0$，所以，$i_2 = 0$，有 $u_- = u_+ = u_i$，于是

$$i_1 = i_f$$

$$\frac{0 - u_i}{R_1} = \frac{u_i - u_o}{R_F}$$

所以

$$u_o = \left(1 + \frac{R_F}{R_1}\right) u_i$$

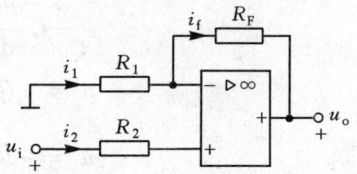

图 16.6　同相比例运算电路

其输出电压与输入电压成比例运算关系，放大系数值为 $1 + \frac{R_F}{R_1}$，且输出与输入同相位。

2. 加法运算

在图 16.7 中，利用虚短和虚断的特点，可以求得

$$i_3 = i_1 + i_2$$

即

$$\frac{0 - u_o}{R_3} = \frac{u_{i1}}{R_1} + \frac{u_{i2}}{R_2}$$

于是

$$u_o = -R_3 \left(\frac{u_{i1}}{R_1} + \frac{u_{i2}}{R_2}\right)$$

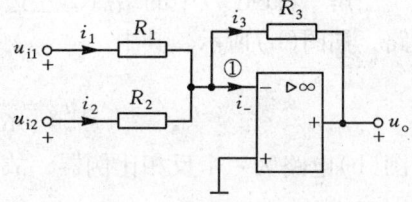

图 16.7　加法运算电路

当 $R_1 = R_2 = R_3 = R$ 时，$u_o = -(u_{i1} + u_{i2})$。该电路称为加法电路。

3. 减法运算

在图 16.8 中，利用虚短和虚断的特点，可以求得

$$u_- = u_{i1} - R_1 i_1 = u_{i1} - \frac{R_1}{R_1 + R_F}(u_{i1} - u_o)$$

$$u_+ = \frac{R_3}{R_2 + R_3} u_{i2}$$

于是

$$u_o = \left(1 + \frac{R_F}{R_1}\right)\frac{R_3}{R_2 + R_3} u_{i2} - \frac{R_F}{R_1} u_{i1}$$

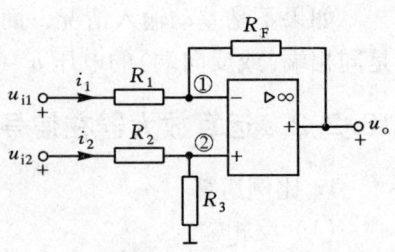

图 16.8 减法运算电路

当 $R_1 = R_2 = R_3 = R_F$ 时，$u_o = u_{i2} - u_{i1}$。该电路称为减法电路。

4. 积分运算

在图 16.9 中，由于 $u_- = u_+ = 0$，所以

$$i_1 = i_f = \frac{u_i}{R_1}$$

$$u_o = -u_C = -\frac{1}{C}\int i_f \mathrm{d}t = -\frac{1}{R_1 C}\int u_i \mathrm{d}t$$

该式表明，u_o 与 u_i 的积分成比例，负号表示两者反相，$R_1 C$ 称为积分时间常数。

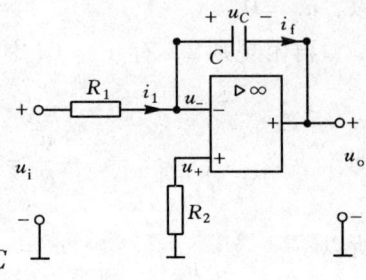

图 16.9 积分运算电路

5. 微分运算

在图 16.10 中，由于 $u_- = u_+ = 0$，所以

$$i_1 = C\frac{\mathrm{d}u_C}{\mathrm{d}t} = C\frac{\mathrm{d}u_i}{\mathrm{d}t}$$

$$u_o = -R_F i_f = -R_F i_1$$

则

$$u_o = -R_F C \frac{\mathrm{d}u_i}{\mathrm{d}t}$$

该式表明，u_o 与 u_i 的微分成比例，故称为微分电路。

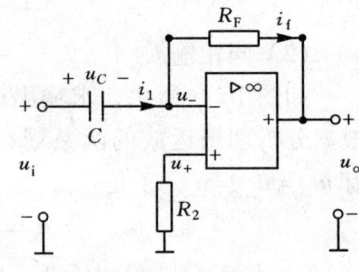

图 16.10 微分运算电路

16.3 典型例题解析

例 16.1 求图(a)所示电路的电压比 $\dfrac{u_o}{u_s}$。

解 将图(a)中的结点②左边的有源一端口电路等效为由理想电压源和电阻的串联电路，如图(b)所示。其中

$$u_{oc} = \frac{R_2}{R_1 + R_2} u_s, \quad R_{eq} = (R_1 // R_2) + R_3$$

图(b)电路为一个反相比例器，故有

$$u_o = -\frac{R_4}{R_{eq}} u_{oc} = -\frac{R_4}{(R_1 // R_2) + R_3} \times \frac{R_2}{R_1 + R_2} u_s$$

$$\frac{u_o}{u_s} = -\frac{R_2 R_4}{R_1 R_2 + R_2 R_3 + R_3 R_1}$$

第 16 章 集成运算放大器

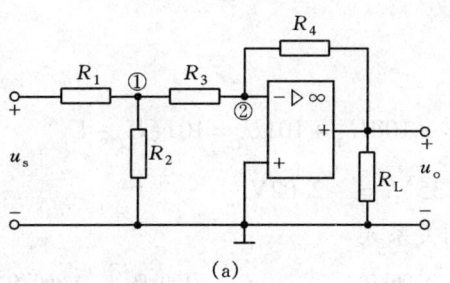
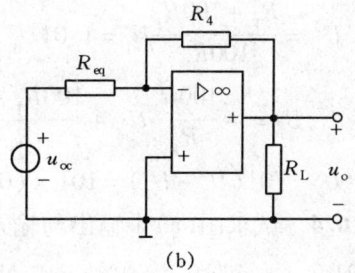

例 16.1 图

例 16.2 电路如图(a)所示，设 $R_f = 16R$，验证该电路的输出 u_o 与输入 $u_1 \sim u_4$ 之间的关系为 $u_o = -(8u_1 + 4u_2 + 2u_3 + u_4)$。［注：该电路为 4 位数字—模拟转换器，常用在信息处理、自动控制领域。该电路可将一 4 位二进制数字信号转换成模拟信号，例如当数字信号为 1101 时，令 $u_1 = u_2 = u_4 = 1$，$u_3 = 0$，则由关系式 $u_o = -(8u_1 + 4u_2 + 2u_3 + u_4)$ 得模拟信号 $u_0 = -(8 + 4 + 0 + 1) = -13$。］

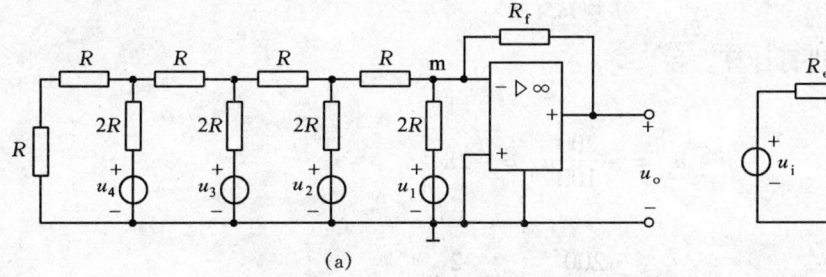

例 16.2 图

解 应用电源等效变换，将图(a)所示电路等效为图(b)所示，得其等效参数：

$$R_{eq} = R, \quad u_i = \frac{u_4}{16} + \frac{u_3}{8} + \frac{u_2}{4} + \frac{u_1}{2}$$

这是一个反相比例器，且已知 $R_f = 16R$，所以

$$u_o = -\frac{R_f}{R} u_i = -16 u_i = -(8u_1 + 4u_2 + 2u_3 + u_4)$$

例 16.3 已知图示电路。(1) 写出电压 U_o 与 U_1，U_2 的关系式；(2) 若 $U_1 = 0.35\text{V}$，$U_2 = 0.33\text{V}$，求电压 $U_o = ?$

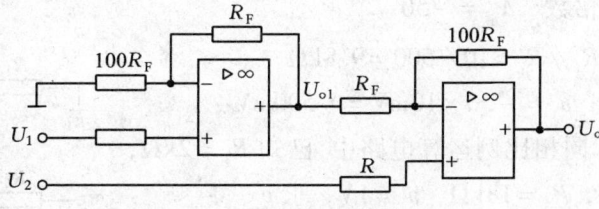

例 16.3

解 第一级运放组成同相比例运算电路。

(1) $U_{o1} = \dfrac{R_F + 100R_F}{100R_F}U_1 = 1.01U_1$

$U_o = -\dfrac{100R_F}{R_F}U_{o1} + \dfrac{100R_F + R_F}{R_F}U_2 = -100U_{o1} + 101U_2 = 101(U_2 - U_1)$

(2) $U_o = 101(U_2 - U_1) = 101 \times (0.33 - 0.35)\text{V} = -2.02\text{V}$

例 16.4 试求图(a)中输出与输入之间的关系式。

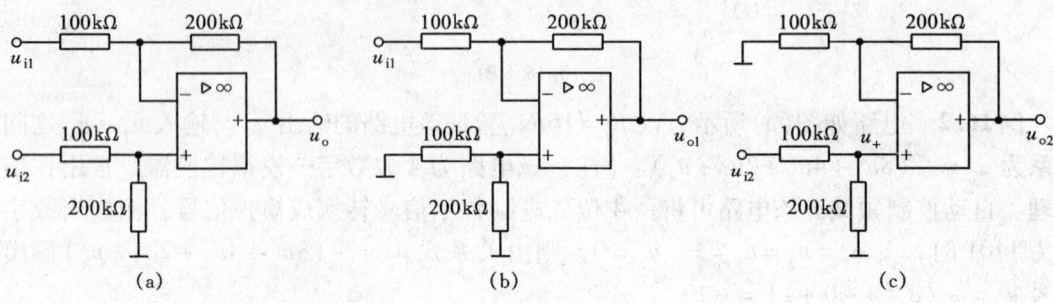

例 16.4 图

解 根据叠加原理进行计算。

如图(b)所示，
$$u_{o1} = -\dfrac{200}{100}u_{i1} = -2u_{i1}$$

如图(c)所示，
$$u_+ = \dfrac{200}{100+200}u_{i2} = \dfrac{2}{3}u_{i2}$$

$$u_{o2} = \left(1 + \dfrac{200}{100}\right)u_+ = 2u_{i2}$$

最后叠加可得 $u_o = u_{o1} + u_{o2} = 2u_{i2} - 2u_{i1}$

例 16.5 在图示电路中，设 $R_1 = 10\text{k}\Omega$，$R_f = 500\text{k}\Omega$。试求闭环电压放大倍数 A_{uf} 和平衡电阻 R_2。若 $u_i = 10\text{mV}$，则 u_o 为多少？

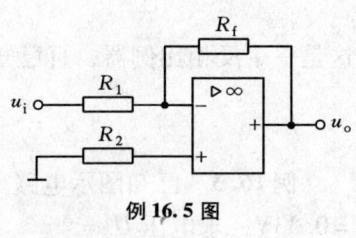

例 16.5 图

解 电路为反相比例运算，则
$$u_o = -\dfrac{R_f}{R_1}u_i = -\dfrac{500}{10}u_i$$

所以，闭环电压放大倍数 $A_{uf} = -50$

平衡电阻 $R_2 = R_1 // R_f = 10 // 500 = 9.8\text{k}\Omega$

输出电压 $u_o = A_{uf}u_i = -50 \times 10\text{mV} = -500\text{mV}$

例 16.6 在图示同相比例运算电路中，已知 $R_1 = 2\text{k}\Omega$，$R_F = 10\text{k}\Omega$，$R_2 = 2\text{k}\Omega$，$R_3 = 18\text{k}\Omega$，$u_i = 1\text{V}$，求 u_o。

解 同相比例运算电路的输出为
$$u_o = \left(1 + \dfrac{R_F}{R_1}\right)u_+$$

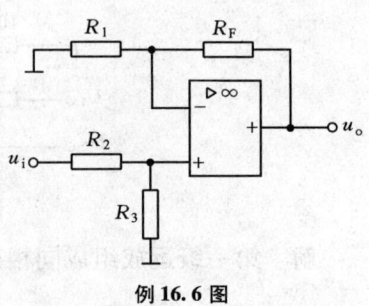

例 16.6 图

$$u_+ = \frac{R_3}{R_2+R_3}u_i$$

$$u_o = \left(1+\frac{R_F}{R_1}\right)\frac{R_3}{R_2+R_3}u_i = \left(1+\frac{10}{2}\right)\frac{18}{2+18}\times 1\text{V} = 5.4\text{V}$$

例 16.7 为了用低值电阻实现高放大倍数的比例运算，常用图示的 T 形网络来代替 R_F。试证明：

$$u_o = -\frac{R_2+R_3+R_2R_3/R_4}{R_1}u_i$$

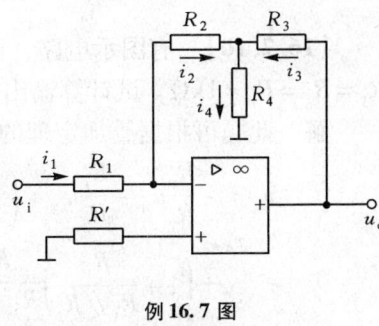

例 16.7 图

解 $i_1 = \dfrac{u_i}{R_1} = i_2$，且 $i_2 + i_3 = i_4$，由 $u_+ = u_- = 0$，得

$$i_4 R_4 = -i_2 R_2, \quad i_4 = -\frac{R_2}{R_4}i_2 = \frac{R_2 u_i}{R_4 R_1},$$

$$u_o = i_3 R_3 + i_4 R_4 = R_3\left(\frac{R_2 u_i}{R_1 R_4} - \frac{u_i}{R_1}\right) - \frac{R_2 u_i}{R_1 R_4}R_4$$

$$= -\frac{u_i}{R_1}\left[R_3\left(\frac{R_2}{R_4}+1\right)+R_2\right]$$

$$= -\frac{R_2+R_3+R_2R_3/R_4}{R_1}u_i \quad \text{证毕}$$

例 16.8 已知图示电路，试证明 $u_o = 2u_i$。

证明 $u_{i2} = \dfrac{R}{R+R}u_{o2}$，可得 $u_{o2} = 2u_{i2}$，同理可得

$$(u_{i1}-u_{o2}) = \frac{R}{R+R}(u_{o1}-u_{o2}) = \frac{1}{2}(u_o - u_{o2}),$$

所以 $\quad u_o = 2(u_{i1}-u_{i2}) = 2u_i \quad$ 证毕

16.4 课后习题选解

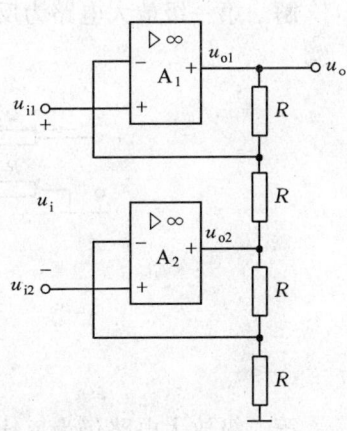

例 16.8 图

【16.2.8】 为了获得较高的电压放大倍数，而又可避免采用高值电阻 R_F，将反相比例运算电路改为图示电路，并设 $R_F \gg R_4$，试证：

$$A_{uf} = \frac{u_o}{u_i} = -\frac{R_F}{R_1}\left(1+\frac{R_3}{R_4}\right)$$

解 因为 $R_F \gg R_4$，所以 $u_{R_4} = u_F = \dfrac{R_4}{R_3+R_4}u_o$

$$i_1 = \frac{u_i}{R_1}, \quad i_F = -\frac{u_F}{R_F}, \quad 则有 \frac{u_i}{R_1} = -\frac{u_F}{R_F},$$

$$u_i = -\frac{R_1}{R_F}u_F = -\frac{R_1}{R_F}\cdot\frac{R_4}{R_3+R_4}u_o$$

所以得 $\quad A_{uf} = \dfrac{u_o}{u_i} = -\dfrac{R_F}{R_1}\left(1+\dfrac{R_3}{R_4}\right)$

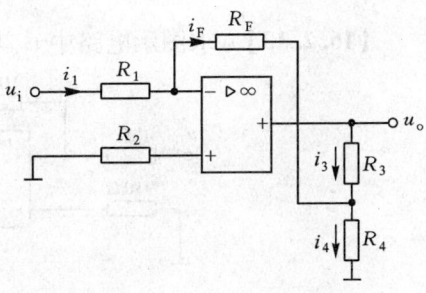

题 16.2.8 图

【16.2.9】 在题 16.2.8 图示电路中，已知 $R_1 = 50\text{k}\Omega$，$R_F = 100\text{k}\Omega$，$R_2 = 33\text{k}\Omega$，$R_3 = 3\text{k}\Omega$，$R_4 = 2\text{k}\Omega$。(1) 求电压放大倍数 A_{uf}；(2) 如果 $R_3 = 0$，要得到同样大的电压放大倍数，R_F 的阻值应增大到多少？

解 （1） $A_{uf} = -\dfrac{R_F}{R_1}\left(1 + \dfrac{R_3}{R_4}\right) = -\dfrac{100}{50}\times\left(1 + \dfrac{3}{2}\right) = -5$

（2） $A_{uf} = -\dfrac{R_F}{R_1} = -5$，$R_F = 5 \times R_1 = 5 \times 50\text{k}\Omega = 250\text{k}\Omega$

【16.2.10】 有图示电路，已知 $u_{i1} = 1\text{V}$，$u_{i2} = 2\text{V}$，$u_{i3} = 3\text{V}$，$u_{i4} = 4\text{V}$，$R_1 = R_2 = 2\text{k}\Omega$，$R_3 = R_4 = R_F = 1\text{k}\Omega$，试计算输出电压 u_o。

解 此题可根据叠加定理的思想求解。

$$u_o = -\dfrac{R_F}{R_1}u_{i1} - \dfrac{R_F}{R_2}u_{i2} + \left(1 + \dfrac{R_F}{R_1 // R_2}\right)\dfrac{R_4}{R_3 + R_4}u_{i3} + \left(1 + \dfrac{R_F}{R_1 // R_2}\right)\dfrac{R_3}{R_3 + R_4}u_{i4}$$

代入数值，解得 $u_o = 5.5\text{V}$

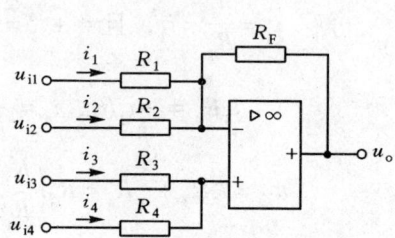

题 16.2.10 图

【16.2.11】 求图示电路的 u_o 与 u_i 的运算关系式。

解 第一级放大电路为反比例运算电路，则有

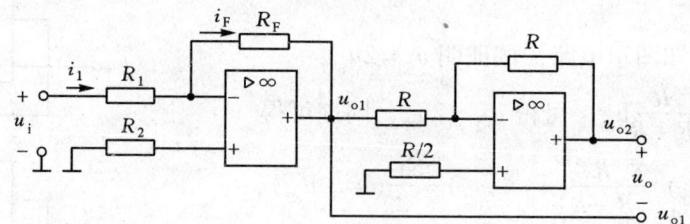

题 16.2.11 图

$$u_{o1} = -\dfrac{R_F}{R_1}u_i$$

第二级放大电路仍为反比例运算电路，则有

$$u_{o2} = -\dfrac{R}{R}u_{o1} = -\dfrac{R}{R}\left(-\dfrac{R_F}{R_1}\right)u_i = \dfrac{R_F}{R_1}u_i$$

所以 $u_o = u_{o2} - u_{o1} = \dfrac{R_F}{R_1}u_i - \left(-\dfrac{R_F}{R_1}u_i\right) = 2\dfrac{R_F}{R_1}u_i$

【16.2.13】 求图示电路中 u_o 与各输入电压的运算关系式。

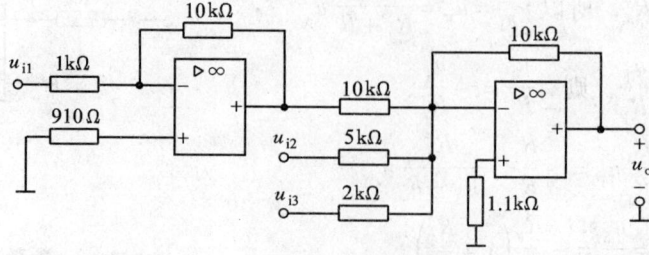

题 16.2.13 图

解 第一级为反相比例运算电路

$$u_{o1} = -\frac{10}{1}u_{i1} = -10u_{i1}$$

第二级为反相加法运算电路

$$u_o = -\left(\frac{10}{10}u_{o1} + \frac{10}{5}u_{i2} + \frac{10}{2}u_{i3}\right) = -(-10u_{i1} + 2u_{i2} + 5u_{i3}) = 10u_{i1} - 2u_{i2} - 5u_{i3}$$

【16.2.14】 图示电路是利用两个运算放大器组成的具有较高输入电阻的差分放大电路。试求出 u_o 与 u_{i1}、u_{i2} 的运算关系式。

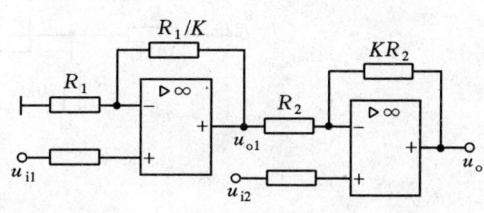

题 16.2.14 图

解 $u_{o1} = \left(1 + \dfrac{R_1/K}{R_1}\right)u_{i1} = \left(1 + \dfrac{1}{K}\right)u_{i1}$

第二级为减法运算电路，$u_+ = u_{i2}$，根据"虚短" $u_+ = u_-$，所以 $u_- = u_{i2}$，则可得 $i_2 = i_{F2}$。所以

$$\frac{u_{o1} - u_{i2}}{R_2} = \frac{u_{i2} - u_o}{KR_2}$$

整理后可得

$$u_o = \left(1 + \frac{KR_2}{R_2}\right)u_{i2} - \frac{KR_2}{R_2}u_{o1} = (1+K)(u_{i2} - u_{i1})$$

【16.2.16】 在图示电路中，已知 $u_i = 0.5\text{V}$，$R_1 = 10\text{k}\Omega$，$R_p = 2\text{k}\Omega$。试计算输出电压 u_o。

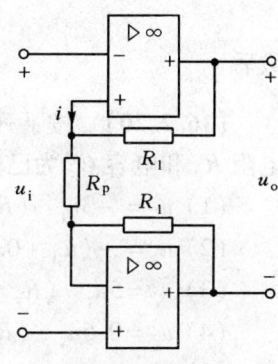

解 由虚短 $u_- = u_+$ 可得

$$u_i = iR_p$$

则

$$i = \frac{u_i}{R_p} = \frac{0.5}{2}\text{mA} = 0.25\text{mA}$$

所以

$$u_o = i(2R_1 + R_p) = 5.5\text{V}$$

题 16.2.16 图

【16.2.17】 电路如图所示，试证明 $i_L = \dfrac{u_I}{R_L}$。

证明 因为 $u_{o2} = u_o$（电压跟随器），由虚断可知，R_2 和 R_3 上的电流相等，则

$$\frac{u_I - u_+}{R_2} = \frac{u_+ - u_o}{R_3}$$

又 $R_2 = R_3$，所以 $u_+ = \dfrac{1}{2}(u_I + u_o)$

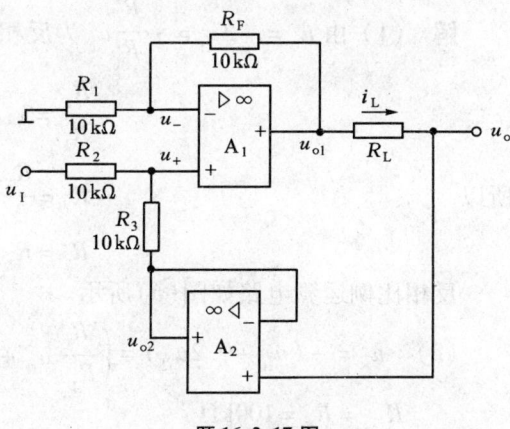

题 16.2.17 图

对于 A_1 $u_+ = u_- = \dfrac{R_1}{R_1 + R_F}u_{o1} = \dfrac{1}{2}u_{o1}$

即 $u_{o1} = 2u_+ = 2 \times \dfrac{1}{2}(u_I + u_o) = u_I + u_o$

$$i_L = \frac{u_{o1} - u_o}{R_L} = \frac{u_I + u_o - u_o}{R_L} = \frac{u_I}{R_L} \quad 证毕$$

【16.2.19】 在图示电路中，电源电压为 ±15V，$u_{i1} = 1.1\text{V}$，$u_{i2} = 1\text{V}$。试求接入输入电压后，输出电压 u_o 由 0 上升到 10V 所需时间。

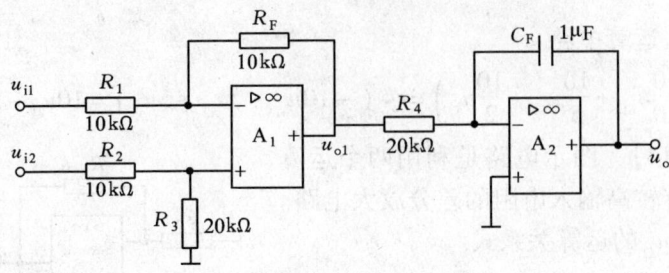

题 16.2.19 图

解 由"虚短"可知，
$$u_+ = u_- = \frac{R_3}{R_2 + R_3} u_{i2}$$

由叠加定理可得
$$u_{o1} = -\frac{R_F}{R_1} u_{i1} + \left(1 + \frac{R_F}{R_1}\right) \frac{R_3}{R_2 + R_3} u_{i2} = -0.2\text{V}$$

$$u_o = -\frac{1}{R_4 C} \int u_{o1} dt = -\frac{u_{o1}}{R_4 C_F} t$$

最后
$$t = -\frac{u_o}{u_{o1}} R_4 C_F = -\frac{10}{-0.2} \times 20 \times 10^3 \times 10^{-6}\text{s} = 1\text{s}$$

【16.2.20】 按下列运算关系式画出运算电路，并计算各电阻的阻值，括号中的反馈电阻 R_F 和电容 C_F 为已知值。

(1) $u_o = -3u_i$　（$R_F = 50\text{k}\Omega$）

(2) $u_o = -(u_{i1} + 0.2 u_{i2})$　（$R_F = 100\text{k}\Omega$）

(3) $u_o = 5u_i$　（$R_F = 20\text{k}\Omega$）

(4) $u_o = 0.5u_i$　（$R_F = 10\text{k}\Omega$）

(5) $u_o = 2u_{i2} - u_{i1}$　（$R_F = 10\text{k}\Omega$）

(6) $u_o = -200 \int u_i dt$　（$C_F = 0.1\mu\text{F}$）

解 (1) 由 $u_o = -3u_i = -\frac{R_F}{R_1} u_i$ 为反相比例运算电路，则

$$\frac{R_F}{R_1} = 3, \quad (R_F = 50\text{k}\Omega)$$

所以
$$R_1 = \frac{R_F}{3} = \frac{50}{3}\text{k}\Omega = 16.7\text{k}\Omega$$
$$R_2 = R_1 /\!/ R_F = 12.5\text{k}\Omega,$$

反相比例运算电路如图(a)所示。

(2) $u_o = -(u_{i1} + 0.2 u_{i2}) = \left(\frac{R_F}{R_{1.1}} u_{i1} + \frac{R_F}{R_{1.2}} u_{i2}\right)$，为反相求和电路。则

$$R_{1.1} = R_F = 100\text{k}\Omega$$

$$R_{1.2} = \frac{R_F}{0.2} = \frac{100}{0.2}\text{k}\Omega = 500\text{k}\Omega, \quad R_2 = R_{1.1} /\!/ R_{1.2} /\!/ R_F = (100 /\!/ 500 /\!/ 100)\text{k}\Omega \approx 45\text{k}\Omega$$

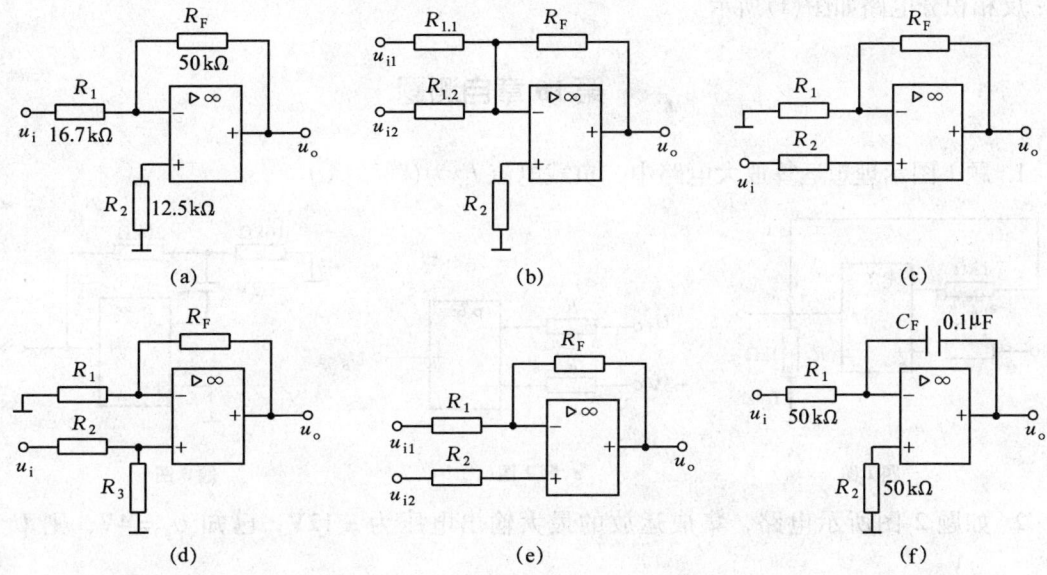

题 16.2.20 图

反相求和电路如图(b)所示。

(3) $u_o = 5u_i$ ($R_F = 20\text{k}\Omega$) 为同相比例运算电路。则

$$1 + \frac{R_F}{R_1} = 5, \quad R_1 = \frac{R_F}{4} = 5\text{k}\Omega, \quad R_2 = R_1 /\!/ R_F = (5 /\!/ 20)\text{k}\Omega = 4\text{k}\Omega$$

同相比例运算电路如图(c)所示。

(4) $u_o = 0.5u_i$ ($R_F = 10\text{k}\Omega$),为同相端具有分压电阻的同相比例运算电路。则

$$\left(1 + \frac{R_F}{R_1}\right)\frac{R_3}{R_2 + R_3} = 0.5$$

令 $R_3 = R_F$,$R_1 = R_2$,代入解得

$$R_1 = R_2 = 20\text{k}\Omega$$
$$R_3 = 10\text{k}\Omega$$

同相比例运算电路如图(d)所示。

(5) $u_o = 2u_{i2} - u_{i1}$ ($R_F = 10\text{k}\Omega$) 为差动运算电路。则

$$u_o = 2u_{i2} - u_{i1} = \left(1 + \frac{R_F}{R_1}\right)u_{i2} - \frac{R_F}{R_1}u_{i1}$$

则

$$1 + \frac{R_F}{R_1} = 2, \quad R_1 = R_F = 10\text{k}\Omega$$
$$R_2 = R_1 /\!/ R_F = 5\text{k}\Omega$$

差动运算电路如图(e)所示。

(6) $u_o = -200\int u_i \mathrm{d}t$ ($C_F = 0.1\mu\text{F}$) 为反相积分电路:$\dfrac{1}{R_1 C_F} = 200$。所以

$$R_1 = \frac{1}{200 \times 0.1 \times 10^{-6}}\Omega = 50\text{k}\Omega, \quad R_2 = R_1 = 50\text{k}\Omega$$

反相积分电路如图(f)所示。

第 16 章自测题

1. 题 1 图示理想运算放大电路中，负载电流 I_L 为（　　）

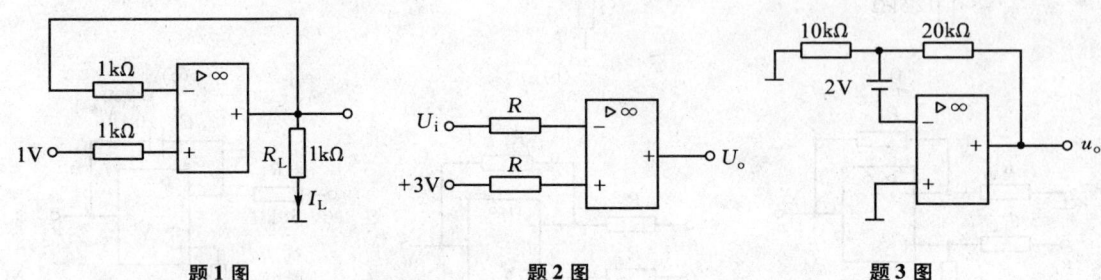

题 1 图　　　　　　　题 2 图　　　　　　　题 3 图

2. 如题 2 图所示电路，集成运放的最大输出电压为 ±12V，已知 $U_i = 4V$，则 $U_o =$ （　　）V。

3. 设题 3 图为理想运放，则电路的输出电压值 u_o 为（　　）V。

4. 集成运放工作在线性放大区，由理想工作条件得出两个重要规律是（　　）。

5. 集成运算放大器具有（　　）和（　　）两个输入端，相应的输入方式有（　　）输入、（　　）输入和（　　）输入三种。

6. 理想集成运算放大器的 $A_{uo} =$（　　），$r_i =$（　　），$r_0 =$（　　）。

7. 如题 7 图所示电路为应用集成运放组成的测量电阻的原理电路，试写出被测电阻 R_x 与电压表电压 U_o 的关系。

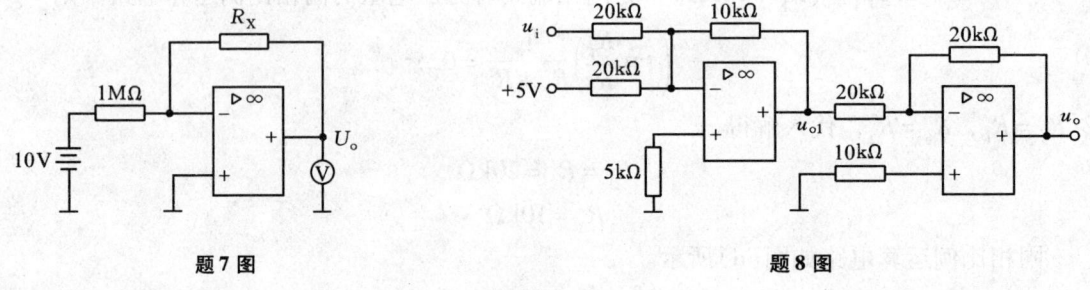

题 7 图　　　　　　　　　　　　题 8 图

8. 计算题 8 图输出电压 U_o 的值。已知 $U_i = 5V$。

第 17 章　电子电路中的反馈

17.1　学习要点

（1）理解反馈的基本概念。
（2）掌握负反馈的类型及判别。
（3）掌握负反馈在电路中的作用及分析方法。

17.2　内容提要

17.2.1　反馈及其判别

1. 反馈的概念

反馈——将放大电路（或某个系统）输出端的信号（电压或电流）的一部分或全部通过某种电路（反馈电路）引回到输入端。

负反馈——反馈信号削弱输入信号而使放大电路的放大倍数降低。

正反馈——反馈信号增强输入信号。

带有负反馈的放大电路的方框图如图 17.1 所示。

A——无反馈的基本放大电路；

F——反馈电路；

$\otimes$——比较环节；

$\dot{X}_o$——输出信号；

$\dot{X}_i$——输入信号；

$\dot{X}_d$——净输入信号；

$\dot{X}_f$——反馈信号；

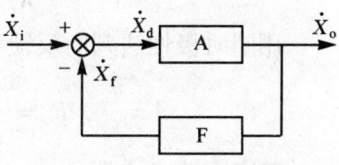

图 17.1　负反馈放大电路方框图

开环放大倍数——$A = \dfrac{\dot{X}_o}{\dot{X}_d}$；

反馈系数——$F = \dfrac{\dot{X}_f}{\dot{X}_o}$；

闭环放大倍数——$A_F = \dfrac{\dot{X}_o}{\dot{X}_i} = \dfrac{A}{1+AF}$。

2. 反馈的判别

在判别放大电路的反馈极性和类型之前,首先要判断放大电路是否存在反馈。如果电路中存在既同输入电路有关、又同输出电路有关的元件或网络,则电路存在反馈,否则不存在反馈。在运用瞬时极性法判别反馈极性时,注意晶体管的基极和发射极瞬时极性相同,而与集电极瞬时极性相反。

(1) 正负反馈的判别

用瞬时极性法判断反馈信号是增强还是削弱净输入信号来判别。

(2) 负反馈类型的判别

负反馈电路有四种类型:电压串联负反馈;电压并联负反馈;电流串联负反馈;电流并联负反馈。

串联反馈与并联反馈的判别:若反馈信号与输入信号串联,以电压形式叠加,即 $u_d = u_i - u_f$,则为串联反馈。若反馈信号与输入信号并联,以电流形式叠加,即 $i_d = i_i - i_f$,则为并联反馈。

电压反馈与电流反馈的判别:若反馈信号与输出电压成正比,则为电压反馈;若反馈信号与输出电流成正比,则为电流反馈。

17.2.2 放大电路中的负反馈

1. 负反馈举例及判别

(1) 并联电压负反馈

图 17.2 所示为反相比例运算电路。

输入端信号比较:$i_d = i_i - i_f$(并联)

反馈信号比较:$i_f = \dfrac{-u_o}{R_F}$(取自输出电压)

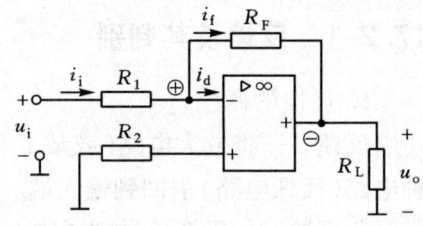

图 17.2 并联电压负反馈

用瞬时极性法判断反馈削弱了净输入电流 i_d(负反馈),故为并联电压负反馈。

$$A = \dfrac{u_o}{i_d}, \quad R_F = \dfrac{-i_f}{u_o}, \quad |AF| \gg 1,$$

特点:输入电阻不高,输出电阻很低,工作非常稳定。

(2) 串联电压负反馈

图 17.3 所示为同相比例运算电路。

输入端信号比较:$u_d = u_i - u_f$(串联)

反馈信号:$u_f = \dfrac{R_1}{R_1 + R_F} u_o$(电压)

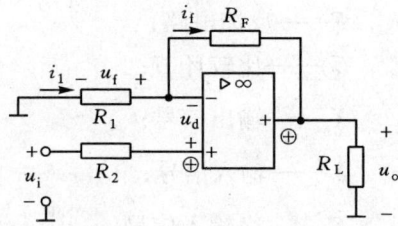

图 17.3 串联电压负反馈

用瞬时极性法判断反馈削弱了净输入电压 u_d,故为串联电压负反馈。

特点:输入电阻很高,输出电阻很低。

(3) 串联电流负反馈

图 17.4 所示为同相比例运算电路。

分析电路功能:$u_o = \left(1 + \dfrac{R_L}{R}\right) u_i$,$i_o = \dfrac{u_o - u_f}{R_L} = \dfrac{u_o - u_i}{R_L}$ 由此解出:$i_o = \dfrac{u_i}{R}$。

可见输出电流 i_o 与负载电阻 R_L 无关,是一同相输入恒流源电路,又称电压—电流变换电路，改变R的阻值，就可以改变i_o的大小。

输入端信号比较：$u_d = u_i - u_f$（串联）

反馈信号：$u_f = Ri_o$（电流）

用瞬时极性法判断反馈削弱了净输入电压u_d，故为串联电流负反馈。

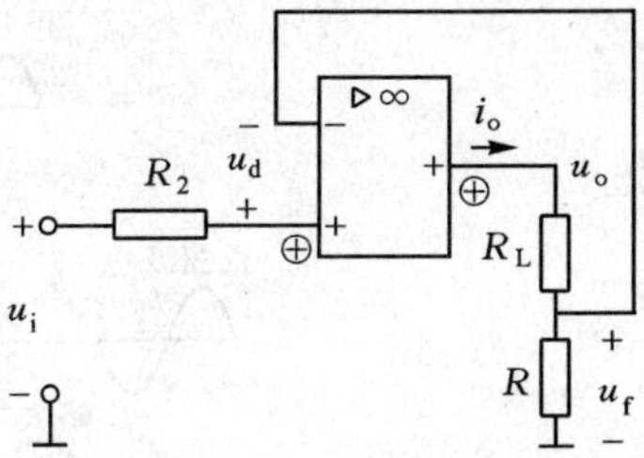

(4) 并联电流负反馈

图17.5所示为反相比例运算电路。

分析电路功能：$i_1 = \dfrac{u_i}{R_1}$，$i_f = -\dfrac{u_R}{R_F}$

由$i_1 \approx i_f$得 $u_R = -\dfrac{R_F}{R_1}u_i$

输出电流

$$i_o = i_R - i_f = \dfrac{u_R}{R} - \dfrac{u_i}{R_1} = -\dfrac{1}{R_1}\left(1 + \dfrac{R_F}{R}\right)u_i$$

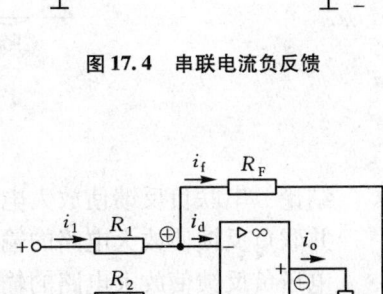

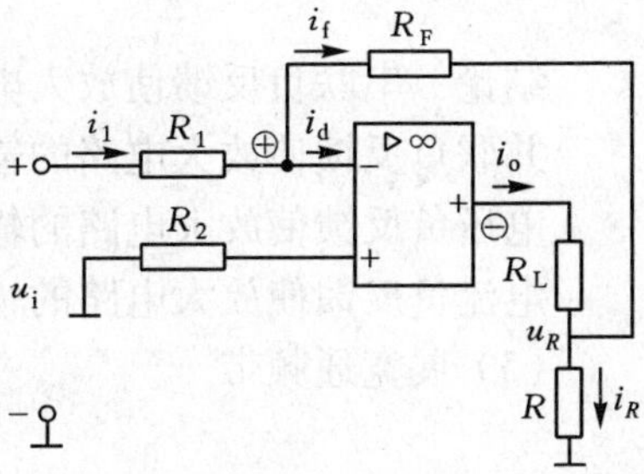

图17.4 串联电流负反馈

图17.5 并联电流负反馈

可见输出电流i_o与负载电阻R_L无关，是一反相输入恒流源电路。改变电阻R_F或R的阻值，就可以改变i_o的大小。

输入端信号比较：$i_d = i_1 - i_f$（并联）

反馈信号：$i_f \approx i_1 = \dfrac{u_i}{R_1} = -\left(\dfrac{R}{R_F + R}\right)i_o$ （电流）

用瞬时极性法判断反馈削弱了净输入电流i_d（为负反馈），故为并联电流负反馈。

反馈类别判别方法归纳：

串联负反馈：输入信号和反馈信号加在不同的输入端。

并联负反馈：输入信号和反馈信号加在同一个输入端。

电压负反馈：反馈信号直接从输出端引出，否则为电流负反馈。

单级运放电路，反馈信号引回到反相输入端为负反馈。

2. 负反馈对放大电路工作性能的影响

(1) 降低放大倍数

引入负反馈后，$A_F = \dfrac{A}{1+AF}$，$|A_F| < |A|$，放大倍数降低了。

(2) 提高放大倍数的稳定性

由于$|AF| \gg 1$，所以$A_F = \dfrac{A}{1+AF} \approx \dfrac{1}{F}$。

仅与反馈电路的参数有关，基本不受外界因素变化的影响，非常稳定。

(3) 改善波形失真

由于工作点选择不合适，或者输入信号过大，都将引起信号波形的失真，引入负反馈后，可将输出端的失真信号反送到输入端使净输入信号发生某种程度的失真，经过放大之后，即可使输出信号的失真得到一定程度的补偿。从本质上说，负反馈是利用失真的波形来改善波形失真，如图17.6所示，因此，它只能减小失真，不能完全消除失真。

(4) 对输入输出电阻的影响

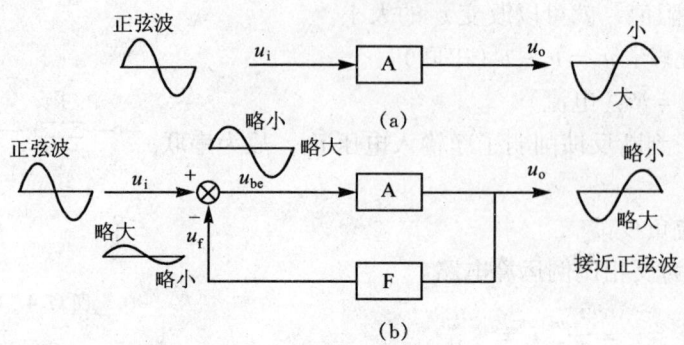

图 17.6 波形失真的改善

结论：串联负反馈使放大电路的输入电阻增高。

并联负反馈使放大电路的输入电阻降低。

电压负反馈使放大电路的输出电阻降低。

电流负反馈使放大电路的输出电阻提高。

（5）展宽通频带

17.3 典型例题解析

例 17.1 图(a)所示的共发射极分压式偏置放大电路中，发射极电阻 R_{E1} 引入何种类型的交流反馈？

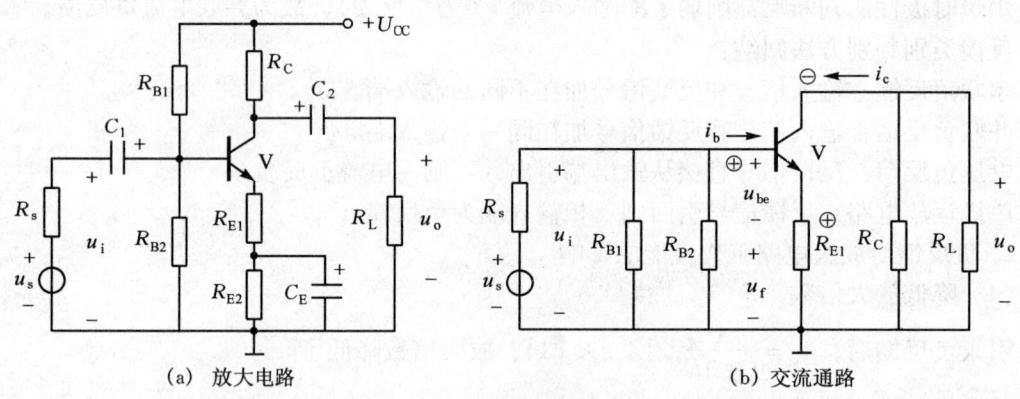

例 17.1 图

解 用瞬时极性法判别正、负反馈。

设在正弦输入电压 u_i 的正半周，则基极交流电位的瞬时极性为 ⊕（u_{be} 也在正半周），集电极交流电位的瞬时极性为 ⊖（两者反相位关系），所以输出电压 u_o 的实际方向与图中所标方向相反（u_o 在负半周），而电流 $i_c \approx i_e$ 的实际方向与图中所标方向相同，所以 $u_f = R_{E1} i_e$。根据图示参考方向列出 $u_{be} = u_i - u_f$，由此可知，净输入 u_{be} 减小，为负反馈；反馈信号与输入信号在输入端以电压形式作比较，为串联反馈；反馈电压 $u_f = R_{E1} i_e$ 正比于输出电流，为电流反馈。

所以，R_{E1}引入的为串联电流负反馈。

例 7.2 指出图(a)所示放大电路中的反馈环节，并判别其反馈极性和类型。

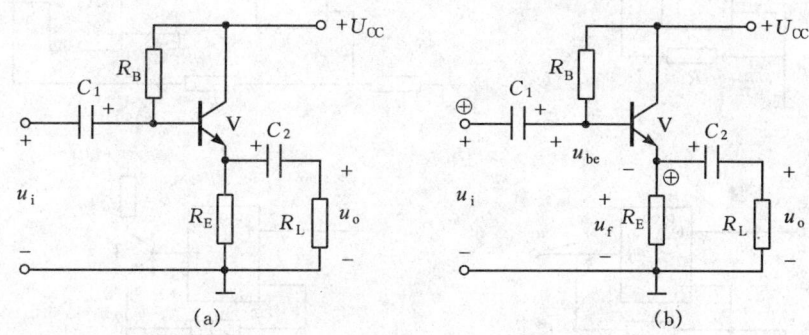

例 17.2 图

解 对图(a)所示电路，引入反馈的是电阻 R_E，为串联电流负反馈，判断如下：

如图(b)所示。设 u_i 为正，则 u_f 亦为正，净输入信号 $u_{be}=u_i-u_f$ 与没有反馈时相比减小了，故为负反馈。

其次，由于反馈电路不是直接从输出端引出的，若输出端交流短路（即 $u_o=0$），反馈信号 u_f 仍然存在（$u_f=R_E i_e \neq 0$），故为电流反馈。

此外，由于反馈信号与输入信号加在两个不同的输入端，两者以电压串联方式叠加，故为串联反馈。

例 17.3 指出图(a)所示放大电路中的反馈环节，判别其反馈极性和类型。

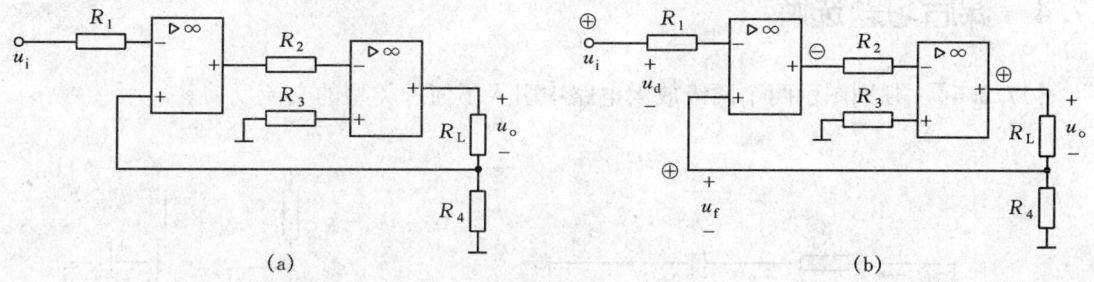

例 17.3 图

解 对图(a)所示电路，引入反馈的是电阻 R_4，为串联电流负反馈，判断如下：

首先，设 u_i 为正，则第一级运放的输出为负，第二级运放的输出为正，u_f 亦为正，净输入信号 $u_d=u_i-u_f$ 与没有反馈时相比减小了，故为负反馈。

其次，由于反馈电路不是直接从输出端引出的，若输出端交流短路（即 $u_o=0$），反馈信号 u_f 仍然存在（$u_f=R_4 i_o \neq 0$），故为电流反馈。

此外，由于反馈信号与输入信号加在两个不同的输入端，两者以电压串联方式叠加，故为串联反馈。

例 17.4 在图所示的各电路中是否引入了反馈？是直流反馈还是交流反馈？是正反馈还是负反馈？

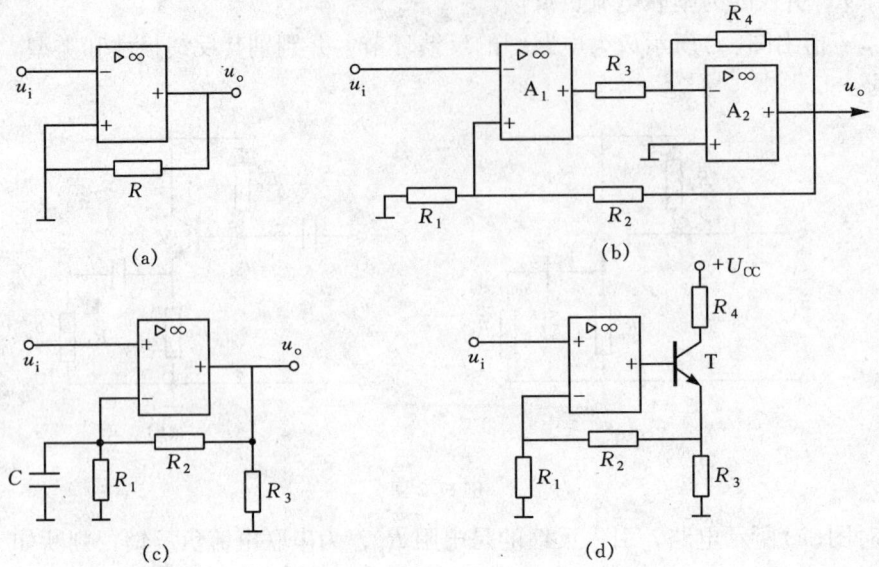

例 17.4 图

解 (a)未引入反馈。
(b)引入了负反馈,既有直流反馈又有交流反馈。
(c)引入了负反馈,为直流反馈,没有交流反馈。
(d)引入了负反馈,且为直流反馈。

17.4 课后习题选解

【17.2.6】 判别图示两个两级放大电路中引入了何种类型的交流反馈。

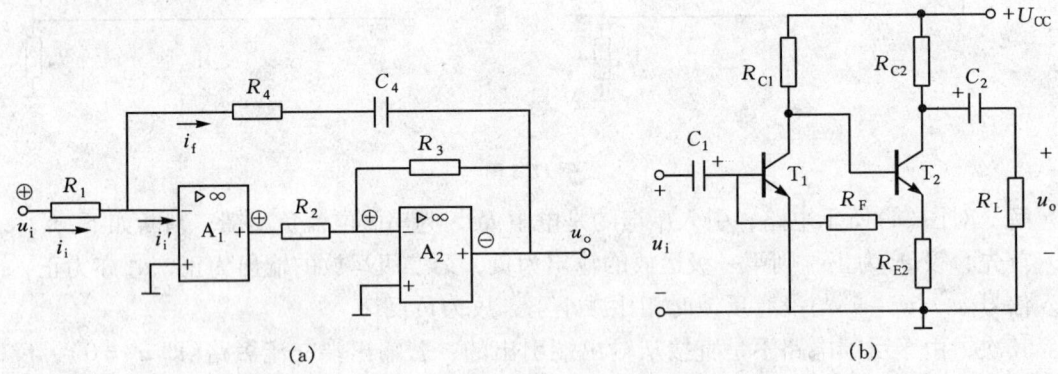

题 17.2.6 图

解 图(a):首先用瞬时极性法判别。设某一瞬时输入电压 u_i 为正,则 A_1 输出端的极性为正,A_2 输出端的极性为负,则 R_4 上反馈电流 i_f 如图(a)所示。由 $i_i' = i_i - i_f$ 可知,i_f 使净输入电流减小,故为负反馈,且为并联。其次,若输出端交流短路(即 $u_o = 0$),反馈信号 i_f 消失($u_o = 0$, $i_f = 0$),故为电压反馈。综上可知,图(a)放大电路中引入了并联电压负反馈。

图(b)：R_F 为反馈电阻，首先用瞬时极性法判别。设某一瞬时输入电压 u_i 为正，则晶体管各极直流电位的瞬时极性 B_1 端为正，C_1 端的极性为负，B_2 端为负，E_2 端为负，则 R_F 上反馈电流 i_f 使净输入电流减小，故为负反馈，且为并联。其次，若输出端交流短路（即 $u_o=0$），反馈信号 i_f 存在，故为电流反馈。综上可知，图(b)放大电路中引入了并联电流负反馈。

【17.2.12】 为了实现下述要求，在图示电路中应引入何种类型的负反馈？反馈电阻 R_F 应从何处引入何处？(1)减小输入电阻，增大输出电阻；(2)稳定输出电压，此时输入电阻增大否？(3)稳定输出电流，并减小输入电阻。

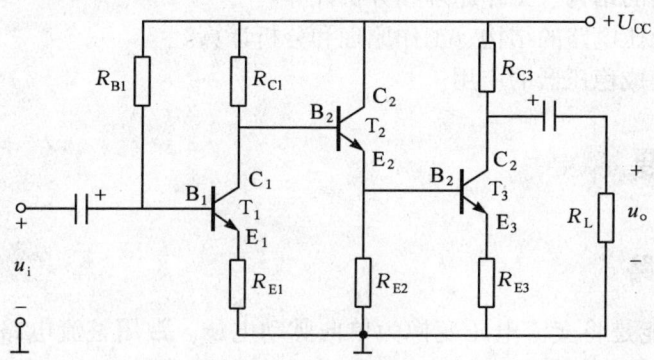

题 17.2.12 图

解 (1) 应引入并联电流负反馈。反馈电阻 R_F 应从 E_3 引至 B_1。
(2) 应引入串联电压负反馈。反馈电阻 R_F 应从 C_3 引至 E_1。此时输入电阻增大。
(3) 应引入并联电流负反馈。反馈电阻 R_F 应从 E_3 引至 B_1。

第 17 章自测题

1. 在交流放大电路中，如要求输出电压 U_o 基本稳定，并能提高输入电阻，则应引入（　　）类型的负反馈。

2. 在放大电路中引入负反馈后使放大倍数（　　）。

3. 射极输出器的负反馈类型是（　　）。

4. 电路如图所示，该电路输入电阻高是因为引入的是（　　）负反馈，输出电阻低是因为引入的是（　　）负反馈。

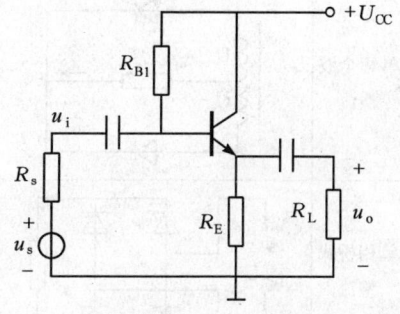

题 4 图

第 18 章 直流稳压电源

18.1 学习要点

(1) 掌握整流电路的结构、工作原理和分析计算。
(2) 掌握滤波器的结构、工作原理和分析计算。
(3) 掌握串联稳压电路的结构、工作原理和分析计算。
(4) 熟练掌握集成稳压器的应用。

18.2 内容提要

18.2.1 整流电路

整流电路的功能是将交流电压变换为单向脉动电压。常用整流电路的类型见表 18.1。(表中设变压器副边电压波形为正弦波,U 为变压器副边电压有效值,I_o 是输出电流的平均值)

表18.1 常用整流电路

类型	电路	整流电压的波形	输出电压平均值 U_o	整流管承受的最高反向电压 U_{DRM}	通过整流管电流的平均值 I_D	变压器副边电流有效值 I_2
单相半波整流			$0.45U$	$\sqrt{2}U$	I_o	$1.57I_o$
单相全波整流			$0.9U$	$2\sqrt{2}U$	$\frac{1}{2}I_o$	$0.79I_o$
单相桥式整流			$0.9U$	$\sqrt{2}U$	$\frac{1}{2}I_o$	$1.11I_o$

18.2.2 滤波器

作用：减小整流输出电压的脉动程度。

分类：分为电容滤波器（C 滤波器）、电感电容滤波器（LC 滤波器）和 π 形滤波器。

(1) 电容滤波器（C 滤波器）

根据电容器的端电压在电路状态改变时不能跃变的原理制成电容滤波器，如图 18.1 所示。

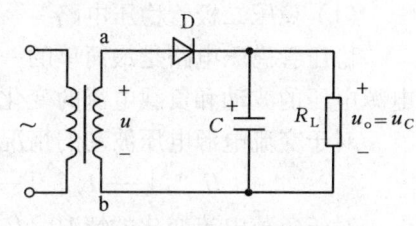

图 18.1 电容滤波器

电路特点：

①输出的平均电压高：半波 $U_o = U$，全波 $U_o = 1.2U$；

②外特性软：U_o 受负载影响大，一般要求时间常数 $\tau = R_L C \geq (3 \sim 5)\dfrac{T}{2}$；

③二极管导电时间短，有电流冲击，易损坏二极管；

④一般用于要求输出电压较高、负载电流较小且变化也较小的场合。

二极管截止时所承受的最高反向电压 U_{RM} 在有、无电容滤波时的比较见表 18.2。

表 18.2 截止二极管所承受的最高反向电压 U_{RM}

电 路	无电容滤波	有电容滤波
单相半波整流	$\sqrt{2}U$	$2\sqrt{2}U$
单相桥式整流	$\sqrt{2}U$	$\sqrt{2}U$

因为在半波整流滤波电路中，u 的正半周时 C 充电到 u 的最大值 $\sqrt{2}U$，开路时（最坏考虑）不能放电，此电压维持不变；而在 u 负半周的最大值时，截止二极管上所承受的反向电压为 u 的最大值 $\sqrt{2}U$ 与电容器上电压 $\sqrt{2}U$ 之和，即 $2\sqrt{2}U$。

对单相桥式整流电路，有电容滤波器，不影响 U_{RM}。

(2) 电感电容滤波器（LC 滤波器）

为了减小输出电压的脉动程度，可在滤波电容之前再串接一个铁芯电感线圈 L，构成电感电容滤波器。

电路特点：

①电压 U_o 受负载变化影响小，外特性较硬；

②电感体积大，质量大；

③二极管导电时间短，有电流冲击，易损坏二极管；

④一般用于电流较大、负载变化较大的场合。

在电流较大、负载变动较大，并对输出电压的脉动程度要求不太高的场合下（例如可控硅电源），也可将电容除去，而采用电感滤波器（L 滤波器）。

(3) π 形滤波器

有 LC 和 RC 型两种，前者适用于大电流负载，后者适用于小电流负载，滤波效果好于前两种滤波器。

18.2.3 直流稳压电源

作用：使直流电源输出电压进一步稳定。

(1) 稳压二极管稳压电路

稳压管稳压电路是最简单的一种直流稳压电源。引起电压不稳定的原因有两种：交流电源电压的波动和负载电流的变化。

对于交流电源电压波动的情况，U_o 的稳压过程如下：
$$U_o \uparrow \downarrow \longrightarrow I_Z \uparrow \downarrow \longrightarrow I \uparrow \downarrow \longrightarrow U_R \uparrow \downarrow \longrightarrow U_o(=U_i - U_R) \downarrow \uparrow$$

对于负载电流变化的情况，U_o 的稳压过程如下：
$$I_L \downarrow \uparrow \longrightarrow U_o \uparrow \downarrow \longrightarrow I_Z \uparrow \downarrow \longrightarrow I \uparrow \downarrow - IR \uparrow \downarrow - U_o \downarrow \uparrow$$

选择稳压管时，一般取：
$$U_Z = U_o \quad I_{ZM} = (1.5 \sim 5)I_{OM} \quad U_i = (2 \sim 3)U_o$$

(2) 恒压源

有两种形式：

① 反相输入恒压源。其电路如图 18.2 所示。输出电压
$$U_o = -\frac{R_F}{R_1}U_Z$$

② 同相输入恒压源。其电路如图 18.3 所示。输出电压
$$U_o = \left(1 + \frac{R_F}{R_1}\right)U_Z$$

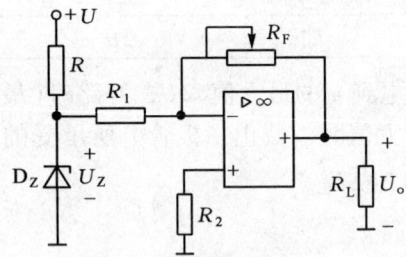

图 18.2 反相输入恒压源

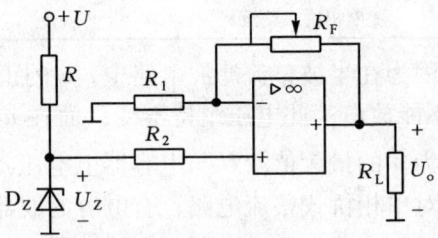

图 18.3 同相输入恒压源

(3) 串联型稳压电路

为了扩大运放输出电流的变化范围，将它的输出端接到大电流晶体管 T 的基极，而从发射极输出，这样同相输入的恒压源就改变为串联型稳压电路，电路如图 18.4 所示。

该电路有四个组成部分：

① 采样环节：是由 R_1，R_2 组成的电阻分压器，它将输出 U_o 的一部分取出，送到放大环节。

② 基准环节：由稳压管 D_Z 和限流电阻 R_3 构成的电路中取得，即 U_Z，它是一个稳定性较高的直流电压，作为调整比较的标准。

③ 比较放大环节：由运算放大器构成的直流放大电路。将基准电压与采样电压之差（$U_Z - U_f$）放大后去控制调整管。$U_B = A_{uo}(U_Z - U_f)$。

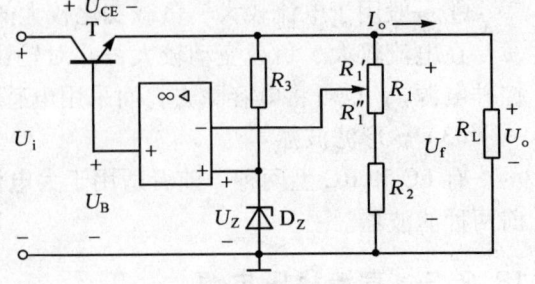

图 18.4 串联型稳压电路

④调整环节：一般由工作于线性区的功率管 T 组成，它的基极电流受放大环节输出信号控制。只要控制基极电流 I_B，就可以改变集电极电流 I_C 和集—射极电压 U_{CE}，从而调整输出电压 $U_o = U_i - U_{CE}$。

稳压过程如下：

$$U_o\uparrow\downarrow \longrightarrow U_f\uparrow\downarrow \longrightarrow U_B\downarrow\uparrow \longrightarrow I_C\downarrow\uparrow \longrightarrow U_{CE}\uparrow\downarrow \longrightarrow U_o\downarrow\uparrow$$

这个自动调整过程实质上是一串联电压负反馈，改变电位器就可调节输出电压。

根据同相比例运算电路可知：$U_o \approx U_B = \left(1 + \dfrac{R_1'}{R_1'' + R_2}\right) U_Z$

（4）集成稳压电源

采用运算放大器的串联型稳压电路有不少外接元件，使用复杂，当前已经广泛应用单片集成稳压电源。

常用的集成稳压电源有 W7800 系列（输出正电压）和 W7900 系列（输出负电压）两种，其内部电路也是串联型稳压电路。这两种稳压器只有输入端、输出端和公共端三个引出端，故也称为三端集成稳压器，使用时只需在其输入端和输出端与公共端之间各并联一个电容即可。

常用的应用电路有正、负电压同时输出的电路，提高输出电压的电路和扩大输出电流的电路。

18.3 典型例题解析

例 18.1 在图示整流滤波电路中，负载电阻 $R_L = 100\Omega$，电容 $C = 500\mu F$，变压器副边电压有效值 $U_2 = 10V$，二极管为理想元件。试求：输出电压和输出电流的平均值 U_o、I_o 及二极管承受的最高反向电压 U_{RM}。

解 $U_o = U_2 = 10V$

$$I_o = \dfrac{U_o}{R_L} = \dfrac{10}{100}A = 0.1A$$

$$U_{RM} = 2\sqrt{2} U_2 = 2\sqrt{2} \times 10V = 28.28V$$

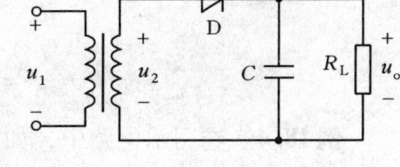

例 18.1 图

例 18.2 图示电路中，已知变压器副边电压 $u_2 = 40\sqrt{2}\sin 314t$ V，电容 C 足够大，设电压表内阻为无穷大，二极管为理想元件。试求：

(1) 开关 S_1 闭合、S_2 断开，直流电压表的读数；
(2) 开关 S_1 断开、S_2 闭合，直流电压表的读数；
(3) 开关 S_1、S_2 均闭合，直流电压表的读数。

解 (1) 开关 S_1 闭合、S_2 断开，直流电压表的读数为 $40\sqrt{2}V = 56.56V$；

(2) 开关 S_1 断开、S_2 闭合，直流电压表的读数为 $0.45 \times 40V = 18V$；

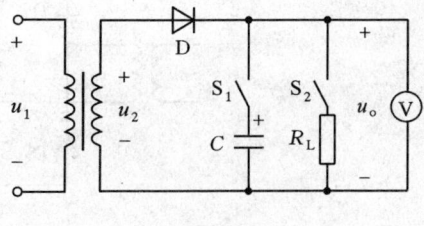

例 18.2 图

(3) 开关 S_1、S_2 均闭合,直流电压表的读数为 40V。

例 18.3 图示电路中,已知 $u_2 = 20\sqrt{2}\sin314t\text{V}$,电容 $C = 500\mu\text{F}$,负载电阻 $R_L = 5\text{k}\Omega$,二极管是理想元件。试求:

(1) 当开关 S 断开时,输出电压平均值 $U_o = ?$ 二极管所承受的最高反向电压 $U_{DRM} = ?$ 流过二极管的电流平均值 $I_D = ?$

(2) 当开关 S 闭合时,输出电压平均值 $U_o = ?$ 二极管所承受的最高反向电压 $U_{DRM} = ?$ 流过二极管的电流平均值 $I_D = ?$

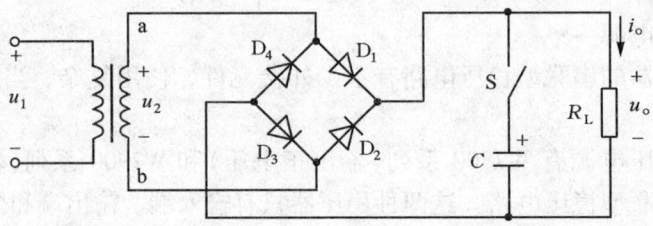

例 18.3 图

解 (1) 当开关 S 断开时,电路为单相桥式整流电路,则

$$U_o = 0.9U_2 = 0.9 \times 20\text{V} = 18\text{V}$$

$$U_{DRM} = \sqrt{2}U_2 = \sqrt{2} \times 20\text{V} = 28.28\text{V}$$

$$I_D = \frac{I_o}{2} = 0.45\frac{U_2}{R_L} = 0.45 \times \frac{20}{5 \times 10^3}\text{mA} = 1.8\text{mA}$$

(2) 当开关 S 闭合时,电路为单相桥式整流带滤波电路,则

$$U_o = 1.2U_2 = 1.2 \times 20\text{V} = 24\text{V}$$

$$U_{DRM} = \sqrt{2}U_2 = \sqrt{2} \times 20\text{V} = 28.28\text{V}$$

$$I_o = \frac{U_o}{R_L} = \frac{24}{5}\text{mA} = 4.8\text{mA}$$

$$I_D = \frac{I_o}{2} = 2.4\text{mA}$$

例 18.4 在图示电路中,如果 $U_2 = 10\text{V}$,实验发现有以下现象,说明产生原因。用直流电压表测得 U_I 有:9V,4.5V,14V,12V 四种值。

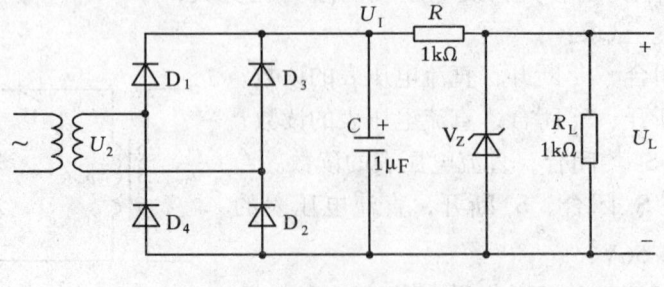

例 18.4 图

解 $U_I = 0.9U_2 = 9\text{V}$ (C 脱焊)

$U_I = 0.45U_2 = 4.5\text{V}$ (C 脱焊,整流桥中四个二极管之一断开)

$U_1 = \sqrt{2} U_2 = 14\text{V}$（$R$ 与 C 衔接处断开）

$U_1 = 1.2 U_2 = 12\text{V}$（电路正常）

例 18.5 试分析图(a)所示桥式整流电路中的二极管 D_2 或 D_4 断开时负载电压的波形。如果 D_2 或 D_4 接反，后果如何？如果 D_2 或 D_4 因击穿或烧坏而短路，后果又如何？

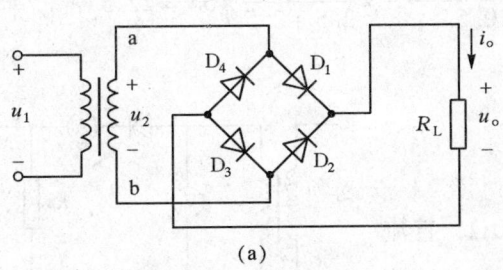
(a)

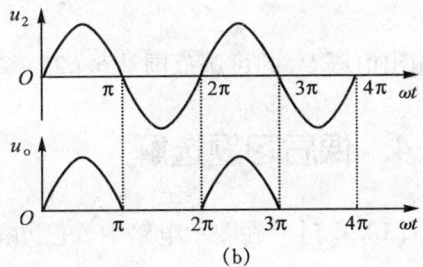
(b)

例 18.5 图

解 （1）当 D_2 或 D_4 断开后，电路为单相半波整流电路。正半周时 D_1 和 D_3 导通，负载中有电流流过，负载电压 $u_o = u$；负半周时 D_1 和 D_3 截止，负载中无电流通过，负载两端无电压，$u_o = 0$。输出波形见图(b)。

（2）如果 D_2 或 D_4 接反，则正半周时，二极管 D_1，D_2 或 D_3，D_4 导通，电流经 D_1，D_2 或 D_3，D_4 而造成电源短路，电流很大，因此变压器及 D_1，D_2 或 D_3，D_4 将被烧坏。

（3）如果 D_2 或 D_4 因击穿烧坏而短路，则正半周时，情况与 D_2 或 D_4 接反类似，电源及 D_1 或 D_3 也将因电流过大而烧坏。

例 18.6 在图示电路中，求输出电压 U_o 的可调范围是多大。

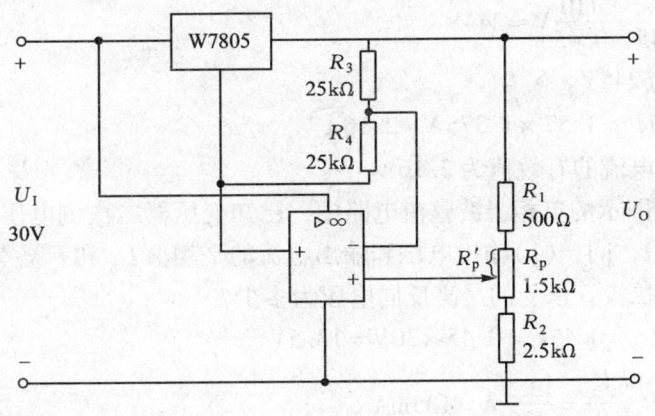

例 18.6 图

解 据运算放大器"虚短"概念，有

$$\frac{R_3}{R_3 + R_4} U_{xx} = \frac{R_1 + R_P'}{R_1 + R_2 + R_P} U_o$$

故

$$U_o = \frac{R_1 + R_2 + R_P}{R_1 + R_P'} \times \frac{R_3}{R_3 + R_4} U_{xx}$$

当 $R_P' = R_P$，$U_{XX} = 5V$ 时，输出电压为最小值：

$$U_{omin} = \frac{0.5+1.5+2.5}{0.5+1.5} \times \frac{2.5}{2.5+2.5} \times 5V = 5.625V$$

当 $R_P' = 0$ 时，输出电压为最大值：

$$U_{omax} = \frac{0.5+1.5+2.5}{0.5} \times \frac{2.5}{2.5+2.5} \times 5V = 22.5V$$

故输出电压 U_o 的可调范围是 $5.625 \sim 22.5V$。

18.4 课后习题选解

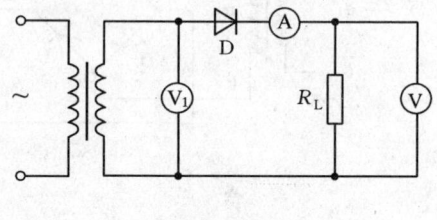

题 18.1.5 图

【18.1.5】 在图示电路中，已知 $R_L = 80\Omega$，直流电压表的读数为 110V。试求：(1) 直流电流表的读数；(2) 整流电流的最大值；(3) 交流电压表的读数；(4) 变压器二次侧电流的有效值。二极管的正向电压忽略不计。

解 (1) $I_o = \dfrac{U_o}{R_L} = \dfrac{110}{80}A = 1.375A$

直流电流表的读数为 1.375A。

(2) $I_m = \dfrac{U_m}{R_L} = \dfrac{\sqrt{2}U_2}{R_L} = \dfrac{\sqrt{2}U_o/0.45}{R_L} = \dfrac{\sqrt{2} \times 110/0.45}{80} \approx 4.32A$

整流电流的最大值为 4.32A。

(3) $U_2 = \dfrac{U_o}{0.45} = \dfrac{110}{0.45}V \approx 244V$

V_1 表的读数为 244V。

(4) $I_2 = 1.57I_o = 1.57 \times 1.375A \approx 2.16A$

变压器二次侧电流的有效值为 2.16A。

【18.1.6】 在图示的单相半波整流电路中，已知变压器二次侧电压的有效值 $U = 30V$，负载电阻 $R_L = 100\Omega$，问：(1) 输出电压和输出电流的平均值 U_o 和 I_o 各为多少？(2) 如电源电压波动 $\pm 10\%$，二极管承受的最高反向电压为多少？

解 (1) $U_o = 0.45U = 0.45 \times 30V = 13.5V$

$I_o = \dfrac{U_o}{R_L} = \dfrac{13.5}{100}A = 135mA$

(2) 如电源电压波动 $\pm 10\%$，二极管承受的最高反向电压为

$$U_{RM} = \sqrt{2}U(1+10\%) = 46.7V$$

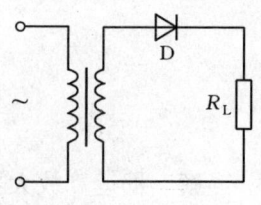

题 18.1.6 图

【18.1.7】 如采用单相桥式整流电路，再计算上题。

解 (1) $U_o = 0.9U = 0.9 \times 30V = 27V$

$I_o = \dfrac{U_o}{R_L} = \dfrac{27}{100}A = 0.27A$

(2) 如电源电压波动 $\pm 10\%$，二极管承受的最高反向电压为

$$U_{RM} = \sqrt{2} U(1 + 10\%) \text{V} = 46.7\text{V}$$

【18.1.8】 有一电压为110V，电阻为55Ω的直流负载，采用单相桥式整流电路（不带滤波器）供电，求变压器二次绕组电压和电流的有效值，并选择二极管。

解 $U_o = 110\text{V}$

$$I_o = \frac{U_o}{R_L} = \frac{110}{55}\text{A} = 2\text{A}$$

副绕组电流为

$$I_2 = 1.11 \times I_o = 1.11 \times 2\text{A} = 2.22\text{A}$$

二极管中平均电流为

$$I_D = \frac{1}{2}I_o = \frac{1}{2} \times 2\text{A} = 1\text{A}$$

变压器副边电压为

$$U = \frac{U_o}{0.9} = \frac{110}{0.9}\text{V} = 122\text{V}$$

二极管承受的最高反向电压为

$$U_{RM} = \sqrt{2}U = \sqrt{2} \times 122\text{V} \approx 173\text{V}$$

可选2CZ12D。

【18.2.5】 今要求负载电压 $U_o = 30\text{V}$，负载电流 $I_o = 150\text{mA}$。采用单相桥式整流电路，带电容滤波器。已知交流频率为50Hz，试选择管子型号和滤波器电容器，并与单相半波整流电路比较，带电容滤波器后，管子承受的最高反向电压是否相同？

解 带有电容的单相桥式整流电路中变压器二次侧电压为

$$U = \frac{U_o}{1.2} = \frac{30}{1.2}\text{V} = 25\text{V}$$

二极管承受的最高反向电压为

$$U_{RM} = \sqrt{2}U = \sqrt{2} \times 25\text{V} = 35\text{V}$$

二极管中平均电流为

$$I_D = \frac{1}{2}I_o = \frac{1}{2} \times 150\text{mA} = 75\text{mA}$$

可选2CP12。

由 $\tau = 5 \cdot \dfrac{T}{2} = R_L C$，可得 $C = \dfrac{2.5}{R_L f} = \dfrac{2.5 \times 0.15}{30 \times 50} = 250\mu\text{F}$

所以选用 $C = 250\mu\text{F}$，耐压为50V的极性电容器。

若采用单相半波整流电路，则 $U = U_o = 30\text{V}$。二极管承受的电高反高电压为

$$U_{RM} = 2\sqrt{2}U = 2\sqrt{2} \times 30 \approx 85\text{V}$$

$$I_D = I_o = 150\text{mA}$$

【18.3.4】 在图示稳压二极管稳压电路中，已知 $u = 28.2\sin\omega t\text{V}$，稳压二极管的稳压值 $U_Z = 6\text{V}$，$R_L = 2\text{k}\Omega$，$R = 1.2\text{k}\Omega$，求：

(1) S_1 断开、S_2 合上时的 I_o，I_R 和 I_Z。

(2) S_1 和 S_2 均合上时的 I_o，I_R 和 I_Z，并说明 $R = 0$ 和 D_Z 接反两种情况下电路能否起稳压作用。

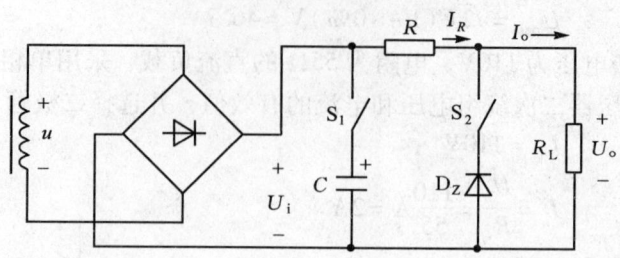

题 18.3.4 图

解 （1）S_1 断开，S_2 合上时，已知 $u = 28.2\sin\omega t$ V

故有效值 $$U = \frac{28.2}{\sqrt{2}}\text{V} = 20\text{V}$$

因为 $$U_i = 0.9U = 18\text{V}, \quad U_o = U_Z = 6\text{V}$$

故 $$U_R = U_i - U_o = 12\text{V}, \quad I_R = \frac{U_R}{R} = \frac{12}{1.2}\text{mA} = 10\text{mA}$$

$$I_o = \frac{U_o}{R_L} = \frac{6}{2}\text{mA} = 3\text{mA}, \quad I_Z = I_R - I_o = 7\text{mA}$$

（2）S_1 和 S_2 均合上时

$$U_i = 1.2U = 24\text{V}$$
$$U_R = U_i - U_Z = 18\text{V}$$
$$I_R = \frac{U_R}{R} = \frac{18}{1.2}\text{mA} = 15\text{mA}$$
$$I_o = \frac{U_o}{R_L} = \frac{6}{2}\text{mA} = 3\text{mA}, \quad I_Z = I_R - I_o = 12\text{mA}$$

如果 $R = 0$，则 $U_R = 0$，U_i 的全部电压加在负载及 D_Z 两端，流过稳压管电流太大，稳压管被击穿而不能起到稳压作用。如果 D_Z 接反，同样不能起到稳压作用，因为 D_Z 只有工作于反向击穿区才起稳压作用。

【18.3.8】 对于图示电路，求输出电压 U_o 的可调范围是多大。

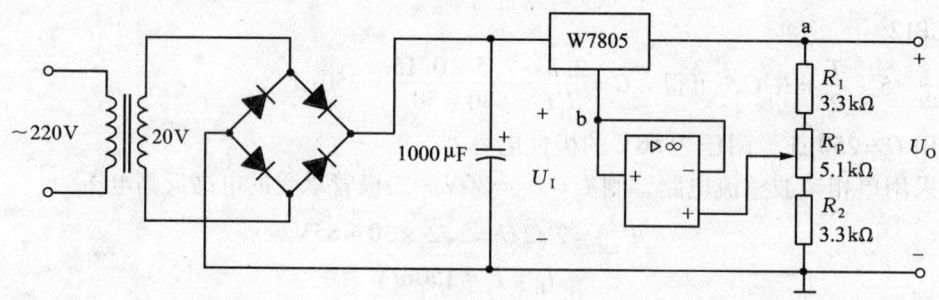

题 18.3.8 图

解 据运算放大器"虚短"概念，由 $u_+ = u_-$ 有

$$\frac{R_1 + R_P'}{R_1 + R_P + R_2}U_o = U_{XX}$$

故

$$U_o = \frac{R_1 + R_P + R_2}{R_1 + R_P'} U_{XX}$$

当 $R_P' = R_P$，$U_{XX} = 5\text{V}$ 时，输出电压为最小值：

$$U_{omin} = \frac{3.3 + 5.1 + 3.3}{3.3 + 5.1} \times 5\text{V} \approx 6.96\text{V}$$

当 $R_P' = 0$ 时，输出电压为最大值：

$$U_{omax} = \frac{3.3 + 5.1 + 3.3}{3.3} \times 5\text{V} \approx 17.73\text{V}$$

故输出电压 U_o 的可调范围是 6.96～17.33V。

第18章自测题

1. 单相桥式整流电路，已知负载电阻为80Ω，负载电压为110V，则交流电压的有效值为（　　）V，流过每个二极管的电流为（　　）A，每个二极管承受的最高反向电压为（　　）V。

2. 桥式整流电容滤波电路如题2图所示，已知变压器次级电压有效值 $U_2 = 20\text{V}$，则输出直流电压 U_0 为（　　）V。

3. W7824型三端集成稳压器的输出电压为（　　）V。

4. W7915型三端集成稳压器的输出电压为（　　）V。

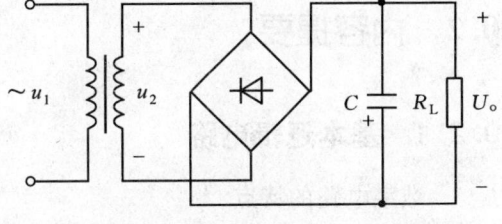

题2图

5. 整流电路如题5图所示，设变压器副边电压 $u_2 = \sqrt{2} U_2 \sin\omega t \text{V}$，则输出电压平均值为（　　）V。

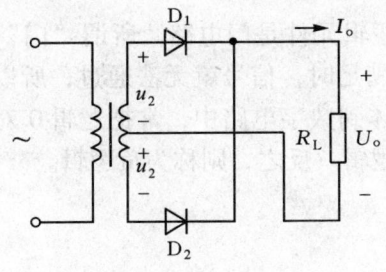

题5图

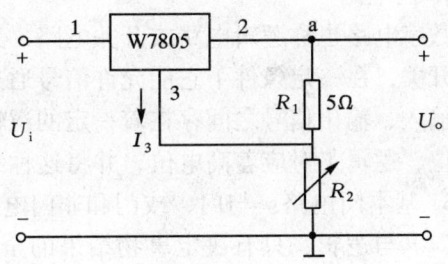

题6图

6. 用三端集成稳压器构成的电路如题6图所示，已知 $I_3 \approx 0$。
(1) 写出 U_o 的表示式，当 $R_2 = 5\Omega$ 时，U_o 的数值是多少？
(2) 电位器 R_2 起什么作用？

第 20 章　门电路和组合逻辑电路

20.1　学习要点

（1）掌握各种门电路的逻辑功能。
（2）理解 TTL 与非门、集电极开路与非门和三态门的工作原理。
（3）掌握逻辑函数的表达方法：逻辑状态表、逻辑表达式、逻辑图、波形图。
（4）掌握逻辑代数运算法则。
（5）熟练掌握组合逻辑电路的分析和设计方法。
（6）掌握常用组合逻辑电路的应用。

20.2　内容提要

20.2.1　基本逻辑电路

1. 数字电路的特点

（1）数字电路研究输入与输出的逻辑关系，而不是大小、相位关系。
（2）数字信号的输入、输出信号为脉冲信号，而不是连续信号。
（3）数字电路要求电子元件工作在开关状态。
（4）数字电路应用的是逻辑代数法则。

2. 门电路

数字电路也称逻辑电路或开关电路，其最基本的逻辑元件是门电路。所谓"门"就是一种开关，在一定条件下它能允许信号通过，条件不满足时，信号就无法通过；所以门电路的输入、输出信号之间存在着一定的逻辑关系。具体到数字电路中，常把逻辑 0 对应着低电位，逻辑 1 对应着高电位，并将这种约定称为正逻辑。反之，则称为负逻辑。

3. 基本门电路：与门、或门和非门电路

（1）与逻辑：只有决定事物结果的全部条件都具备时，结果才发生。

图 20.1(a) 所示电路是一种由二极管构成的"与门"电路，分析该电路，可得"与门"的逻辑功能如表 20.1 所示。该表也称为"逻辑状态表"。图 20.1(b) 为"与门"的逻辑符号。

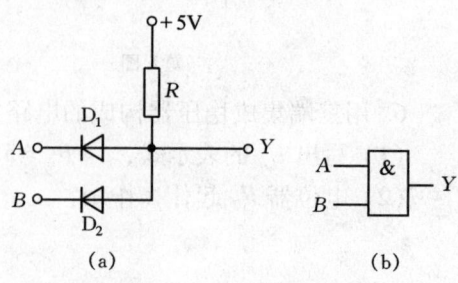

图 20.1　与门电路与符号

与门的逻辑表达式为：$Y = AB$。

由逻辑状态表(也称真值表)可以看出其特点为：有 0 出 0，全 1 出 1。

（2）或逻辑：在决定事物结果的几个条件中只要一个或一个以上条件具备时，结果就发生。

图 20.2(a)是一种由二极管构成的"或门"电路。分析该电路，可得"或门"的逻辑功能如表 20.2 所示，图 20.2(b)为"或门"的逻辑符号。

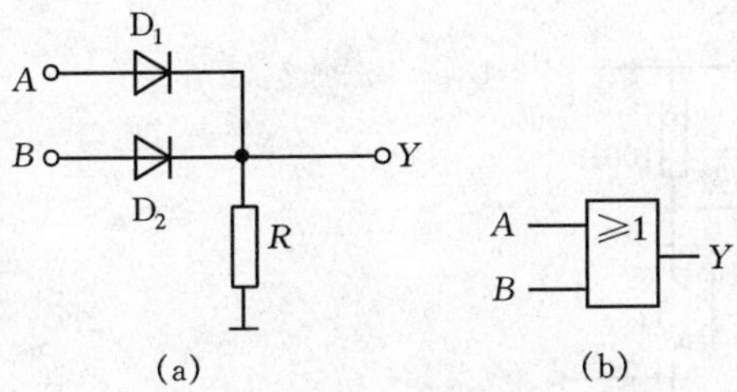

表 20.1　　与门逻辑状态表

输入		输出
A	B	Y
0	0	0
0	1	0
1	0	0
1	1	1

表 20.2　　或门逻辑状态表

输入		输出
A	B	Y
0	0	0
0	1	1
1	0	1
1	1	1

图 20.2　或门电路及符号

或门的逻辑表达式为：$Y = A + B$。

由逻辑状态表(也称真值表)可以看出其特点为：有 1 出 1，全 0 出 0。

（3）非逻辑：条件具备，结果不发生；而条件不具备时，结果却发生。

图 20.3(a)是一种由三极管构成的"非门"电路。分析该电路，可得"非门"的逻辑功能如表 20.3 所示，图 20.3(b)为"非门"的逻辑符号。

表 20.3　　非门逻辑状态表

输入	输出
A	Y
0	1
1	0

图 20.3　非门电路及符号

非门的逻辑表达式为：$Y = \overline{A}$。

由逻辑状态表(也称真值表)可以看出其特点为：输入与输出结果相反。

4. 基本门电路的组合

与、或、非三种基本门电路可以组合成如图 20.4 所示门电路。

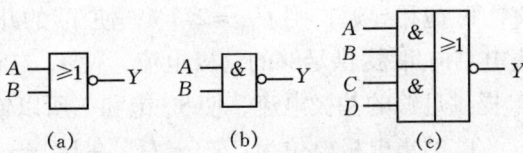

图 20.4　门电路的组合

图中(a)为"或非"门：$Y = \overline{A + B}$；(b)为"与非"门：$Y = \overline{AB}$；(c)为"与或非

"门": $Y = \overline{AB + CD}$。

20.2.2 集成门电路

集成门电路，与分立元件构成的门电路相比，具有高可靠性和微型化等优点。

1. TTL"与非"门电路

TTL门电路是由晶体管集成而得的，在数字电路中应用最普遍的是TTL"与非"门电路。原理如图20.5所示。其中T_1是多发射极晶体管，它的集电结可看成一个二极管，发射结看成与其背靠背的三个二极管。这样，T_1的作用和二极管"与"门的作用完全相似。T_2，T_3，T_4，T_5工作在开关状态。

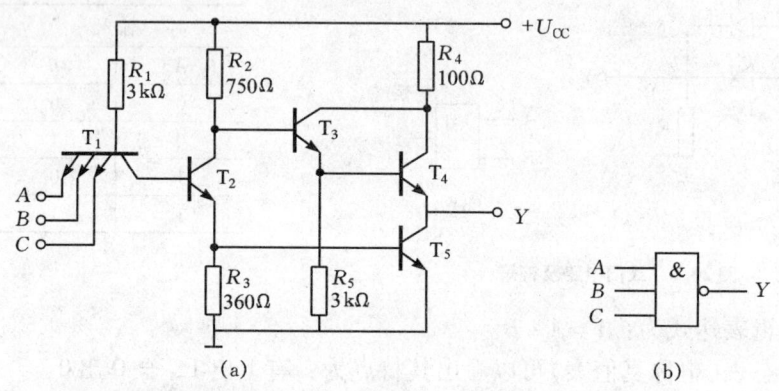

图20.5 TTL"与非"门电路

TTL"与非"门电路的工作原理(高电平：3.6V，低电平0.3V)如下。

(1) 输入端不全为"1"的情况

当A，B，C中有一个或几个为"0"(0.3V)时，则T_1的基极与"0"态发射极间处于正偏，这时电源通过R_1为T_1提供基极电流$U_{B1} = (0.3 + 0.7)V = 1V$。它不足以向$T_2$提供正向基极电流，所以$T_2$截止以致$T_5$截止。由于$T_2$截止，其集电极电位接近于$U_{CC}$，$T_3$，$T_4$因而导通，所以输出端的电位为

$$U_Y = U_{CC} - I_{B3}R_2 - U_{BE3} - U_{BE4} \quad \text{(因}I_{B3}\text{很小，可忽略)}$$
$$= (5 - 0.7 - 0.7)V = 3.6V \quad \text{(输出为1)}$$

由于T_5截止，接负载时，电流从U_{CC}经R_4流向每个负载门，称拉电流。

(2) 输入端完全为"1"的情况

当A，B，C全为"1"(3.6V)时，设T_1导通，则$V_{B1} = (3.6 + 0.7)V = 4.3V$，足以使$T_2$，$T_5$饱和导通，则$U_{B1} = 2.1V$，使$T_1$的几个发射结都处于反偏，故电源通过$R_1$和$T_1$的集电结向$T_2$提供足够的基极电流，使$T_2$饱和，$T_2$的发射极电流在$R_3$上产生的压降，又为$T_5$提供足够的基极电流，使$T_5$饱和，所以输出端的电位为$V_Y = 0.3V$，即$Y = 0$。

T_2的集电极电位为：$V_{C2} = U_{CE2} + U_{BE5} = (0.3 + 0.7)V = 1V$

此即T_3的基极电位，所以T_3可以导通，则$V_{E3} \approx (1 - 0.7)V = 0.3V$，此即$T_4$的基极电位，而$V_{E4} \approx 0.3V$，因此，$T_4$截止，由于$T_4$截止，当接负载后，$T_5$的集电极电流全部由外接负载门灌入，称灌电流。通过分析得出其逻辑关系为"与非"门，即：$Y = \overline{A \cdot B \cdot C}$。

2. 三态输出"与非"门电路

三态输出"与非"门电路与上述电路不同，它的输出端除了高电平和低电平外，还可以出现第三种状态——高阻状态。

三态输出"与非"门电路最重要的一个用途是可以实现用一根导线轮流传送几个不同的数据或控制信号，这根导线称为母线或总线，只要让各门的控制端轮流处于高电平，即在任何时间只能有一个三态门处于工作状态，而其余均处于高阻状态，这样总线就会轮流接受各三态门的输出。这种用总线来传送数据或信号的方法，在计算机中被广泛采用。

3. CMOS 逻辑电路

MOS 门电路由绝缘栅场效晶体管组成，它具有制造工艺简单、集成度高、功耗低、抗干扰能力强等优点。其中 CMOS 门电路是一种互补对称场效晶体管集成门电路，目前应用最多。

20.2.3　逻辑代数的基本运算

由逻辑门组合起来，构成逻辑电路，以实现各种逻辑功能，而分析与设计逻辑电路的数学工具是逻辑代数。

1. 逻辑代数运算法则

逻辑代数和普通代数一样，也用字母（A、B、C …）表示变量，但是变量的取值只有"1"和"0"两种，且不是数学符号，而是代表两种相反的逻辑状态。逻辑代数所表示的是逻辑关系，不是数量关系。在逻辑代数中只有逻辑乘（"与"运算），逻辑加（"或"运算）和求反（"非"运算）三种基本运算。根据这三种基本运算可以推导出逻辑代数运算法则。

2. 逻辑代数的基本定律和规则

(1) 基本定理

$$A+0=A \quad A+1=1 \quad A+A=A \quad A \cdot 0=0 \quad A \cdot 1=A$$
$$A \cdot A=A \quad A+\bar{A}=1 \quad A \cdot \bar{A}=0 \quad \bar{\bar{A}}=A$$

(2) 基本定律

① 交换律：$A+B=B+A \quad A \cdot B=B \cdot A$

② 结合律：$\begin{cases} A+(B+C)=(A+B)+C=(A+C)+B \\ A \cdot (B \cdot C)=(A \cdot B) \cdot C=(A \cdot C) \cdot B \end{cases}$

③ 分配律：$A \cdot (B+C)=A \cdot B+A \cdot C \quad A+BC=(A+B)(A+C)$

④ 吸收律：$A+AB=A \quad A+\bar{A}B=A+B \quad A \cdot (A+B)=A \quad A \cdot (\bar{A}+B)=AB$

⑤ 反演律（摩根定律）：$\overline{A \cdot B}=\bar{A}+\bar{B} \quad \overline{A+B}=\bar{A} \cdot \bar{B}$

20.2.4　逻辑函数的表示方法

各逻辑变量有原变量和反变量之分。用输入变量（如 A、B 等）表示输出变量（如 Y）的逻辑关系称为逻辑函数。逻辑函数的表示方法有四种：逻辑状态表、逻辑式、逻辑图和卡诺图。它们之间可以相互转换。

1. 逻辑状态表

逻辑状态表是用输入、输出变量的逻辑状态（1 或 0）以表格形式来表示的逻辑函数。列逻辑状态表的方法：一般按二进制的顺序，输出与输入状态一一对应，列出所有可能的逻辑状态。

2. 逻辑式（又称逻辑表示式，逻辑函数式）

逻辑式是把逻辑函数的输入、输出关系写成与、或、非等逻辑运算的组合式，也称为逻辑函数式。

3. 逻辑电路图

把相应的逻辑关系用逻辑符号和连线表示出来，就构成了逻辑图。

4. 卡诺图（略）

20.2.5　组合逻辑电路的分析和设计

1. 组合逻辑电路的分析

分析组合逻辑电路就是要讨论它的输出变量与输入变量间的逻辑函数关系。

一般步骤为：已知逻辑图→写逻辑式→化简或变换→列逻辑状态表→分析逻辑功能。

2. 组合逻辑电路的设计

组合逻辑电路的设计，就是根据要求设计逻辑电路。

步骤如下：已知逻辑要求→列逻辑状态表→写逻辑式→化简或变换→画逻辑图。

20.2.6　组合逻辑电路的应用

1. 加法器

二进制：在计数体制中，常用的是十进制，它有 0～9 十个数码，用它们组成一个个数。但在数字电路中，为把电路的两个状态与数码对应起来，采用二进制较为方便，只有 0 和 1。

注意：二进制加法运算同逻辑加法运算的含义不同。前者是数的运算（1 + 1 = 10），而后者是表示逻辑关系（1 + 1 = 1）。

（1）半加器：两个一位二进制数相加称做半加，即只求本位的和，暂不管低位送来的进位。以 A，B 为相加的两个数，S 为半加和数，C 为进位数，列出半加器逻辑状态表如表 20.4。

表 20.4　半加器逻辑状态表

A	B	C	S
0	0	0	0
0	1	0	1
1	0	0	1
1	1	1	0

由真值表可写出逻辑式：

$$S = A\bar{B} + \bar{A}B = A \oplus B \quad C = AB$$

可由一个"异或"门和一个"与"门组成。如图 20.6 所示。

半加器是一种组合逻辑电路。图 20.6（a）是用与非门组成的电路，图 20.6（b）是用异或门和与门组成的电路。作为一个基本部件，其逻辑符号如图 20.6（c）所示。

（2）全加器：同位的两个数及来自低位的进位数三者相加称做全加。

当多位数相加时，半加器可用于最低位数求和，并给出进位数，第二位的相加有两个待加数 A_i 和 B_i，还有一个来自低位的进位数 C_{i-1}，这三个数相加（全加）得出本位和数 S_i 和进位数 C_i。表 20.5 为其逻辑状态表。

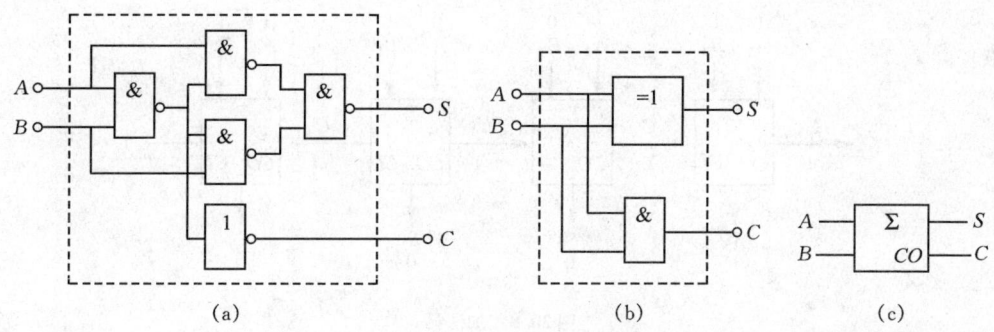

图 20.6 半加器逻辑电路及符号

表 20.5　　　　　　　　　　　全加器逻辑状态表

A_i	B_i	C_{i-1}	C_i	S_i
0	0	0	0	0
0	0	1	0	1
0	1	0	0	1
0	1	1	1	0
1	0	0	0	1
1	0	1	1	0
1	1	0	1	0
1	1	1	1	1

实现全加器的一种运算电路如图 20.7(a)所示。作为一个基本部件，其逻辑符号如图 20.7(b)所示。

逻辑式表达式：

$$S_i = \bar{A}_i\bar{B}_iC_{i-1} + \bar{A}_iB_i\bar{C}_{i-1} + A_i\bar{B}_i\bar{C}_{i-1} + A_iB_iC_{i-1} = (A_i \oplus B_i) \oplus C_{i-1}$$

$$C_i = \bar{A}_iB_iC_{i-1} + A_i\bar{B}_iC_{i-1} + A_iB_i\bar{C}_{i-1} + A_iB_iC_{i-1} = (A_i \oplus B_i) \oplus C_{i-1} + A_iB_i$$

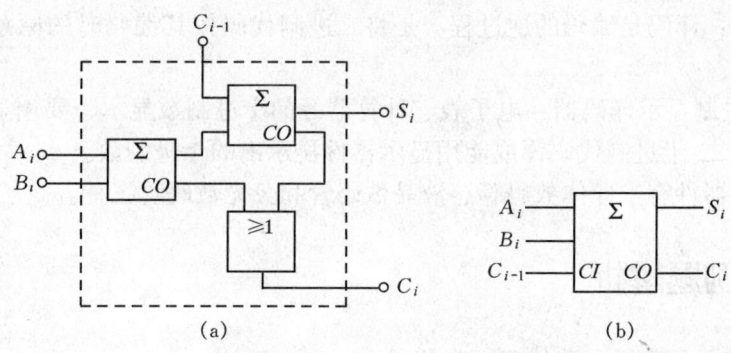

图 20.7 全加器逻辑电路及符号

实现多位二进制数相加的电路称为加法器。图 20.8 所示为两个四位数的加法运算电路。

这种加法器任意一位的加法运算，都必须等到低位加法完成送来进位时才能进行，称为串行进位加法器。它的电路简单，但是工作速度较慢。为提高运算速度，可采用超前进位全加器。

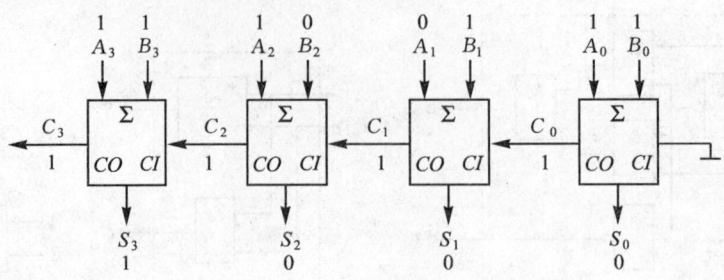

图 20.8 加法器

2. 编码器

一般地讲,用数字或某种文字和符号来表示某一对象或信号的过程,称为编码,如电话号码、人名等。但在数字电路中,十进制编码或某种文字和符号的编码难于用电路实现,所以一般是用二进制编码。用二进制代码表示特定信号的过程叫做编码,实现编码操作的电路,称为编码器。

二-十进制编码器是将十进制的十个数码 0~9 编成二进制代码的电路。输入的是 0~9 十个数码,输出的是对应的二进制代码。称二-十进制代码,简称 BCD 码。编码过程如下。

(1) 确定二进制代码的位数。一位二进制代码有 0,1 两种……n 位有 2^n 种,可表示 2^n 个信号。因输入有十个数码,要求有十种状态,故取 $n=4$,$2^n > 10$,所以输出的是四位二进制代码。

(2) 列编码表。四位二进制代码共有 16 种状态,其中任何十种状态都可表示 0~9 十个数码,编码方案很多,最常用的是 8,4,2,1 编码方式。即取前十种状态,把后面六种状态去掉。8,4,2,1 恰是各位的权。

(3) 由编码表写出逻辑式。

(4) 由逻辑式画出逻辑图。

3. 译码器和数字显示

(1) 译码器:译码是编码的逆过程,是将二进制代码按其编码时的原意译成对应的信号或十进制数码。

(2) 二-十进制显示译码器:电子表、计算器等的十进制数显示,要用显示译码器,它能够把"8421"二-十进制代码译成能用显示器件显示出的十进制数。

常用的显示器件有半导体数码管、液晶数码管和荧光数码管三种。

20.3 典型例题解析

例 20.1 求图示逻辑电路的逻辑表达式。

解 $F = A \cdot \overline{B + C} = A\overline{B}\overline{C}$

例 20.2 已知图示的逻辑电路。(1) 指出该电路图中逻辑门的不同类型;(2) 写出逻辑表达式并化简。

解 该逻辑电路有三种不同的门:非门、或门、与非门。

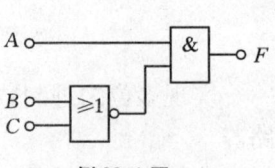

例 20.1 图

$$Y = \overline{\overline{A}(A+B)(\overline{B}+C)}$$
$$= \overline{\overline{A}} + \overline{(A+B)} + \overline{(\overline{B}+C)}$$
$$= A + \overline{AB} + B\overline{C}$$
$$= A + \overline{B} + B\overline{C} = A + \overline{B} + \overline{C}$$

例 20.3 应用逻辑代数运算法则化简
$$Y = AB + A\overline{B} + \overline{A}B。$$

解 $Y = AB + A\overline{B} + \overline{A}B = A(B+\overline{B}) + \overline{A}B$
$$= A + \overline{A}B = A + B。$$

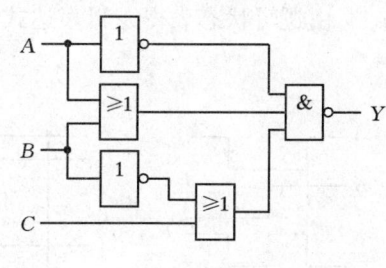

例 20.2 图

例 20.4 分析图示逻辑电路,写出 F 和 A, B, C 的逻辑关系表达式,并化为最简形式。

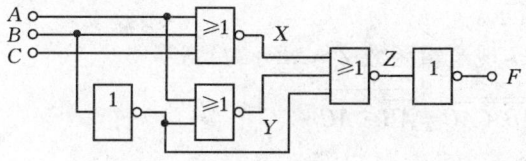

例 20.4 图

解 $X = \overline{A+B+C}$ $Y = \overline{A+\overline{B}}$ $Z = \overline{X+Y+\overline{B}}$

$F = \overline{Z} = X + Y + \overline{B} = \overline{A+B+C} + \overline{A+\overline{B}} + \overline{B} = \overline{A} \cdot \overline{B} \cdot \overline{C} + \overline{A}B + \overline{B}$
$= \overline{A} \cdot \overline{B} \cdot \overline{C} + (\overline{A}B + \overline{B}) = \overline{A} \cdot \overline{B} \cdot \overline{C} + \overline{A} + \overline{B} = \overline{A} + \overline{B}$

例 20.5 图(a)所示为两地控制照明灯的电路。Y 表示电灯的状态,单刀双投开关 A 装在一处,B 装在一处,两处都可以单独开闭电灯。设 $Y=1$ 时表示灯亮,$Y=0$ 时表示灯灭;$A=1$ 表示开关向上扳,$A=0$ 表示开关向下扳,B 开关亦如此。(1)试列出符合该要求的逻辑状态表,并写出灯亮的逻辑式。(2)将逻辑式变换为"与非"式,并用"非"门和"与非"门画出逻辑图。

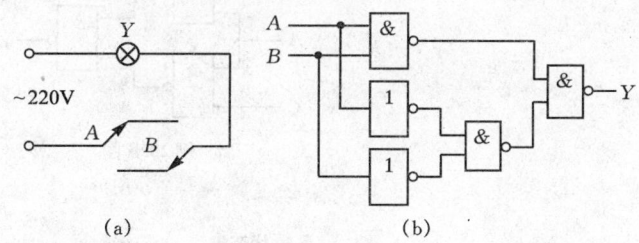

逻辑状态表		
A	B	Y
0	0	1
0	1	0
1	0	0
1	1	1

例 20.5 图

解 (1)根据逻辑要求列出逻辑状态表。
由表可得灯亮的逻辑式为
$$Y = AB + \overline{A}\overline{B}$$

(2)根据摩根定律将"与或"式变成"与非"式,$Y = \overline{\overline{AB} \cdot \overline{\overline{A}\overline{B}}}$;则逻辑图如图(b)所示。

例 20.6 某组合逻辑电路输入信号波形和输出信号波形如图(a)所示。试用与非门实现该逻辑电路。

解 由波形图可得逻辑状态表。

由逻辑状态表得逻辑表达式

$$Y = A\bar{B} + \bar{A}B = \overline{\overline{A\bar{B}} \cdot \overline{\bar{A}B}}$$

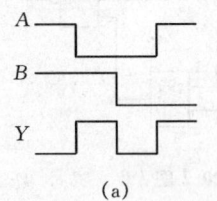

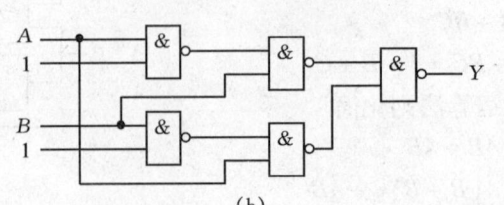

逻辑状态表

A	B	Y
0	0	0
0	1	1
1	0	1
1	1	0

例 20.6 图

逻辑电路图如(b)所示。

例 20.7 用与非门实现逻辑函数 $Z = AB + AC$。

解 $Z = AB + AC = \overline{\overline{AB + AC}} = \overline{\overline{AB} \cdot \overline{AC}}$

逻辑电路图如图所示。

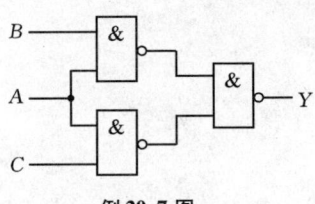

例 20.7 图

例 20.8 已知某组合电路的输出 Y 与输入 A, B, C 的逻辑状态表如下。

逻辑状态表

输入			输出	输入			输出
A	B	C	Y	A	B	C	Y
0	0	0	0	1	0	0	0
0	0	1	0	1	0	1	1
0	1	0	0	1	1	0	1
0	1	1	0	1	1	1	1

(1)写出输出逻辑式并化简为与非逻辑式;(2)用与非门实现并画出此组合逻辑电路。

解 $Y = A\bar{B}C + AB\bar{C} + ABC$

$Y = \overline{\overline{A\bar{B}C + AB\bar{C} + ABC}}$
$= \overline{\overline{A(\bar{B}C + B\bar{C} + BC)}}$
$= \overline{\overline{A(B + C)}} = \overline{\overline{AB + AC}}$
$= \overline{\overline{AB} \cdot \overline{AC}}$

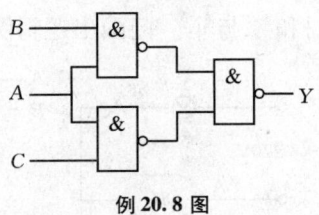

例 20.8 图

逻辑电路图如图所示。

例 20.9 某工厂进行电工技能考试,有三名评判员,其中 A 为主评判员,B、C 为副评判员。在评判时,遵循少数服从多数的原则通过;但主评判员认为合格,也可通过。试用"与非"门构成逻辑电路,实现此评判规定。

逻辑状态表

A	B	C	F
0	0	0	0
0	0	1	0
0	1	0	0
0	1	1	1
1	0	0	1
1	0	1	1
1	1	0	1
1	1	1	1

解 设 A, B, C 为输入变量,合格为"1";F 为输出变量,通过为"1"。

根据题意列逻辑状态表。

写逻辑式：$F = A + BC = \overline{\overline{A} \cdot \overline{BC}}$

画出逻辑图。

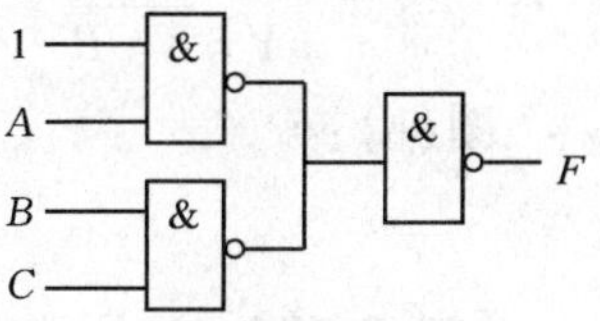

例 20.9 图

20.4 课后习题选解

【20.5.9】 用与非门和非门实现以下逻辑关系，画出逻辑图。

(1) $Y = AB + \bar{A}C$；

(2) $Y = A + B + \bar{C}$；

(3) $Y = \bar{A}\bar{B} + (\bar{A} + B)\bar{C}$；

(4) $Y = A\bar{B} + A\bar{C} + \bar{A}BC$。

解 (1) $Y = AB + \bar{A}C = \overline{\overline{AB} \cdot \overline{\bar{A}C}}$，

实现的电路如图(a)所示。

(2) $Y = A + B + \bar{C} = \overline{\bar{A} \cdot \bar{B} \cdot C}$

实现的电路如图(b)所示。

(3) $Y = \bar{A}\bar{B} + \bar{A}\bar{C} + B\bar{C} = \bar{A}\bar{B} + \bar{A}\bar{C}(B + \bar{B}) + B\bar{C}$
$= (\bar{A}\bar{B} + \bar{A}\bar{B}\bar{C}) + (B\bar{C} + \bar{A}B\bar{C}) = \bar{A}\bar{B} + B\bar{C} = \overline{\overline{\bar{A}\bar{B}} \cdot \overline{B\bar{C}}}$

实现的电路如图(c)所示。

(4) $Y = A\bar{B} + A\bar{C} + \bar{A}BC = A(\bar{B} + \bar{C}) + \bar{A}BC = A\overline{BC} + \bar{A}BC = \overline{\overline{A\overline{BC}} \cdot \overline{\bar{A}BC}}$

实现的电路如图(d)所示。

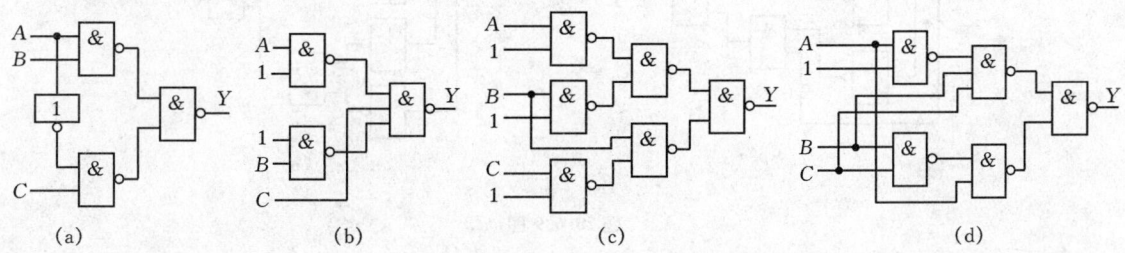

题 20.5.9 图

【20.5.11】 写出图示两个电路的逻辑式。

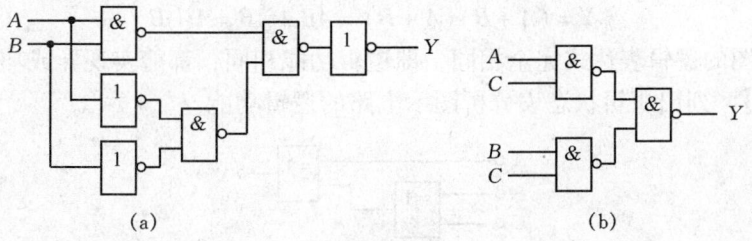

题 20.5.11 图

解 图(a)：

$$Y = \overline{\overline{\overline{A \cdot B} \cdot \overline{\overline{AB}}}} = \overline{AB} \cdot \overline{\overline{A} \cdot \overline{B}} = (\overline{A} + \overline{B}) \cdot (A + B) = \overline{A}B + A\overline{B} = A \oplus B$$

图(b)：

$$Y = \overline{\overline{AC} \cdot \overline{BC}} = AC + BC$$

【20.5.12】 应用逻辑代数运算法则化简下列各式。

(1) $Y = AB + \overline{A}B + A\overline{B}$；

(2) $Y = ABC + \overline{A}B + AB\overline{C}$；

(3) $Y = \overline{\overline{(A + B)} + AB}$；

(4) $Y = (AB + A\overline{B} + \overline{A}B)(A + B + D + \overline{A}\overline{B}D)$；

(5) $Y = ABC + \overline{A} + \overline{B} + \overline{C} + D$。

解 (1) $Y = AB + \overline{A}B + A\overline{B} = A(B + \overline{B}) + \overline{A}B = A + \overline{A}B = A + B$

(2) $Y = ABC + \overline{A}B + AB\overline{C} = B(AC + \overline{A} + A\overline{C}) = B$

(3) $Y = \overline{\overline{(A + B)} + AB} = (A + B) \cdot \overline{AB} = (A + B)(\overline{A} + \overline{B}) = A\overline{B} + \overline{A}B$

(4) $Y = (AB + A\overline{B} + \overline{A}B)(A + B + D + \overline{A}\overline{B}D)$
$= (B + A)(A + B + D + \overline{D}) = (A + B)(A + B + 1) = A + B$

(5) $Y = ABC + \overline{A} + \overline{B} + \overline{C} + D = \overline{A} + BC + \overline{B} + \overline{C} + D$
$= \overline{A} + \overline{B} + C + \overline{C} + D = 1 + \overline{A} + \overline{B} + D = 1$

【20.6.9】 证明图(a)和图(b)两电路具有相同的逻辑功能。

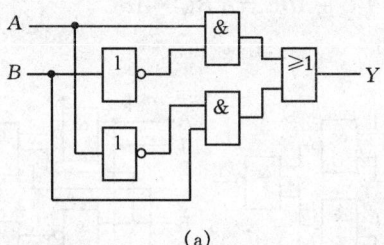 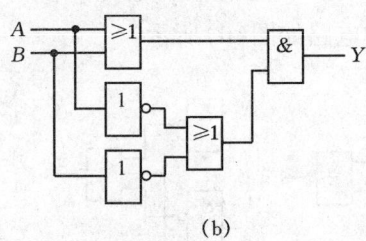

(a) (b)

题 20.6.9 图

解 对于图(a)，其逻辑表达式为

$$Y = A\overline{B} + \overline{A}B = A \oplus B$$

对于图(b)，其逻辑表达式为

$$Y = (A + B)(\overline{A} + \overline{B}) = A\overline{B} + \overline{A}B = A \oplus B$$

两个电路图的逻辑表达式完全相同，即逻辑功能相同，都能实现异或功能。

【20.6.10】 列出逻辑状态表分析图示电路的逻辑功能。

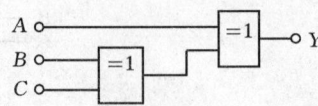

题 20.6.10 图

解 由逻辑图得到其逻辑表达式为：$Y = A \oplus (B \oplus C)$，逻辑状态表如下。

逻辑状态表

A	B	C	Y	A	B	C	Y
0	0	0	0	1	0	0	1
0	0	1	1	1	0	1	0
0	1	0	1	1	1	0	0
0	1	1	0	1	1	1	1

由逻辑状态表可以得出以下结论：当 A、B、C 三个输入变量有奇数个 1 时，电路输出为 1；当 A、B、C 三个输入变量有偶数个 1 时，电路输出为 0。

所以该电路可以实现奇偶校验功能。

【20.6.13】 试分析图示电路，输入开关 A、B、C、D 在哪些位置时，指示灯 HL 能亮。

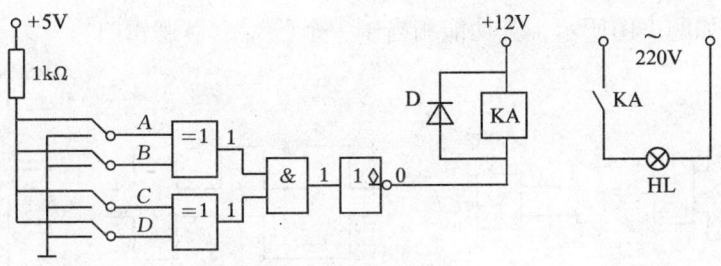

题 20.6.13 图

解 本题采用倒推法，各逻辑门的输出信号已在图中标出，可得出以下结论：两个异或门的输入不能同时为 1 或同时为 0，则 $A=1$，$B=0$，或 $A=0$，$B=1$；$C=1$，$D=0$，或 $C=0$，$D=1$。

【20.6.18】 图示电路为一密码锁控制电路。开锁条件是：拨对密码；钥匙插入锁眼将开关 S 闭合。当两个条件同时满足时，开锁信号为 1，将锁打开。否则报警信号为 1，接通警铃。试分析密码 ABCD 是多少？

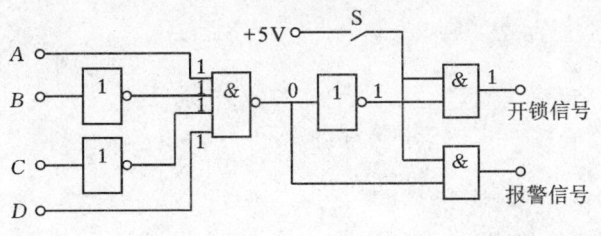

题 20.6.18 图

逻辑状态表

A	B	C	D
0	0	1	1
0	1	1	1
1	1	0	1
1	1	1	1
1	0	1	1

解 本题采用倒推法，各门的输出信号均已在图中标出，由后往前推导，可得：$ABCD=1001$ 开。

【20.6.20】 某同学参加四门课程考试，规定如下：课程 A 及格得 1 分，不及格得 0 分；课程 B 及格得 2 分，不及格得 0 分；课程 C 及格得 4 分，不及格得 0 分；课程 D 及格

得5分，不及格得0分。若总得分大于8分(含8分)，就可结业。试用与非门构成实现上述逻辑要求的电路。

解 根据题意列逻辑状态表：(为了解题简单，只列出总分大于等于8的情况)

由状态表列逻辑表达式：
$$Y = \overline{A}BCD + A\overline{B}CD + AB\overline{C}D + ABCD + A\overline{B}CD$$
$$= DC + DBA = \overline{\overline{DC} \cdot \overline{DBA}}$$

由此得图示的逻辑图。

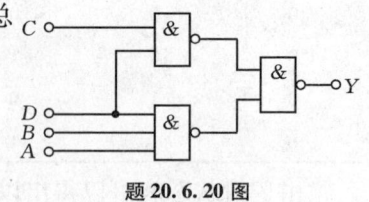

题20.6.20图

第20章自测题

1. 逻辑电路如题1图所示，其功能相当于一个(　　　　)逻辑门。

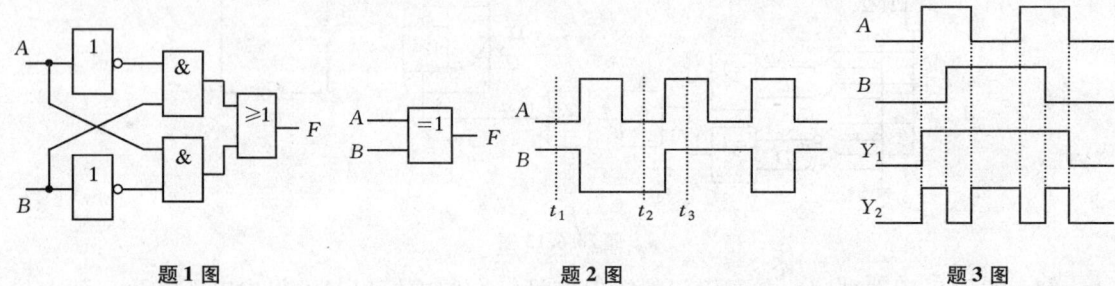

题1图　　　题2图　　　题3图

2. 逻辑图和输入 A、B 的波形如题2图所示，分析当输出 F 为"1"的时刻应是(　　　　)。

3. 若输入信号 A、B 的波形如题3图所示，Y_1，Y_2 是两个门的输出端的波形，则 Y_1 的逻辑式为(　　　　)，Y_2 的逻辑式为(　　　　)。

4. 编码器的逻辑功能是(　　　　)。

5. 译码器的逻辑功能是(　　　　)。

第 21 章 触发器和时序逻辑电路

21.1 学习要点

（1）理解触发器的性质和功能，熟练掌握常用触发器的逻辑图、逻辑状态表、状态方程及工作波形。
（2）掌握常用触发器之间的逻辑功能转换。
（3）了解寄存器的类型及工作方式。
（4）理解各种计数器的功能、分类，并熟练掌握其应用。
（5）掌握时序逻辑电路的分析方法，了解其应用。

21.2 内容提要

21.2.1 双稳态触发器

1. 触发器的特点
（1）具有"0"和"1"两个逻辑状态；
（2）在外部驱动信号作用下可实现逻辑状态的转换；
（3）外部驱动信号消失后仍具有记忆功能。

2. 触发器的分类
触发器按其逻辑功能，分为 RS 触发器、JK 触发器、D 触发器、T 触发器等。按其结构分为主从型触发器和维持阻塞型触发器等。常用的有 JK 触发器、D 触发器、T 触发器等。

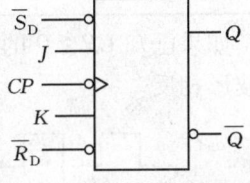

图 21.1 JK 触发器逻辑符号

（1）JK 触发器

JK 触发器的逻辑图如图 21.1 所示。其中 CP 为时钟脉冲控制信号。触发器通过 CP 实现对驱动输入 J，K 的控制（CP 输入端靠近方框处的小圆圈表明在 CP 脉冲的下降沿有效），表 21.1 为其状态表。Q^n 表示 CP 来到之前触发器的输出状态，Q^{n+1} 表示 CP 来到之后的状态。

表 21.1　　　　　　　　　　JK 触发器的逻辑状态表

J	K	Q^n	Q^{n+1}	功　能
0	0	0	0	保　持
		1	1	
0	1	0	0	置 0
		1	0	
1	0	0	1	置 1
		1	1	
1	1	0	1	计　数
		1	0	

JK 触发器的状态方程为 $Q^{n+1} = J\overline{Q^n} + \overline{K}Q^n$。该方程是在 CP 的下降沿到来时才成立。

如果已知 CP,J,K 的波形，则可画出 Q 端的波形，如图 21.2 所示。$\overline{Q}$ 端的波形与 Q 端的波形相反。

JK 触发器（其他触发器也相同）逻辑图中的 $\overline{R}_D$ 和 $\overline{S}_D$ 是直接复位和直接置位端，是两个不受时钟脉冲 CP 控制的直接置位和复位信号，低电平有效。一般用在工作之初，预先使触发器处于某一给定状态。

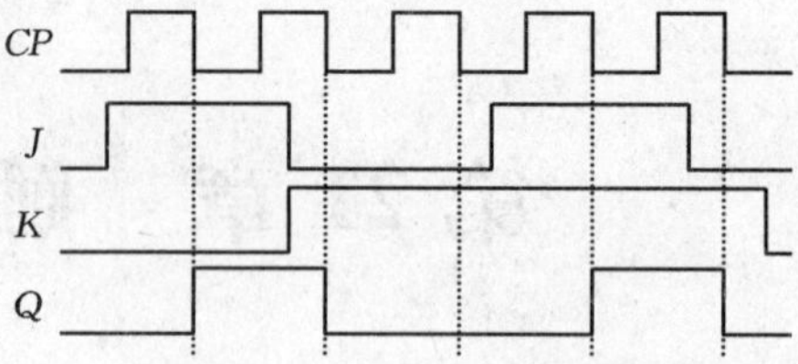

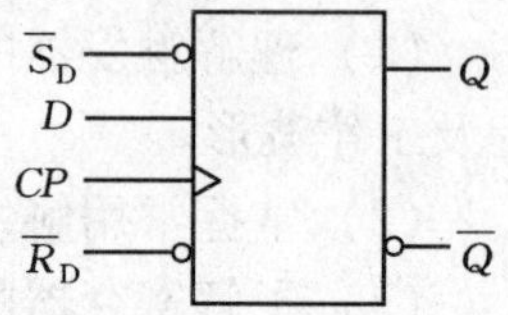

图 21.2　JK 触发器输出波形

（2）D 触发器

D 触发器的逻辑图如图 21.3 所示。其中 CP 为时钟脉冲控制信号（上升沿有效）。表 21.2 为其状态表。

D 触发器的状态方程为 $Q^{n+1} = D$。该方程是在 CP 的上升沿到来时才成立。

图 21.3　D 触发器逻辑符号

表 21.2　　　　　　　　　　D 触发器的逻辑状态表

D	Q^n	Q^{n+1}	功　能
0	0	0	置 0
	1	0	
1	0	1	置 1
	1	1	

如果已知 CP,D 的波形，则可画出 Q 端的波形，如图 21.4 所示。$\overline{Q}$ 端的波形与 Q 端的波形相反。

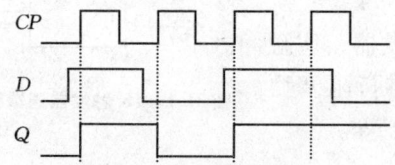

图 21.4　D 触发器输出波形

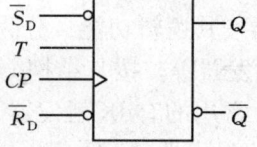

图 21.5　T 触发器逻辑符号

（3）T 触发器

T 触发器的逻辑图如图 21.5 所示，驱动输入为 T。表 21.3 为其状态表。

表 21.3　　　　　　　　　　T 触发器的逻辑状态表

T	Q^n	Q^{n+1}	功　能
0	0	0	保　持
	1	1	
1	0	1	计　数
	1	0	

T 触发器的状态方程为 $Q^{n+1} = T \oplus Q^n$。

3. 触发器逻辑功能的转换

在实际使用中，根据需要可将一种逻辑功能的触发器经过改接或附加一些门电路后，转换为另一种触发器。

(1) 将 JK 触发器转换为 D 触发器。

转换电路如图 21.6 所示。

(2) 将 JK 触发器转换为 T 触发器。

转换电路如图 21.7 所示。

(3) 将 D 触发器转换为 T′触发器。

将 D 触发器的 D 端与 $\overline{Q}$ 端相连，如图 21.8 所示，就转换为 T′触发器，其逻辑功能是每来一个时钟脉冲，翻转一次，即 $Q^{n+1}=\overline{Q^n}$，它具有计数功能。

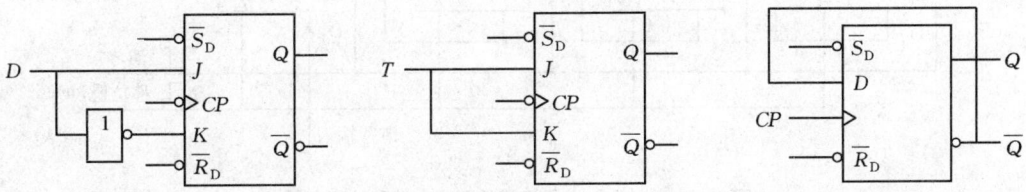

图 21.6　JK 触发器转为 D 触发器　　图 21.7　JK 触发器转为 T 触发器　　图 21.8　D 触发器转为 T′触发器

21.2.2　寄存器

寄存器用来暂时存放参与运算的数据和运算结果，主要由触发器构成。一个触发器只能寄存一位二进制数，要存多位时就得用多个触发器。通常寄存数据的位数和触发器的个数是相等的，常用的有四位、八位、十六位等寄存器。

寄存器存入和取出数码的方式均有并行和串行两种。

寄存器常分为数码寄存器(基本寄存器)和移位寄存器两种，其区别在于有无移位的功能。

1. 数码寄存器

数码寄存器只有寄存数码和清除原有数码的功能，没有移位功能，图 21.9 所示为一种四位数码寄存器。

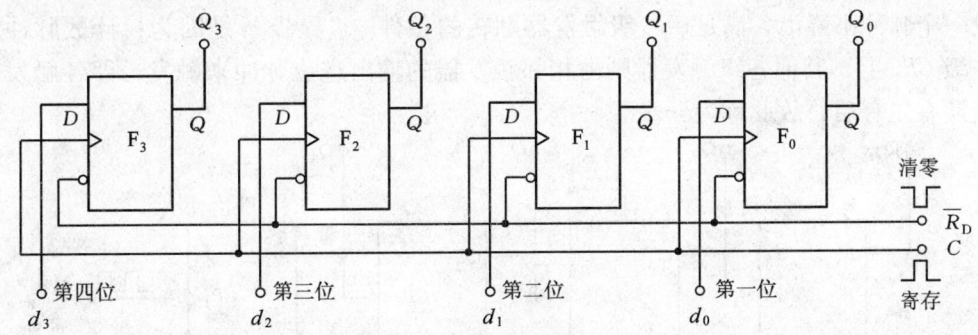

图 21.9　四位数码寄存器

其工作原理是：在寄存指令来到之前，由于经过清零，$F_0 \sim F_3$ 四个 D 触发器均处于"0"态，当"寄存指令"来到时(正脉冲)，设输入的二进制数为"$d_3 d_2 d_1 d_0$"(此图为并行输入），则 $F_3 \sim F_0$ 四个 D 触发器输出端为"$d_3d_2d_1d_0$"，各位数码可在输出端 $Q_3 \sim Q_0$ 上并行取出。

2. 移位寄存器

移位寄存器可在移位脉冲作用下，将要存数据逐次左移或右移。图 21.10 所示，由 D 触发器组成的四位左移移位寄存器采用串行输入和输出。数码由 D_1 端输入，在移位脉冲作用下，每次输入一个二进制码。已输入的数码，每给一个移位脉冲，数码就左移一位。

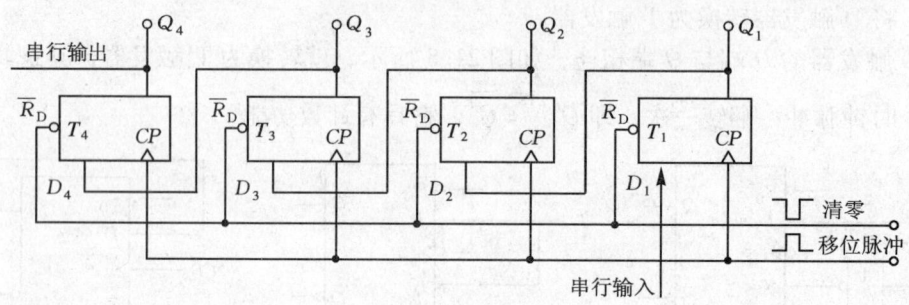

图 21.10　由 D 触发器组成的四位左移移位寄存器

21.2.3　计数器

计数器是数字系统中应用最为广泛的基本时序逻辑部件之一。计数器种类繁多，分类方法也有多种。

按触发方式分类：有同步计数器和异步计数器。

按计数过程的数字的增减趋势分类：有加法计数器、减法计数器和可逆计数器。

按计数的数制分类：有二进制、十进制和任意进制计数器等。

1. 二进制计数器。

要表示 n 位二进制数，需要 n 位触发器。

（1）异步计数器

图 21.11 所示为一种由 JK 触发器组成的四位二进制异步加法计数器。图中 CP_1 接计数脉冲输入端，$CP_2 \sim CP_4$ 分别与前一级的输出端相连。当前一级触发器的状态由 1 变 0 时，形成一个脉冲下降沿，满足后一级触发器翻转的条件。"异步"是因为：计数脉冲只加到第一级 CP_1 上，其他各级触发器则由相邻触发器的输出进位脉冲来触发，即各触发器的状态变换有先有后，故此称为异步。

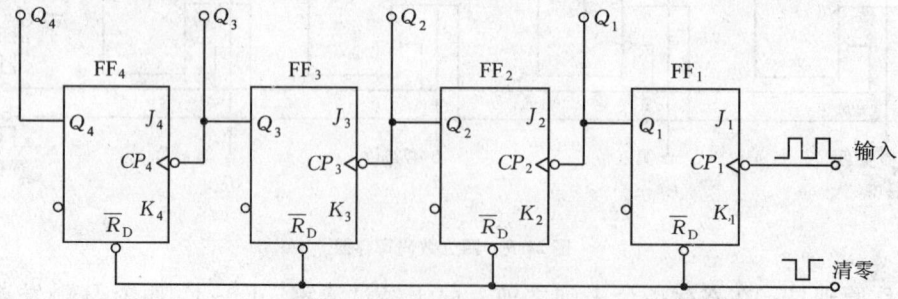

图 21.11　异步二进制加法计数器

一般情况下，异步二进制计数器连接具有一定规律。

加法器：①若由下降沿触发的计数功能触发器构成，$CP_1 = CP$，$CP_2 = Q_1$，以此类推。
②若由上升沿触发的计数功能触发器构成，$CP_1 = CP$，$CP_2 = \overline{Q}_1$，以此类推。

减法器：①若由下降沿触发的计数功能触发器构成，$CP_1 = CP$，$CP_2 = \overline{Q}_1$，以此类推。
②若由上升沿触发的计数功能触发器构成，$CP_1 = CP$，$CP_2 = Q_1$，以此类推。

（2）同步计数器

图 21.12 所示为一种由 JK 触发器组成的四位二进制同步加法计数器。表 21.4 为其状态表。

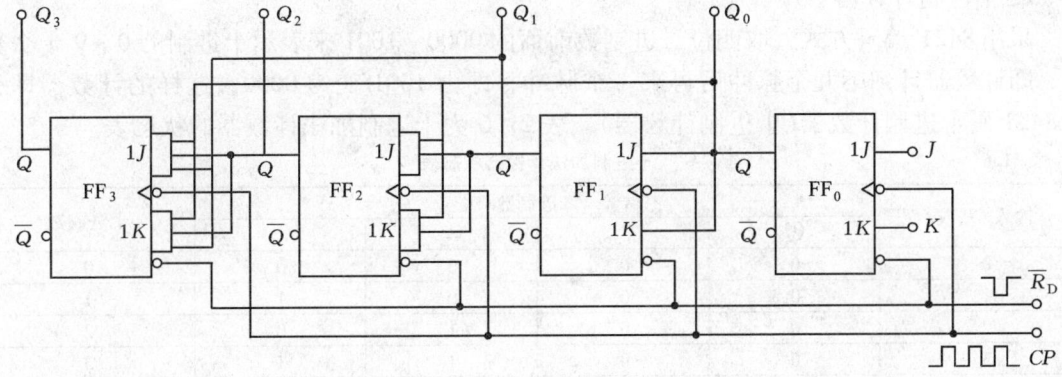

图 21.12　四位二进制同步加法计数器

图中计数脉冲同时加到各级触发器的脉冲输入端，各级触发器的状态变换同时发生，故此称为同步。

表 21.4　四位二进制加法计数器状态表

输入 CP 数	二进制输出				十进制数	输入 CP 数	二进制输出				十进制数
	Q_4	Q_3	Q_2	Q_1			Q_4	Q_3	Q_2	Q_1	
0	0	0	0	0	0	8	1	0	0	0	8
1	0	0	0	1	1	9	1	0	0	1	9
2	0	0	1	0	2	10	1	0	1	0	10
3	0	0	1	1	3	11	1	0	1	1	11
4	0	1	0	0	4	12	1	1	0	0	12
5	0	1	0	1	5	13	1	1	0	1	13
6	0	1	1	0	6	14	1	1	1	0	14
7	0	1	1	1	7	15	1	1	1	1	15
						16	0	0	0	0	进位

常用的如 74LS161 型集成四位同步二进制加法计数器，其逻辑符号如图 21.13 所示。表 21.5 为其功能表。

$A_3 \sim A_0$ 是置数数据输入端。ET、EP 是计数允许输入端。$\overline{LD}$ 为同步置数控制端。置数控制端还有异步的，所谓异步，即只要置数控制端有效，则输出即被置数。而同步置数是当置数控制端有效后，在下一个输入脉冲到来后输出端才被置数。

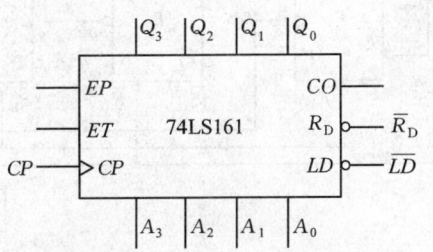

图 21.13　74LS161 加法计数器

表 21.5　　　　　　　　　　　　　74LS161 功能表

清零	控制信号		预置端	预置数输入端				时钟	输出			
$\overline{R}_D$	EP	ET	$\overline{LD}$	A_3	A_2	A_1	A_0	CP	Q_3	Q_2	Q_1	Q_0
0	×	×	×	×	×	×	×	×	0	0	0	0
1	×	×	0	d_3	d_2	d_1	d_0	↑	d_3	d_2	d_3	d_0
1	0	×	1	×	×	×	×	×	保		持	
1	×	0	1	×	×	×	×	×	保		持	
1	1	1	1	×	×	×	×	↑	计		数	

2. 十进制计数器

采用 8421 编码方式，取四位二进制数前面的 0000~1001 来表示十进制的 0~9 十个数码，即计数器计到第九个脉冲后再来一个脉冲，即由 1001 变为 0000，这样的计数器即称为 8421 码十进制计数器（十进制计数器）。表 21.6 为十进制加法计数器的状态表。

表 21.6　　　　　　　　　　　　　十进制加法计数器状态表

输入 CP 数	二进制数				十进制数
	Q_4	Q_3	Q_2	Q_1	
0	0	0	0	0	0
1	0	0	0	1	1
2	0	0	1	0	2
3	0	0	1	1	3
4	0	1	0	0	4
5	0	1	0	1	5
6	0	1	1	0	6
7	0	1	1	1	7
8	1	0	0	0	8
9	1	0	0	1	9
10	0	0	0	0	进位

同步十进制计数器：常用的如 74LS160 型集成同步十进制计数器，其逻辑符号同图 21.13。

异步十进制计数器：常用的如 74LS290 型集成异步二-五-十进制计数器，其内部逻辑图及外引脚排列如图 21.14 所示。表 21.7 为其功能表。

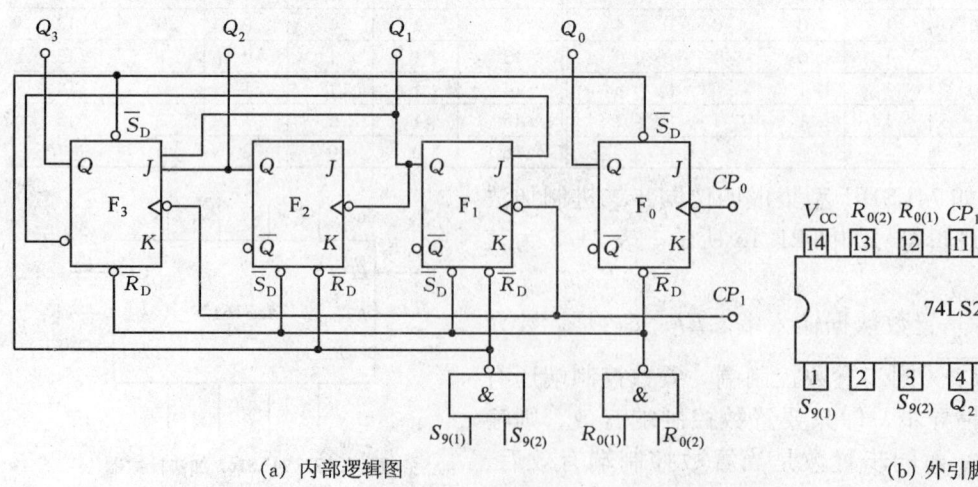

(a) 内部逻辑图　　　　　　　　　　　　(b) 外引脚排列图

图 21.14　74LS290 异步二-五-十进制计数器

表 21.7　　　　　　　　　　　74LS290 功能表

$R_{0(1)}$	$R_{0(2)}$	$S_{9(1)}$	$S_{9(2)}$	Q_3	Q_2	Q_1	Q_0
1	1	0	×	0	0	0	0
×	×	×	0	1	0	0	1
×	0	1	1	计		数	
0	×	×	0	计		数	
0	×	0	×	计		数	
×	0	0	×	计		数	

该计数器只输入计数脉冲 CP_0，由 Q_0 输出，$F_1 \sim F_3$ 三位触发器不用，为二进制计数器。只输入计数脉冲 CP_1，由 Q_3，Q_2，Q_1 输出，F_0 触发器不用，为五进制计数器。将 Q_0 端与 F_1 的 CP_1 端连接，输入计数脉冲 CP_0，为异步十进制计数器。

3. 任意进制计数器

任意进制计数器可由集成二进制或十进制计数器改接而成。其方法有清零法和置数法。假设已有 N 进制计数器，现需要得到 M 进制计数器。

(1) 当 $M < N$ 时

在 N 进制计数器的顺序计数过程中设法跳过 $(N-M)$ 状态，就可得到 M 进制计数器。利用反馈清零法组成电路的步骤如下。

① 写出计数状态 S_M 的二进制代码；

② 写出反馈置零函数(即根据 S_M 写置零端的逻辑函数表达式)；

③ 根据反馈置零函数式画连线图。

当计数器芯片从全零状态 S_0 开始计数并接受了 M 个计数脉冲后，电路进入 S_M 状态，此时将 S_M 状态译码产生的一个置零信号回送到芯片的异步置零输入端，则计数器可立刻返回 S_0 状态，实现了 M 进制计数。

利用置数法组成电路的步骤如下。

① 利用异步置数端要写出计数状态 S_M 对应的二进制代码；利用同步置数端要写出计数状态 S_{M-1} 对应的二进制代码；

② 由 S_M 或 S_{M-1} 写出置数端的逻辑函数表达式；

③ 根据反馈置数函数式画连线图。

(2) 当 $M > N$ 时

由于 $M > N$，这时需用多片 N 进制计数器芯片，组成不同的连接方式，可构成 M 进制计数器。其组成原理与 $M < N$ 时类似。

21.2.4　时序逻辑电路的分析

已知一时序逻辑电路，经过分析最后得到其逻辑功能，其步骤如下。

(1) 由已知时序逻辑电路，写出驱动方程、时钟方程、输入方程、输出方程。

(2) 由组成电路的触发器的特征方程，写出状态方程；

(3) 由状态方程经分析计算，列出状态表(进而可得状态循环图，并根据时钟脉冲画出时序图)。

(4) 说明电路的逻辑功能。

21.3 典型例题解析

例 21.1 根据图示某计数器的输出波形,分析该计数器是几进制计数器。

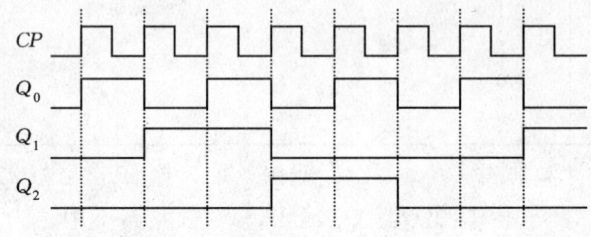

例 21.1 图

解 由波形图可知,该计数器的状态($Q_2Q_1Q_0$)为

$$000 \longrightarrow 001 \longrightarrow 010 \longrightarrow 011 \longrightarrow 100 \longrightarrow 101$$

故为六进制计数器。

例 21.2 分析图示时序逻辑电路。要求:
(1) 写出各级触发器的驱动方程(激励函数);
(2) 写出各级触发器的状态方程;
(3) 列出状态转换表;
(4) 描述逻辑功能。(设触发器初始状态为"00")

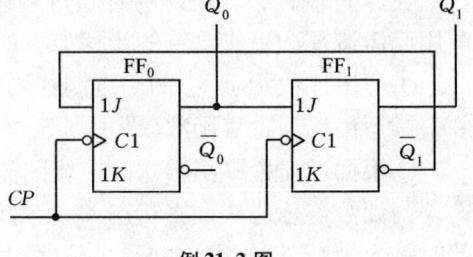

例 21.2 图

解 驱动方程:$J_0 = \overline{Q_1}$,$K_0 = 1$

$J_1 = Q_0$,$K_1 = 1$

状态方程:$Q_0^{n+1} = \overline{Q_1^n}\,\overline{Q_0^n}$;$Q_1^{n+1} = \overline{Q_1^n}Q_0^n$

状态表

CP	Q_1^{n+1}	Q_0^{n+1}	CP	Q_1^{n+1}	Q_0^{n+1}
0	0	0	3	0	0
1	0	1	4	0	1
2	1	0	5	1	0

该时序电路两个触发器的时钟脉冲接至同一端 CP,故为同步。由状态表知,从第 0 个脉冲开始,到第 3 个脉冲时又回到初始状态,即有 3 个计数状态,且状态的变化为递增,故为同步三进制加法计数器。

例 21.3 已知图(a)所示电路图及 CP 脉冲波形,试画出 Q_0,Q_1 的波形。(设触发器初始状态为"00")

解 驱动方程:$J_0 = K_0 = \overline{Q_1}$,$J_1 = Q_0$,$K_1 = \overline{Q_0}$

状态方程:$Q_0^{n+1} = \overline{Q_1^n}\,\overline{Q_0^n} + \overline{Q_1^n}Q_0^n$,$Q_1^{n+1} = Q_0^n\,\overline{Q_1^n} + Q_0^n Q_1^n = Q_0^n$

由状态方程可得状态表,进而画出波形如图(b)所示。

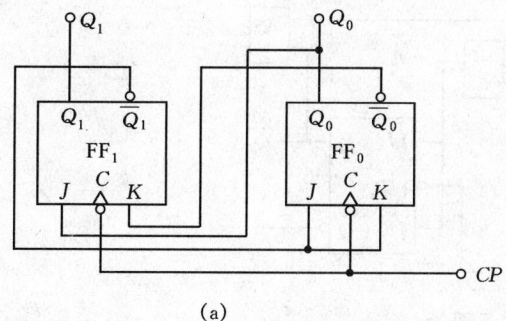
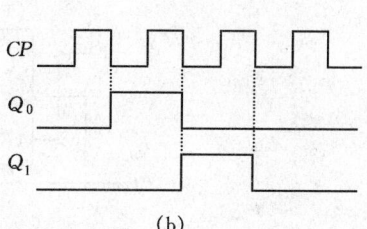

(a)   (b)

例 21.3 图

状态表

CP	Q_1	Q_0	C	Q_1	Q_0
0	0	0	2	1	0
1	0	1	3	0	0

例 21.4 列出图(a)所示电路的状态表,写出输出 F 的逻辑式。已知脉冲的波形,画出 Q_1、Q_0 及 F 的波形,若 CP 脉冲的频率为 1kHz,计算 F 的脉宽 t_w 和周期 T。(设触发器初始状态为"11")。

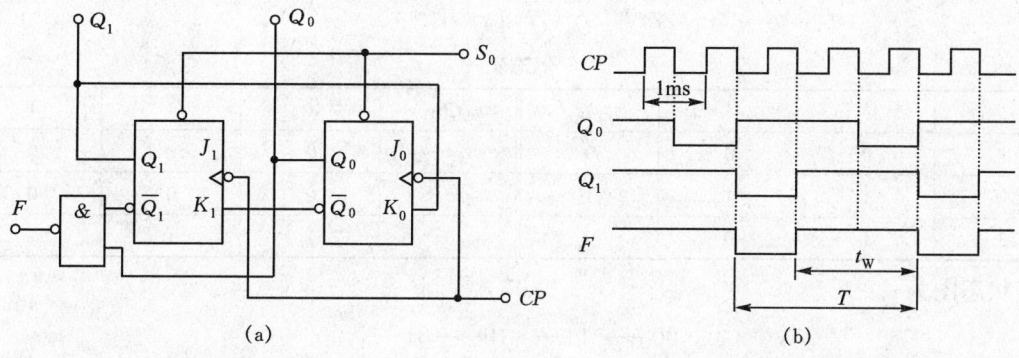

例 21.4 图

解 驱动方程:$J_0 = 1$, $K_0 = Q_1$, $J_1 = 1$, $K_1 = \overline{Q_0}$

状态方程:$Q_0^{n+1} = \overline{Q_1^n} + \overline{Q_0^n} = \overline{Q_1^n \, Q_0^n}$, $Q_1^{n+1} = \overline{Q_1^n} + Q_0^n$

输出方程:$F = \overline{\overline{Q_1} Q_0} = \overline{Q_0} + Q_1$

分析计算可得状态表,进而画出波形图如图(b)所示。由波形图可知:$t_w = 2\text{ms}$, $T = 3\text{ms}$。

状态表

CP	Q_1	Q_0	F	C	Q_1	Q_0	F
0	1	1	1	3	1	1	1
1	1	0	1	4	1	0	1
2	0	1	0	5	0	1	0

例 21.5 试分析如图所示时序逻辑电路,写出驱动方程、状态方程和输出方程。分别画出当 $X=1$、$X=0$ 时的状态图。并说明此时该电路的功能。设触发器的初态为"00"。

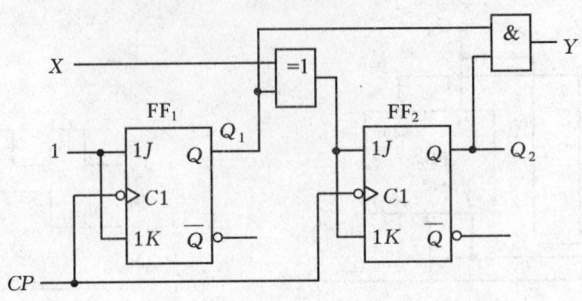

例 21.5 图

解 驱动方程：$J_1 = K_1 = 1$

$J_2 = K_2 = X \oplus Q_1$

状态方程：$Q_1^{n+1} = \overline{Q_1^n}$

$Q_2^{n+1} = (X \oplus Q_1^n)\overline{Q_2^n} + \overline{(X \oplus Q_1^n)}Q_2^n = X \oplus Q_1^n \oplus Q_2^n$

输出方程：$Y = Q_1 Q_2$

（1）当 $X = 1$ 时，电路为两位二进制同步减法电路，Y 为借位输出。

$$Q_1^{n+1} = \overline{Q_1^n}$$

$$Q_2^{n+1} = \overline{Q_1^n}\ \overline{Q_2^n} + Q_1^n Q_2^n$$

状态表

CP	Q_2	Q_1	Y	CP	Q_2	Q_1	Y
1	0	0	0	4	0	1	0
2	1	1	1	5	0	0	0
3	1	0	0	6	1	1	1

状态图为：

$$00 \longrightarrow 11 \longrightarrow 10 \longrightarrow 01$$

（2）当 $X = 0$ 时，电路为两位二进制同步加法电路，Y 为进位输出。

$$Q_1^{n+1} = \overline{Q_1^n}$$

$$Q_2^{n+1} = Q_1^n \oplus Q_2$$

状态表

CP	Q_2	Q_1	Y	CP	Q_2	Q_1	Y
1	0	0	0	4	1	1	1
2	0	1	0	5	0	0	0
3	1	0	0				

状态图为：

$$00 \longrightarrow 01 \longrightarrow 10 \longrightarrow 11$$

例21.6 试用74LS161同步四位二进制计数器组成十二进制计数器，要求分别用置零法和置数法实现。74LS161 功能表见书318页表21.3.4，逻辑符号见书318页图21.3.7(b)。

解 由于74LS161计数模为16，现要实现十二进制计数用1片即可。

如利用反馈清零法组成电路，则

计数状态 $S_M = 1100$，$\overline{R_D} = \overline{Q_3 Q_2}$。

画连线图，如图(a)所示。

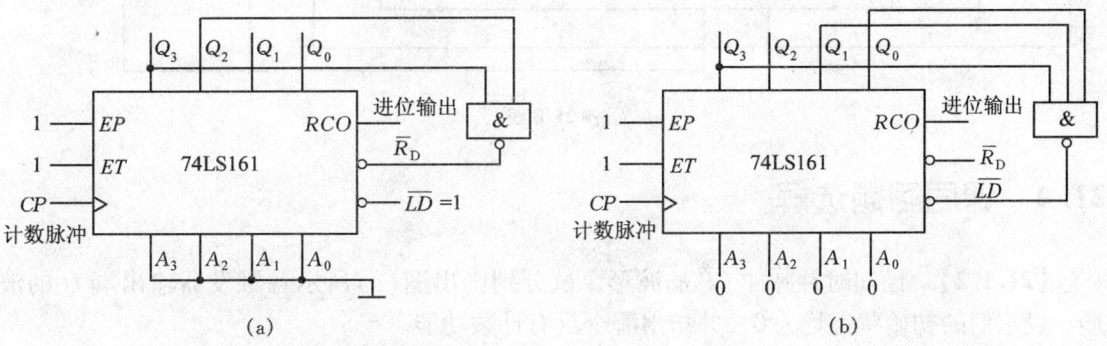

例21.6 图

如利用反馈置数法组成电路，则

计数状态 $S_{M-1} = 1011$，$\overline{LD} = \overline{Q_3 Q_1 Q_0}$。

画连线图，如图(b)所示。

例21.7 利用CT74LS160同步十进制计数器组成六进制计数器。CT74LS160的逻辑符号见图(a)。

解 利用反馈清零法组成电路，则

计数状态 $S_M = 0110$，$\overline{R_D} = \overline{Q_2 Q_1}$。

画连线图，如图(b)所示。

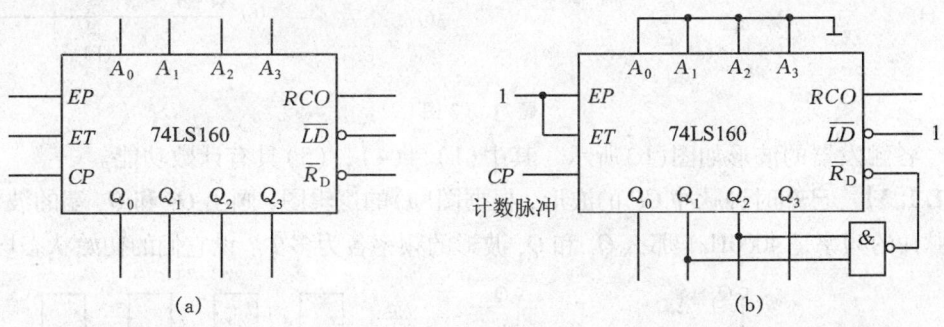

例21.7 图

例21.8 用集成芯片74LS290(逻辑图、功能表已知)连成二十四进制计数器。

解 由于 $M = 24$，需用2片74LS290十进制计数器。

利用反馈清零法组成电路，则

计数状态 $S_M = 0010\ 0100$，$R_{0(1)} = Q_1$(十位)，$R_{0(2)} = Q_2$(个位)。

画连线图，如图所示。

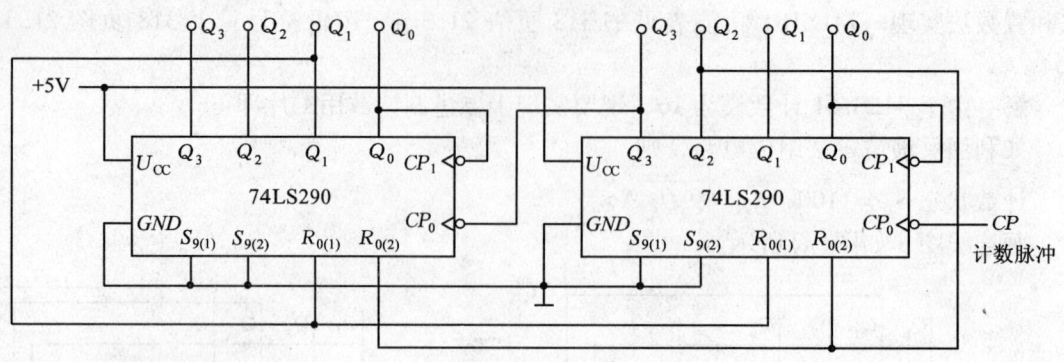

例 21.8 图

21.4 课后习题选解

【21.1.2】 已知时钟脉冲 CP 的波形，试分别画出图(a)所示各触发器输出端 Q 的波形。设它们的初始状态均为 0，并指出哪个具有计数功能。

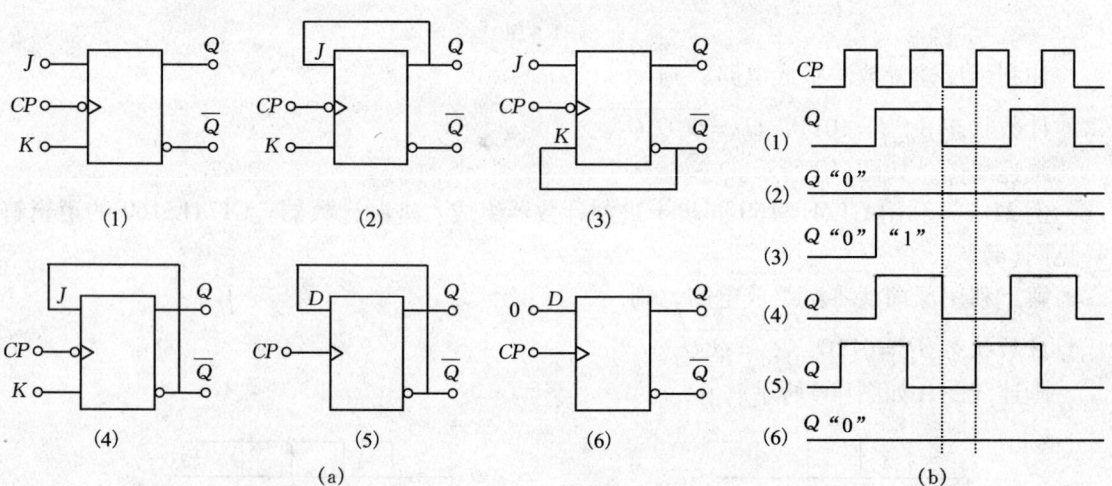

题 21.1.2 图

解 各触发器的波形如图(b)所示。其中(1)，(4)，(5)具有计数功能。

【21.1.3】 已知时钟脉冲 CP 的波形，根据图(a)的逻辑图，画出 Q_1 和 Q_2 端的波形。如果时钟脉冲的频率是 4000Hz，那么 Q_1 和 Q_2 波形的频率各为多少？设它们的初始状态均为 0。

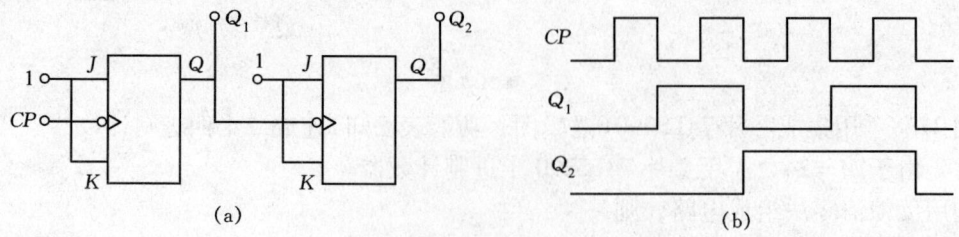

题 21.1.3 图

解 图中两触发器均接成计数状态，具有计数功能，故其波形如图(b)所示。由图知 Q_1 的周期比 CP 的周期大 1 倍，则频率为 $f_{Q1} = \frac{1}{2}f_C = \frac{1}{2} \times 4000\text{Hz} = 2000\text{Hz}$。$Q_2$ 的周期比 Q_1 的周期又大 1 倍，则频率为 $f_{Q2} = \frac{1}{2}f_{Q1} = \frac{1}{2} \times 2000\text{Hz} = 1000\text{Hz}$，因此称为四分频电路。

【21.1.15】 根据图(a)的逻辑图及相应的 CP 波形，试画出 Q_1 和 Q_2 端的输出波形，设初始状态 $Q_1 = Q_2 = 0$。

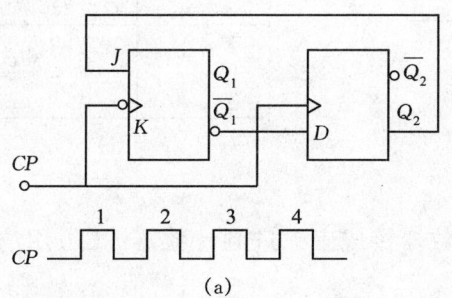
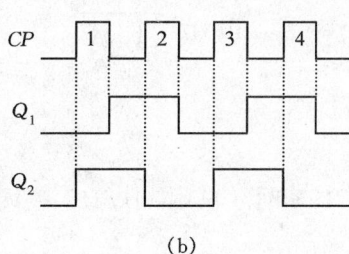

题 21.1.15 图

解 JK 触发器的状态方程为 $Q^{n+1} = J\overline{Q^n} + \overline{K}Q^n$，则 $Q_1^{n+1} = \overline{Q_2^n}\,\overline{Q_1^n}$，D 触发器的状态方程为 $Q_2^{n+1} = \overline{Q_1^n}$，画出 Q_1 和 Q_2 端的输出波形如图(b)所示。

【21.1.16】 图(a)所示电路是一个可以产生几种脉冲波形的信号发生器，试从所给的时钟脉冲 CP 画出 Y_1，Y_2，Y_3 三个输出端的波形，设触发器的初始状态为 0。

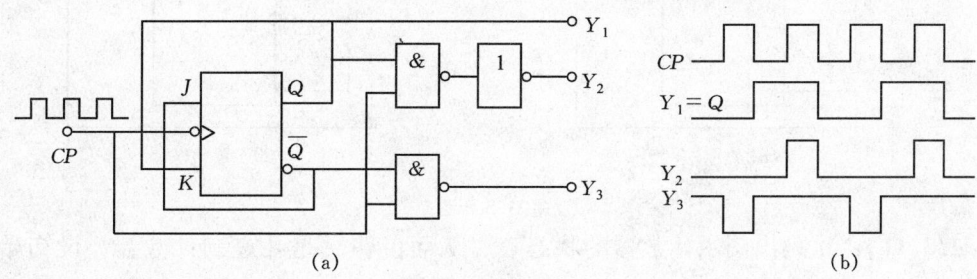

题 21.1.16 图

解 JK 触发器的状态方程为 $Q^{n+1} = J\overline{Q^n} + \overline{K}Q^n$，则 $Q^{n+1} = \overline{Q^n} \cdot \overline{Q^n} + \overline{Q^n} \cdot Q^n = \overline{Q^n}$
因此，$Y_1 = Q$，$Y_2 = Q \cdot CP$，$Y_3 = \overline{QCP} = \overline{Q} + \overline{CP}$
于是 Y_1，Y_2，Y_3 三个输出端的波形如(b)所示。

【21.3.7】 74LS293 型计数器的逻辑图、外引线排列图及功能表如图所示。它有两个时钟脉冲输入端 CP_0 和 CP_1。试问：
(1) 从 CP_0 输入脉冲，Q_0 输出时，是几进制计数器？
(2) 从 CP_1 输入脉冲，Q_3，Q_2，Q_1 输出时，是几进制计数器？
(3) 将 Q_0 端接到 CP_1 端，从 CP_0 输入脉冲，Q_3，Q_2，Q_1，Q_0 输出时，是几进制计数器？图中 $R_{0(1)}$ 和 $R_{0(2)}$ 是清零输入端，当该两端全为 1 时，将四个触发器清零。

解 (1)为二进制计数器；(2)为八进制计数器；(3)为十六进制计数器。

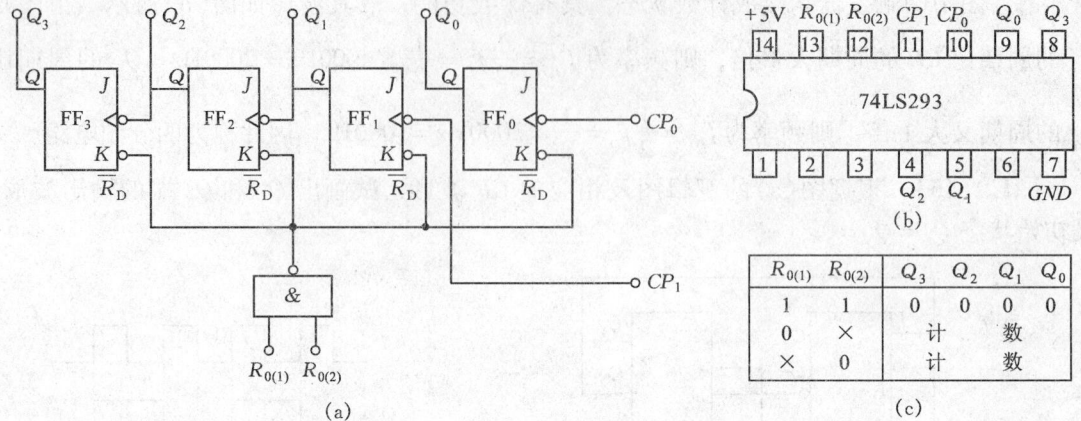

题 21.3.7 图

【21.3.8】 试用 74LS161 型同步二进制计数器接成十二进制计数器：(1)用清零法；(2)置数法。

解 用清零法和置数法连接电路分别如图(a)(b)所示。

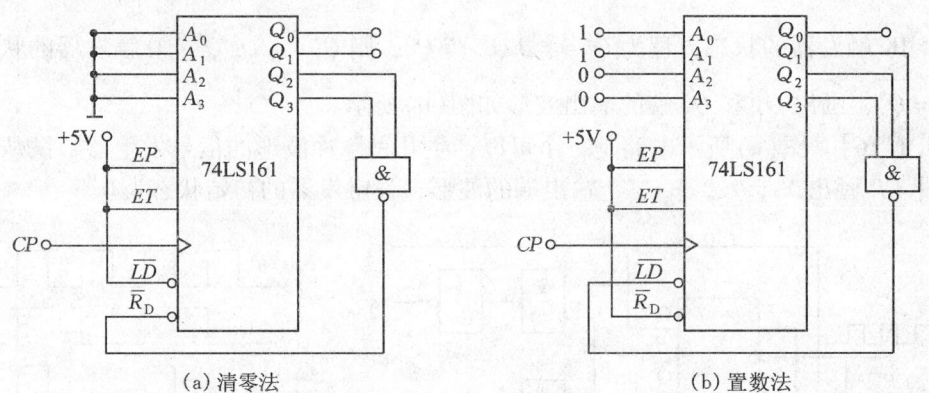

题 21.3.8 图

【21.3.11】 试列出图示计数器的状态表，从而说明它是几进制计数器。设初始状态为"000"。

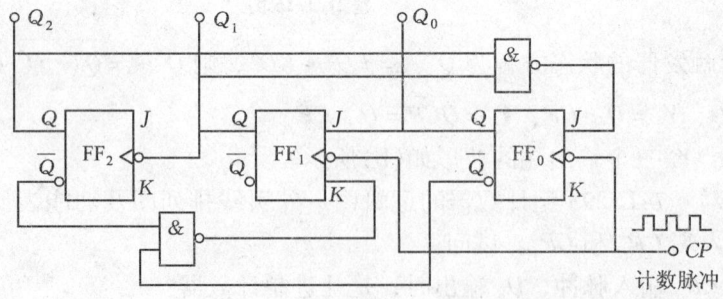

题 21.3.11 图

解 由逻辑图可得驱动方程 FF_0：$J_0 = \overline{Q_2 \cdot Q_1}$，$K_0 = 1$；$FF_1$：$J_1 = Q_0$，$K_1 = \overline{\overline{Q_2} \cdot \overline{Q_0}}$；$FF_2$：$J_2 = K_2 = 1$。

各触发器的时钟方程为：$CP_0 = CP$，$CP_1 = CP$，$CP_2 = Q_1$（均为下降沿触发）。由此可得状态方程FF_0：$Q_0^{n+1} = J_0 \overline{Q_0^n} + \overline{K_0} Q_0^n = \overline{Q_2^n \cdot Q_1^n \cdot \overline{Q_0^n}}$

FF_1：$Q_1^{n+1} = J_1 \overline{Q_1^n} + \overline{K_1} Q_1^n = \overline{Q_1^n \cdot Q_0^n} + \overline{Q_2^n \cdot Q_1^n \cdot \overline{Q_0^n}}$

FF_2：$Q_2^{n+1} = J_2 \overline{Q_2^n} + \overline{K_2} Q_2^n = \overline{Q_2^n}$

由状态方程计算可得如下状态表。

CP序号	初态值			激励函数值									次态值		
	Q_2^n	Q_1^n	Q_0^n	J_2	K_2	CP_2	J_1	K_1	CP_1	J_0	K_0	CP_0	$Q_2^{(n+1)}$	$Q_1^{(n+1)}$	$Q_0^{(n+1)}$
1	0	0	0	1	1	—	0	0	↓	1	1	↓	0	0	1
2	0	0	1	1	1	—	1	1	↓	1	1	↓	0	1	0
3	0	1	0	1	1	—	0	0	↓	1	1	↓	0	1	1
4	0	1	1	1	1	↓	1	1	↓	1	1	↓	1	0	0
5	1	0	0	1	1	—	0	0	↓	1	1	↓	1	0	1
6	1	0	1	1	1	—	1	1	↓	1	1	↓	1	1	0
7	1	1	0	1	1	↓	0	1	↓	0	1	↓	0	0	0

由状态表可知，计数经过七个脉冲，状态回到初始值，故为异步七进制计数器。

【21.3.13】 在图示逻辑图中，设$Q_A = 1$，红灯亮；$Q_B = 1$，绿灯亮；$Q_C = 1$，黄灯亮。试分析该电路，说明三组彩灯点亮的顺序，在初始状态，三个触发器的Q端均为零。此电路可用于晚会彩灯照明。

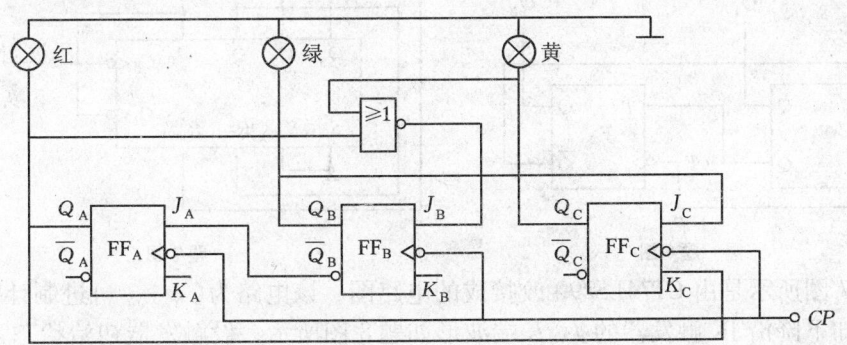

题 21.3.13 图

解 驱动方程：$J_C = Q_B$，$K_C = Q_A$；$J_B = Q_A + Q_C$，$K_B = 1$；$J_A = \overline{Q_B}$，$K_A = 1$。

列出如下状态表，可看出三组彩灯点亮的顺序为红→绿→黄→三灯全亮→三灯全灭→循环。

状态表

CP	Q_A	Q_B	Q_C
0	0	0	0
1	1	0	0
2	0	1	0
3	0	0	1
4	1	1	1
5	0	0	0

第21章 自测题

1. 一个四位的二进制加法计数器,由 0000 状态开始,经过 25 个时钟脉冲后,此计数器的状态为(   )。

2. 用四个触发器构成一个十进制计数器,无效状态的个数为(   )个。

3. 在题 3 图所示时序电路中,若 $X=1$,$Q^n=0$,则电路的次态 Q^{n+1} 为(   )和输出 Y 为(   )。

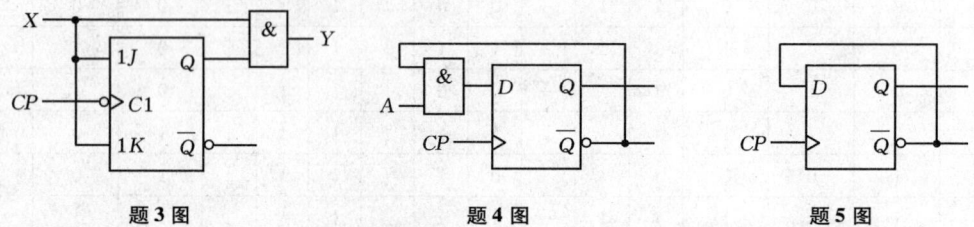

题 3 图　　　　题 4 图　　　　题 5 图

4. 电路如题 4 图所示,其状态方程 Q^{n+1} = (   )。

5. 在题 5 图所示电路中,CP 脉冲的频率为 2kHz,则输出端 Q 的频率为(   )kHz。

6. 在题 6 图所示电路中,设初始状态 $Q_1Q_2=00$,经过三个 CP 脉冲作用后,Q_1Q_2 的状态是(   )。

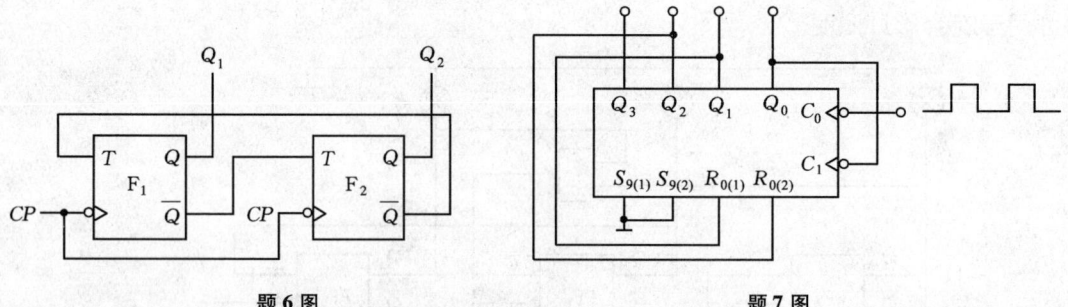

题 6 图　　　　　　　　题 7 图

7. 题 7 图所示是由 CT74LS290 改接成的电路图,该电路为(   )进制计数器。

8. 已知下降沿 JK 触发器的 J、K 端波形如题 8 图所示,设触发器初始状态为"0",画出输出信号 Q 端的波形。

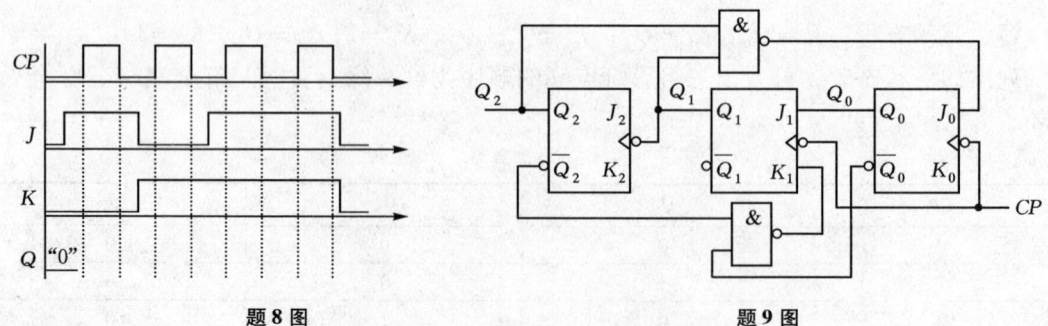

题 8 图　　　　　　　　题 9 图

9. 题 9 图为用 JK 触发器构成计数器,各触发器初始状态为"0",试分析:(1) 写出各触发器的驱动方程;(2) 列出逻辑状态表;(3) 画出 Q_2,Q_1,Q_0 的波形图;(4) 分析逻辑功能。

第 22 章 存储器和可编程逻辑器件

22.1 学习要点

(1) 了解存储器的工作原理及应用。
(2) 了解常用可编程逻辑器件的工作原理及其应用。

22.2 内容提要

22.2.1 只读存储器(ROM)

只读存储器结构简单,存储信息固定不变,由它组成与或逻辑阵列,不仅可存放设计规定的指令或数据,也可做成具有特殊逻辑功能的部件,实现特殊的逻辑函数。ROM 的结构及工作原理如图 22.1 所示。

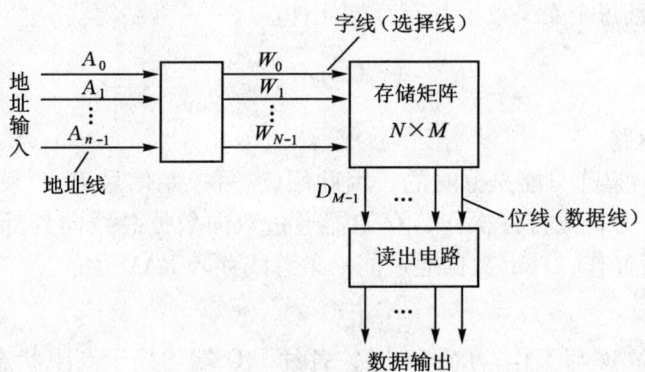

图 22.1 只读存储器(ROM)的结构

只读存储器由存储矩阵、地址译码器和读出电路组成。

1. 存储矩阵

是由若干个存储单元组成,每个单元可存放一个二进制数,其中 $A_0 \sim A_{n-1}$ 为地址选择线(字线),$D_0 \sim D_{M-1}$ 为数据线(位线),则其存储容量为 $N \times M$。

2. 地址译码器

指令或数据的存放地址用二进制编码,由地址线输入地址译码器有 n 条地址线,则可译码出 N 条字线,即可读出 N 条指令或数据,$N=2^n$,$A_0 \sim A_{n-1}$ 为地址线。

3. 读出电路

由三态门组成的数据总线,一方面它可增强带负载的能力,另一方面当 ROM 不输出数据时,在总线上可传输其他部件中的数据。

22.2.2 随机存取存储器(RAM)

随机存取存储器：可随时读取某指定的地址的存储单元中的数据或指令，也可随时将指令存入到指定地址的存储单元中，读写很方便，但电路一旦掉电，存取信息将丢失。

RAM 分为双极型和 MOS 型。

RAM 的结构与工作原理如图 22.2 所示。

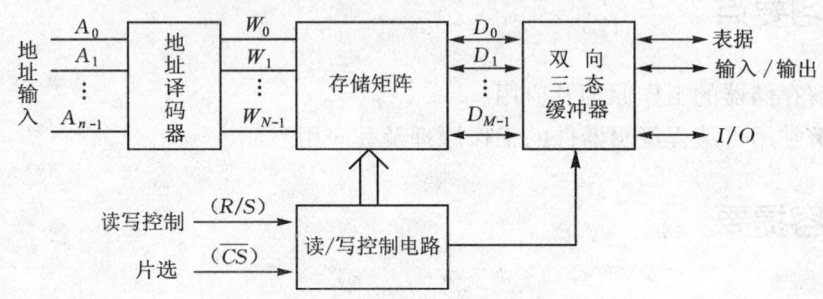

图 22.2　随机存储器（RAM）的结构

RAM 与 ROM 相似，只是多了读写控制电路，且输出端是双向数据总线。

1. 存储矩阵

与 ROM 不同之处在于，交叉点上的元件是具有记忆功能的触发器和存储电荷功能的 MOS 管栅极电容，且每个交叉点上都有存储元件。

2. 地址译码器

与 ROM 相同。

3. 读/写控制电路

存储器的读和写操作只能是分时的，因此用读/写控制信号 $R/\overline{W}$ 来控制双向数据总线（I/O）。当 $R/\overline{W}=1$ 时，执行读操作，存储器通过双向数据总线向外部输出(O)数据；当 $R/\overline{W}=0$ 时，执行写操作，外部数据通过同一条总线存入 RAM 中。

4. 片选控制

$\overline{CS}=0$ 时，RAM 参与工作；$\overline{CS}=1$ 时，各片 I/O 端均处于高阻状态，这样 RAM 可以方便进行字与位的扩展。

22.2.3 可编程逻辑器件

1. PLD 的结构框图（图 22.3）

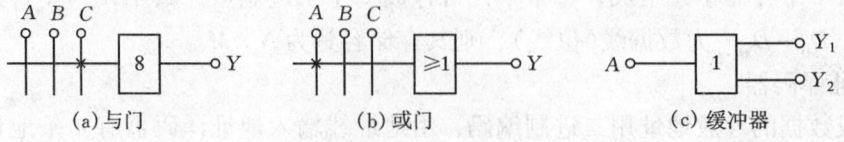

图 22.3　PLD 结构框图

导线交叉点中"·"表示固定连接点，不可改变，打"×"点表示可由用户编程点，出厂时是连通的，用户可将其断开，无"·"和"×"表示不接通或被用户擦除的，该变量则不是其输入量。

2. 可编程只读存储器

可编程只读存储器中"与"逻辑列是固定的。而"或"逻辑阵列则可根据需要进行编程，在存储矩阵的每一交叉点上都有存储条件，而且是连通的，用户可根据需要用专门的输入设备断开某些连接点，以实现自定的逻辑功能。

22.3 典型例题解析

例 22.1 根据图示 PROM 编程阵列，试写出 Y_1 和 Y_2 的逻辑式，并分析逻辑功能。

解 $Y_1 = m_3 + m_5 + m_6 + m_7$
$= \bar{A}BC + A\bar{B}C + AB\bar{C} + ABC$

$Y_2 = m_1 + m_2 + m_4 + m_7$
$= \bar{A}\bar{B}C + \bar{B}B\bar{C} + A\bar{B}\bar{C} + ABC$

此即为 PROM 构成的全加器：$Y_1 = C$；$Y_2 = S$。

例 22.2 图示为编程不完整的 PLA 阵列图（其中或阵列尚未编程）。试根据其输出的一组逻辑函数 $Y_0 \sim Y_3$ 将或阵列予以编程。逻辑函数为

$Y_0 = ABCD$
$Y_1 = AB + \bar{A}B$
$Y_2 = A\bar{B} + \bar{A}B$
$Y_3 = ABCD + \bar{A}\bar{B}\bar{C}\bar{D}$

解 完整的阵列图如图所示。

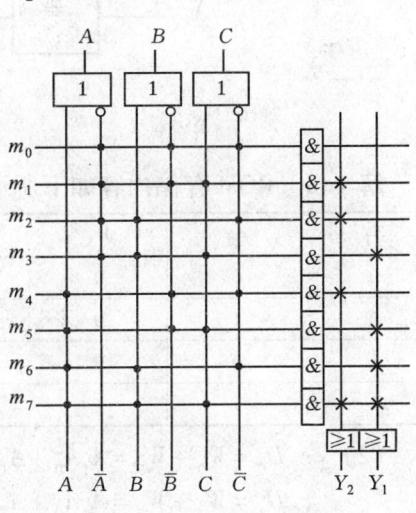

例 22.1 图

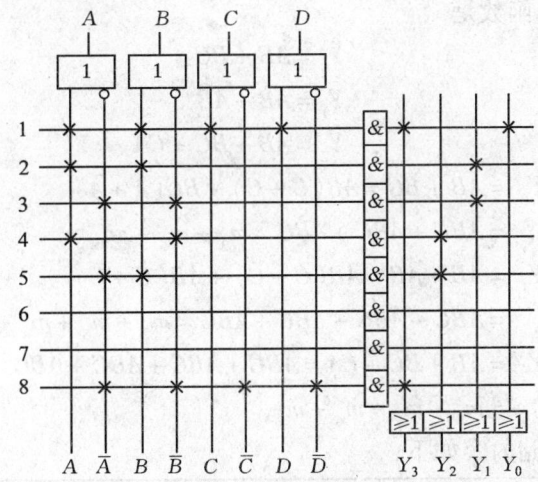

例 22.2 图

22.4 课后习题选解

【22.1.2】 已知图示 ROM,(1)列表说明 ROM 存储的内容;(2)写出 D_0 和 D_1 的逻辑式。

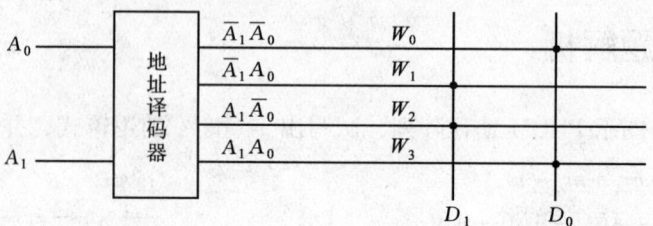

题 22.1.2 图

解 (1) ROM 存储内容如下所示：

A_1	A_0	W_3	W_2	W_1	W_0	D_1	D_0
0	0	0	0	0	1	0	1
0	1	0	0	1	0	1	0
1	0	0	1	0	0	1	0
1	1	1	0	0	0	0	1

(2) $\quad D_0 = W_0 + W_3 = \bar{A}_1\bar{A}_0 + A_1 A_0$

$\quad\quad D_1 = W_1 + W_2 = \bar{A}_1 A_0 + A_1\bar{A}_0$

【22.1.6】 试用 ROM 产生一组"与或"逻辑函数,画出 ROM 阵列图,并列表说明 ROM 存储的内容。逻辑函数是

$$Y_0 = AB + BC$$
$$Y_1 = A\bar{B} + \bar{A}B$$
$$Y_2 = AB + BC + CA$$

解 $Y_0 = AB + BC = AB(C + \bar{C}) + BC(A + \bar{A})$

$\quad\quad = \bar{A}BC + AB\bar{C} + ABC = m_3 + m_6 + m_7$

$Y_1 = A\bar{B} + \bar{A}B = A\bar{B}(C + \bar{C}) + \bar{A}B(C + \bar{C})$

$\quad\quad = A\bar{B}C + A\bar{B}\bar{C} + \bar{A}BC + \bar{A}B\bar{C} = m_2 + m_3 + m_4 + m_5$

$Y_2 = AB + BC + CA = \bar{A}BC + A\bar{B}C + AB\bar{C} + ABC$

$\quad\quad = m_3 + m_5 + m_6 + m_7$

阵列图如图所示,其存储内容如下：

W	Y_2	Y_1	Y_0
W_0	0	0	0
W_1	0	0	0
W_2	0	1	0
W_3	1	1	1

W_4	0	1	0
W_5	1	1	0
W_6	1	0	1
W_7	1	0	1

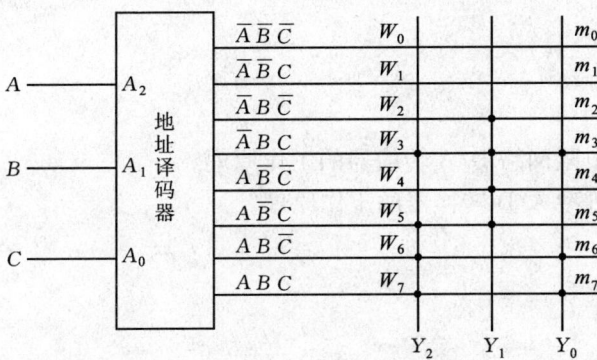

题 22.1.6 图

第 23 章 模拟量和数字量的转换

23.1 学习要点

(1) 了解倒 T 形电阻网络 D/A 转换器的工作原理。
(2) 了解逐次逼近型 A/D 转换器的工作原理。

23.2 内容提要

23.2.1 D/A 转换器

数—模转换器简称 D/A 转换器(DAC)。
主要技术指标：
(1) 分辨率
指最小的输出电压与最大的输出电压之比。例如十位 D/A 转换器的分辨率为

$$\frac{1}{2^{10}-1} = \frac{1}{1023} \approx 0.001$$

(2) 精度
指输出模拟电压的实际值与理想值之差。即最大静态误差。
(3) 线性度
系统在转换过程中产生的非线性误差，用满刻百分数表示。
(4) 输出电压(或电流)的建立时间
从输入数字信号起，到输出电压或到达稳定值所需时间，称为建立时间。建立时间分两部分：一是距运算放大器最远的那位输出信号的传输时间，二是运算放大器到达稳定状态所需时间。
(5) 电源抑制比
输出电压的变化与相对应的电源电压变化之比：

$$\gamma = \frac{\Delta U_o}{\Delta U_{CC}} \times 100\%$$

23.2.2 A/D 转换器

模—数转换器称为 A/D 转换器(ADC)。
A/D 转换器可分为直接 A/D 转换器和间接 A/D 转换器。
主要技术指标：
(1) 分辨率

用二进制或十进制位数表示。如 8 位、10 位是指二进制，能分辨最大模拟电压的 $\frac{1}{2^8}$ 或 $\frac{1}{2^{10}}$。

（2）转换误差

实际输出数字量与理论值之差。

（3）转换速度

完成一次转换所需的时间。

23.3 典型例题解析

例 23.1 在倒 T 形电阻网络 D/A 转换中，已知 $n=10$，$R=10\text{k}\Omega$，$R_F=5\text{k}\Omega$，$V_{REF}=-1$。试求当数字量 $D_n=0110111001$ 时的输出模拟电压。

解 从参考电源流入到 T 形电阻网络的总电流为

$$I = \frac{V_{REF}}{R}$$

流入求和放大器的总电流为

$$i_\Sigma = \frac{I}{2}d_{n-1} + \frac{I}{4}d_{n-2} + \cdots + \frac{I}{2^{n-1}}d_1 + \frac{I}{2^n}d_0$$

故输出模拟电压为

$$V_0 = -R_F i_\Sigma = -R_F \times \frac{V_{REF}}{2^n R} \times D_n = -5 \times 10^3 \times \frac{-10}{2^{10} \times 10 \times 10^3} \times D_n$$

将 $D_n=0110111001$ 代入上式中得到 $V_0=2.15\text{V}$。

例 23.2 假设 A/D 转换器的输入端接入 $V=V_m\sin(2000\pi t)$ 的正弦电压信号，那么取样频率至少应为多少？

解 输入正弦电压信号的频率为

$$f = \frac{2000\pi}{2\pi}\text{Hz} = 1\text{kHz}$$

根据取样定理，取样频率至少应为输入电压信号频率的两倍，因此取样频率为

$$f_s = 2f = 2\text{kHz}$$

23.4 课后习题选解

【23.1.4】 图示电路中，当 $d_3d_2d_1d_0=1010$ 时，试计算输出电压 U_O。设 $U_R=10\text{V}$，$R_F=R$。

解 应用公式：

$$U_O = \frac{U_R}{2^n}(d_{n-1}\cdot 2^{n-1} + d_{n-2}\cdot 2^{n-2} + \cdots + d_0\cdot 2) = -\frac{10}{16}\times(8+2)\text{V} = -6.25\text{V}$$

【23.1.5】 在题 23.1.4 图中，设 $U_R=10\text{V}$，$R=R_F=10\text{k}\Omega$，当 $d_3d_2d_1d_0=1011$ 时，试

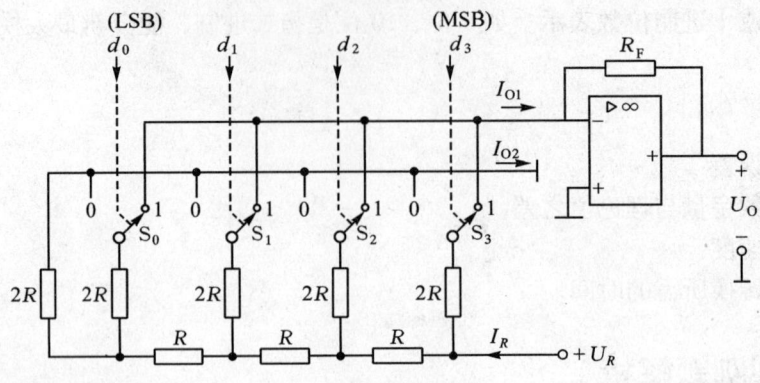

题 23.1.4 图

求此时的 I_R, I_{O1}, U_O 以及各支路电流 I_3, I_2, I_1, I_0。

解 已知 $$I_R = \frac{U_R}{R} = \frac{10}{10}\text{mA} = 1\text{mA}$$

又根据公式 $I_{O1} = \frac{U_R}{R} \cdot \frac{1}{2^4}(d_3 \cdot 2^3 + d_2 \cdot 2^2 + d_1 \cdot 2 + d_0 \cdot 1) = \frac{1}{16} \times (8 + 2 + 1)\text{mA}$

$$= \frac{11}{16}\text{mA} \approx 0.6875\text{mA}$$

则输出电压为 $U_O = -R_F \cdot I_{O1} = -10 \times 0.6875\text{V} = -6.875\text{V}$

各支路电流 $I_3 = \frac{1}{2}I_R = \frac{1}{2} \times 1\text{mA} = 0.5\text{mA}$

$I_2 = \frac{1}{4}I_R = \frac{1}{4} \times 1\text{mA} = 0.25\text{mA}$

$I_1 = \frac{1}{8}I_R = 0.125\text{mA}$

$I_0 = \frac{1}{16}I_R = 0.0625\text{mA}$

【23.2.2】 在四位逐次逼近型 A/D 转换器中，设 $U_R = 10\text{V}$，$U_1 = 8.2\text{V}$。试说明逐次比较的过程和转换的结果。

解 启动脉冲后，在第一个 CP 作用下，D/A 转换 $d_3d_2d_1d_0 = 1000$。

第二个 CP 脉冲下 $U_A = \frac{10}{2^4} \times 2^3 = 5\text{V}$，则 $V_A < U_1$，故 $d_3 = 1$，则 $d_3d_2d_1d_0 = 1100$。

第三个 CP 脉冲下 $U_A = \frac{10}{2^4} \times (2^3 + 2^2) = 7.5\text{V}$，则 $V_A < U_1$，故 $d_2 = 1$，则 $d_3d_2d_1d_0 = 1110$。

第四个 CP 脉冲下 $U_A = \frac{10}{2^4} \times (2^3 + 2^2 + 2) = 8.75\text{V}$ 则 $V_A > U_1$，故 $d_1 = 0$，则 $d_3d_2d_1d_0 = 1101$。

第五个 CP 脉冲下 $U_A = \frac{10}{2^4} \times (2^3 + 2^2 + 1) = 8.125\text{V}$，则 $V_A < U_1$，故 $d_0 = 1$，则 $d_3d_2d_1d_0$

= 1101

转换的结果是 1101。

【23.2.4】 在双积分型 A/D 转换器中，试写出第一阶段对输入电压 u_I 和第二阶段对参考电压 $-U_R$ 的两个积分式，并推算 $u_I = \dfrac{U_R}{2^n}N$。

解 第一阶段，对输入电压 u_I 积分。

$$U_A = -\frac{1}{RC}\int_0^{T_1} u_I \mathrm{d}t = -\frac{T_1}{RC}U_I$$

U_A 为负值，比较器输出 u_C 为 1，开通 CP 控制门 G，计数器开始计数，当计数到 2^n 个脉冲时，计数器清 0，同时输出一个进位信号，u_I 积分结束，$T_1 = 2^n T_{CP}$（T_{CP} 为 CP 的周期）。

第二阶段，对 $(-U_R)$ 积分。

因为 U_I 和 $(-U_R)$ 极性相反，当 $(-U_R)$ 积分时，可使 U_A 以斜率相反的线性斜波恢复为 0，随即结束对 $(-U_R)$ 的积分，所以

$$U_A = -\frac{1}{RC}\int_0^{T_2} U_R \mathrm{d}t - \int_0^{T_1} u_I \mathrm{d}t = 0$$

由上式得

$$\frac{T_2}{RC}U_R = \frac{T_1}{RC} = u_I$$

$$\frac{NT_{CP}}{RC}U_R = \frac{2^n T_{CP}}{RC}u_I$$

故 $u_I = \dfrac{U_R}{2^n}N$。

电工技术模拟试题 （考试时间：120分钟）

一、单项选择题：（每小题2分，共20分）

1. 题1图电路中电流 I 为(　　　)。

   A. $-2A$ B. $2A$ C. $5A$ D. $8A$

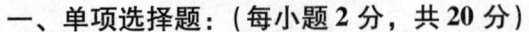

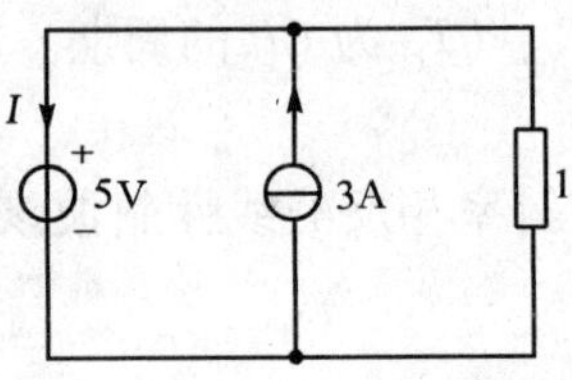

题1图 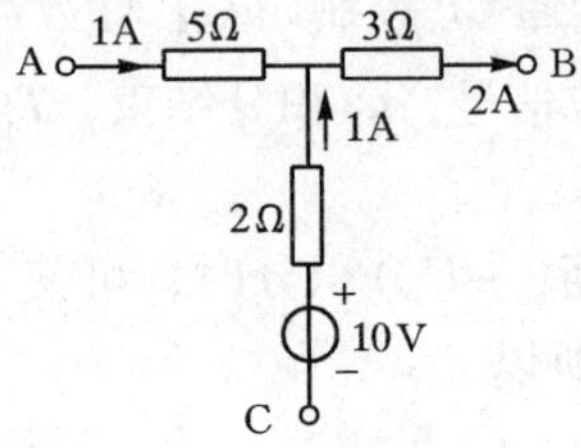   题2图 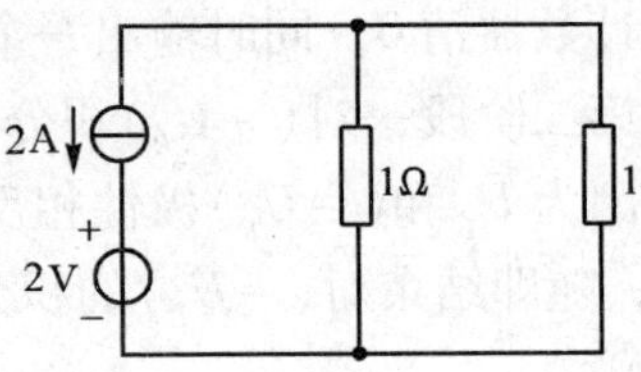   题3图

2. 题2图电路中 U_{AC} 为(　　　)。

   A. $1V$ B. $13V$ C. $-2V$ D. $4V$

3. 题3图中输出功率的是(　　　)。

   A. 电压源   B. 电流源   C. 电压源和电流源

4. 用基尔霍夫电流定律求题4图电路中的电流 $i_3 = ($　　　$)$ A。

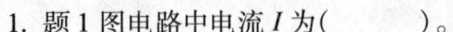

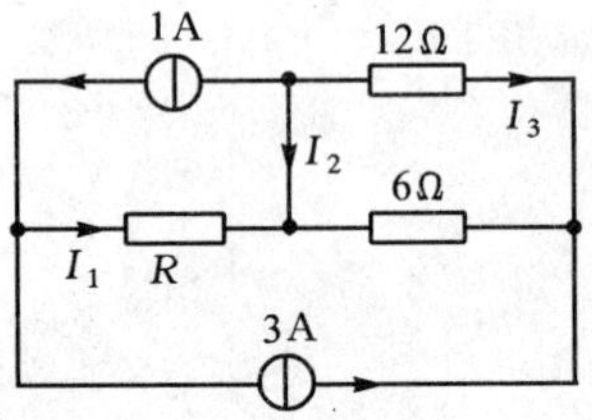

题4图 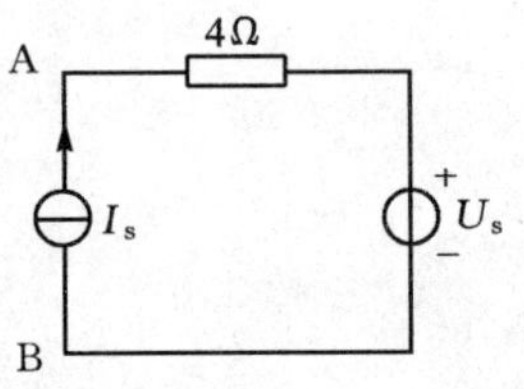   题5图 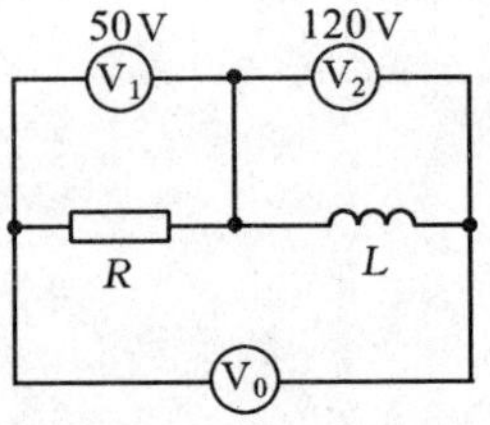   题6图 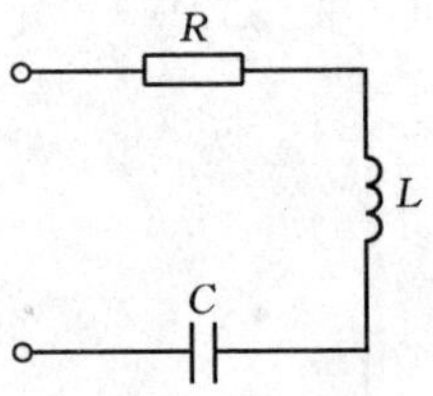   题7图

   A. 2   B. -2 C. 0   D. -1

5. 题5图中，已知 $U_s = 2V$，$I_s = 2A$，如以B为参考点，则A点的电位为(　　　)。

   A. $6V$ B. $10V$ C. $10V$

6. 题6图所示正弦交流电路中电压表 V_0 的读数是(　　　) V（其余表的读数见图）。

   A. 170   B. 70   C. 130

7. 题7图所示正弦交流电路中，已知 $R = 8\Omega$，$\omega L = 6\Omega$，$\dfrac{1}{\omega C} = 12\Omega$，则该电路的功率因数等于(　　　)。

   A. 0.6   B. 0.8   C. 0.75   D. 0.25

8. 已知一阶RL电路中全响应 $i_L(t) = (5 - 2e^{-2t})$ A；可知其初始值 $i_L(0+) = ($　　　$)$ A。

A. 5　　　　　　　B. 3　　　　　　　C. 1.5

9. 电路如题9图所示，当开关打开后电路的时间常数为(　　)s。

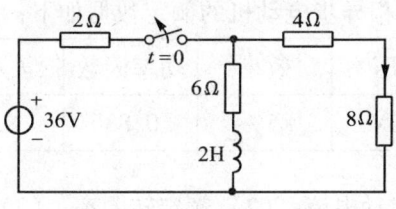

题9图

A. 9　　　　　　　B. 1/9　　　　　　C. 2　　　　　　　D. 5

10. 三相异步电动机产生的电磁转矩是由于(　　)。

　　A. 定子磁场与定子电流的相互作用　　B. 转子磁场与转子电流的相互作用
　　C. 旋转磁场与转子电流的相互作用

二、填空题（每小题2分，共10分）

11. 已知某正弦交流电压的周期为10ms，有效值为220V，在 $t=0$ 时正处于由正值过渡为负值的零值，则其表达式可写作 $u=$ (　　) V。

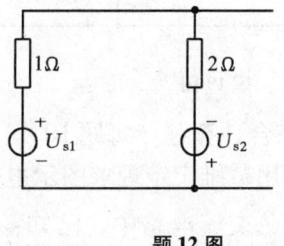

题12图

12. 题12图中，已知：$U_{S1}=4V$，$U_{S2}=4V$。则该网络等效为诺顿电路中的电流源参数 I_S 为(　　) A。

13. 已知某一感性负载接在220V/50Hz的电源上，其消耗的有功功率为4kW，其功率因数为0.707，要将其功率因数提高到0.95，在感性负载的两端应并联的电容 $C=$ (　　) μF。

14. 有一台三相异步电动机，其绕组接成三角形，接在线电压 $U_L=380V$ 的三相对称电源上，从电源所取用的功率 $P=11.43kW$，功率因数 $\cos\varphi=0.87$，则电动机的线电流大小为(　　) A。

15. 已知变压器原、副边匝数分别为 $N_1=200$ 匝，$N_2=100$ 匝，则变比 $k=$ (　　)。

三、基本计算题（本大题共4小题，每题10分，共40分）

16. 试用叠加定理求图示电路中的电流 I。

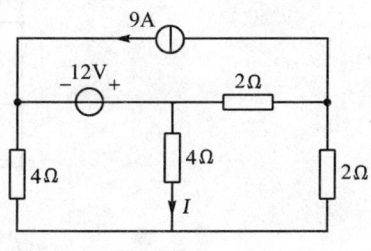

题16图

17. 对称三相电源，线电压 $U_L = 380V$，对称三相感性负载作三角形连接，若测得相电流 $I_P = 20A$，三相功率 $P = 18.24kW$，求每相负载的等效电阻和等效感抗。

18. 一台三角形连接的三相异步电动机的额定数据如下：

功率	转速	电压	效率	功率因数	I_{st}/I_N	T_{st}/T_N	T_{max}/T_N
15kW	1480r/min	380V	85%	0.83	8.0	1.9	2.2

试求：（1）额定电流和起动电流；（2）额定转差率；（3）额定转矩、最大转矩和起动转矩。

19. 图示电路换路前已处于稳态，$t = 0$ 时开关 S 闭合，求 $t \geq 0$ 时的 $u_C(t)$。

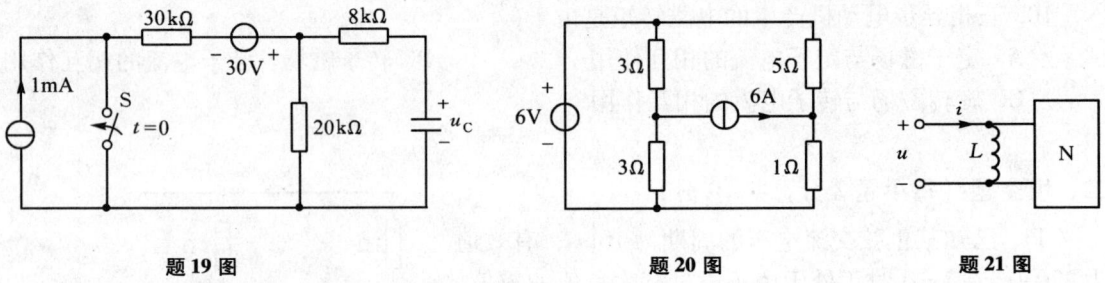

题 19 图　　　　　题 20 图　　　　　题 21 图

四、综合计算题（每题 10 分，共 30 分）

20. 利用戴维宁定理求图示电路的电压 U。

21. 正弦交流电路中，已知 $u = 75\sqrt{2}\sin(\omega t + 30°)$ V，$i = 4\sqrt{2}\sin(\omega t + 30°)$ A，$\omega L = 25\Omega$，求：二端网络 N 的有功功率 P_N 及无功功率 Q_N。

22. 写出下图电路的控制功能及主要保护功能。

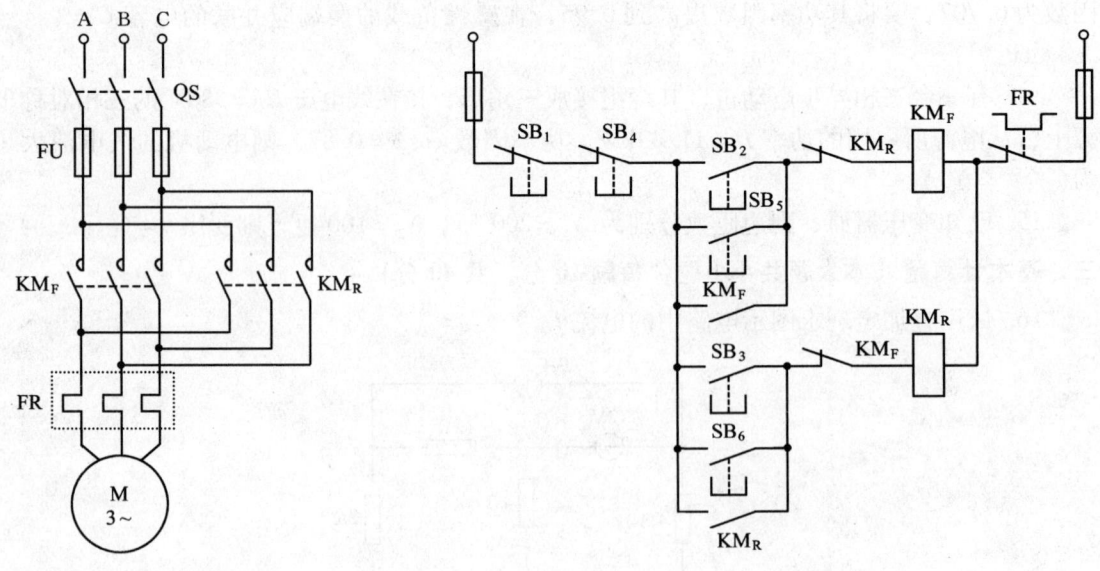

题 22 图

电子技术模拟试题 （考试时间：120分钟）

一、单项选择题：（每小题 2 分，共 20 分）

1. 电路如题 1 图所示，D_1、D_2 均为硅管（取正向压降 0.7V），D 为锗管（正向压降 0.3V），$U=6V$，忽略二极管的反向电流，则流过 D_1、D_2 的电流分别为（　　）。
   A. 2mA，2mA　　　　B. 0，2mA　　　　C. 2mA，0

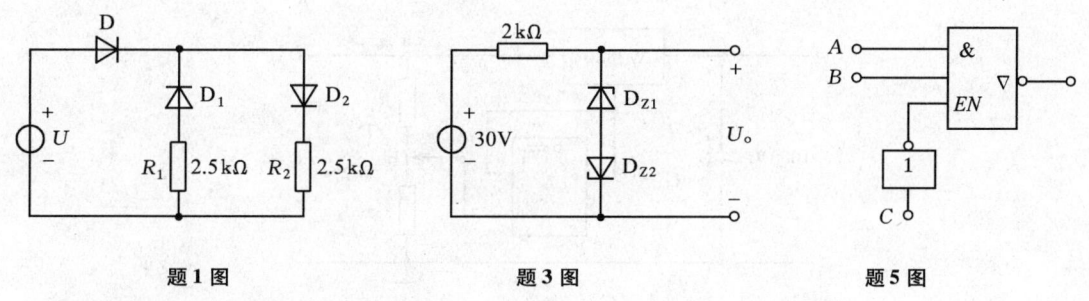

题 1 图　　　　　　　　题 3 图　　　　　　　　题 5 图

2. 正常放大时，对 NPN 型晶体管而言，应有（　　）。
   A. $U_{CE}>0$，$U_{BE}>0$　　　　　　B. $U_{CE}<0$，$U_{BE}>0$
   C. $U_{CE}<0$，$U_{BE}<0$　　　　　　D. $U_{CE}>0$，$U_{BE}<0$

3. 电路如题 3 图所示，设 D_{Z1} 的稳定电压为 6V，D_{Z2} 的稳定电压为 12V，设稳压管的正向压降为 0.7V，则输出电压 U_0 等于（　　）。
   A. 18V　　　　B. 6.7V　　　　C. 30V　　　　D. 12.7V

4. 理想运算放大器的共模抑制比为（　　）。
   A. 零　　　　B. 约 120 dB　　　　C. 无穷大

5. 逻辑电路如题 5 图所示，EN 为控制端，若 $C=$ "0"，则 F 为（　　）。
   A. 工作状态　　　　B. 高阻状态　　　　C. 断开状态；

6. n 位二进制加法计数器有（　　）个状态。
   A. 2^{n-1}　　　　B. 2^n　　　　C. 2^n-1

7. 译码器的逻辑功能是（　　）。
   A. 把某种二进制码转换成某种输出状态　　B. 把某种状态转换成相应的二进制代码
   C. 把十进制数转换成二进制数

8. 单相半波整流电路中，已知变压器副边电压的有效值 $U=10V$，整流输出端接负载电阻 $R_L=10\Omega$，则流过二极管电流的平均值 $I_D=$（　　）A。
   A. 0.9　　　　B. 0.45　　　　C. 1

9. 在放大电路中引入负反馈后使放大倍数（　　）。
   A. 降低　　　　B. 升高　　　　C. 不变

10. 如题 10 图所示电路可完成（　　）触发器的逻辑功能。

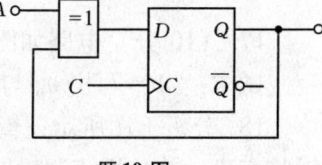

题 10 图

A. T B. D C. JK

二、填空题（本大题共 5 小题，每小题 2 分，共 10 分）

11. 在固定偏置共射放大电路中，当发射结、集电结均正偏时，发现从集电极输出的交流电压信号 u_o 出现失真。则是 u_o 的（   ）波形出现畸变。（填"正半波"或"负半波"）

12. 固定偏置放大电路中，晶体管的 $\beta = 50$，若将该管调换为 $\beta = 80$ 的另外一个晶体管，则该电路中晶体管集电极电流 I_C 将（   ）。（填"增加"或"减少"）。

13. 用逻辑代数运算法则化简逻辑式 $F = A\bar{B}\bar{C} + A\bar{B}C + AB\bar{C} + ABC = ($ $)$。

14. 题 14 图示电路，$R_1 = 5\Omega$，$R_2 = 15\Omega$，R_1 两端电压为（   ）V。

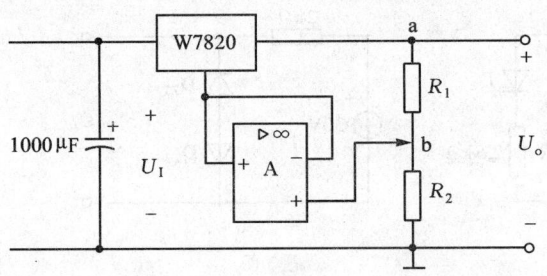

题 14 图

15. 当输入逻辑变量 A 和 B 相同时，输出为 1，A 和 B 不相同时，输出为 0，则 A 和 B 的逻辑关系为（   ）关系。

三、基本计算题（共 30 分）

16. 图中 U_{CC}，$R_c = 2k\Omega$，$R_B = 10\ k\Omega$，$\beta = 45$，试问当 U_I 分别为 $+1V$ 和 $-1V$ 时，晶体管工作于何种状态？（$U_{BE} = 0.7V$）（8 分）

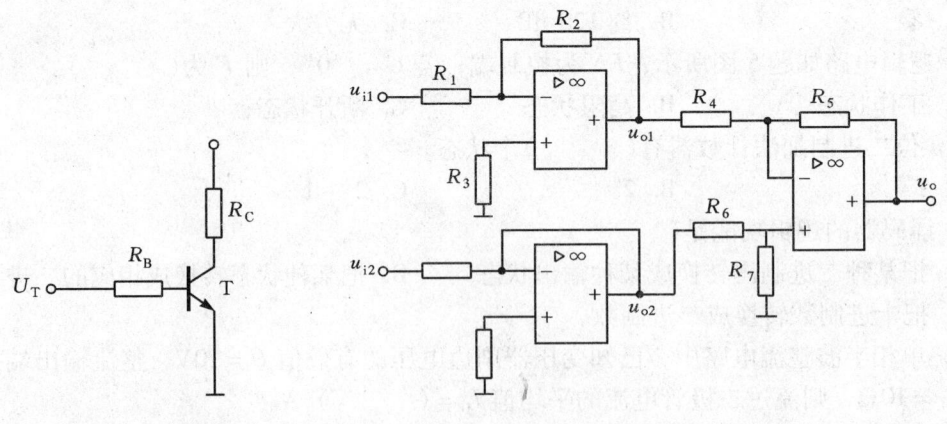

题 16 图　　　　　　　　第 17 题图

17.（10 分）电路如图，电路中电阻 $R_1 = R_3 = R_5 = R_7 = 2k\Omega$，$R_2 = R_4 = R_6 = 1k\Omega$。试求：(1) 写出 u_o 与 u_{i1}、u_{i2} 的关系式；(2) 当 $u_{i1} = -1V$、$u_{i2} = 2V$ 时，$u_o = ?$

18. 分析下图所示逻辑电路。(1) 写出 F 和 A、B、C 的逻辑关系表达式；(2) 写出逻辑状态表，并分析该逻辑电路实现的逻辑功能。(3) 将 F 的逻辑关系表达式变成"与非"

表达式 。(12分)

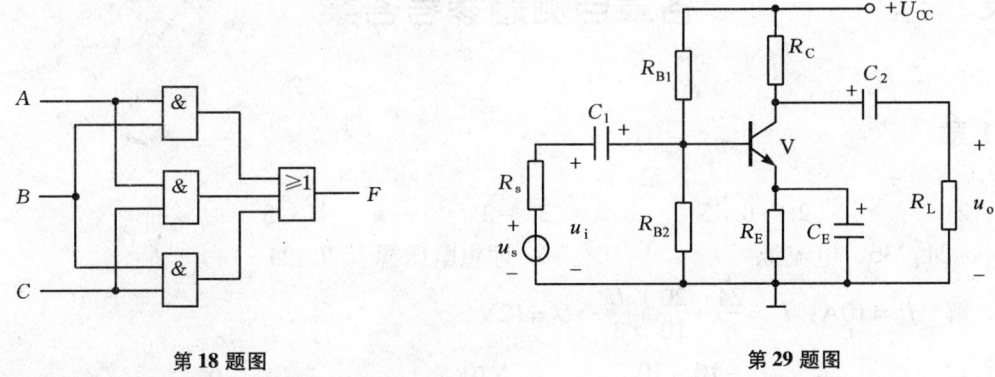

第18题图　　　　　　　　　　第29题图

四、综合分析计算题（每题10分，共40分）

19. 在题图所示放大电路中，已知晶体管的 $U_{BEQ}=0.7\text{V}$，$\beta=60$，$r_{be}=0.8\text{k}\Omega$，电源电压 $U_{CC}=20\text{V}$，$R_{B1}=33\text{k}\Omega$，$R_{B2}=13\text{k}\Omega$，$R_C=2\text{k}\Omega$，$R_E=2\text{k}\Omega$，$R_L=4\text{k}\Omega$。求：（1）静态工作点；（2）放大倍数 $\dot{A}_u=\dot{U}_o/\dot{U}_i$；（3）输入电阻 r_i 和输出电阻 r_o。

20. 整流滤波电路如图所示，已知 $U_1=32\text{V}$，$U_0=12\text{V}$，$R=2\text{k}\Omega$，$R_L=4\text{k}\Omega$，稳压管的稳定电流 $I_{zmin}=5\text{mA}$ 与 $I_{zmax}=18\text{mA}$。试求：（1）通过负载和稳压管的电流，说明稳压管能否正常工作；（2）变压器副边电压的有效值；（3）通过二极管的平均电流和二极管承受的最高反向电压。

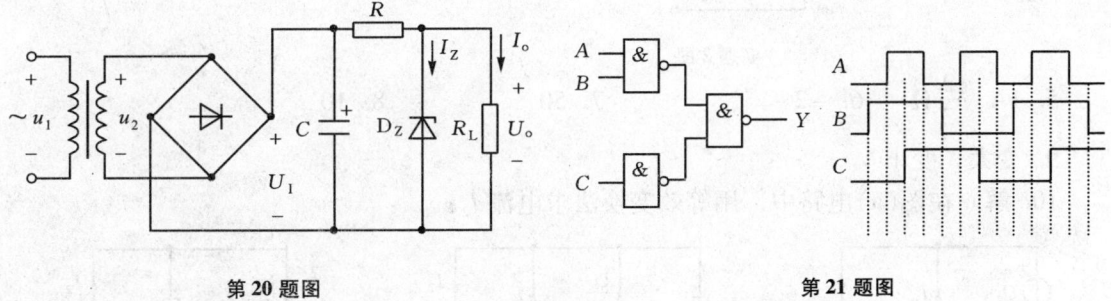

第20题图　　　　　　　　　　第21题图

21. 图示逻辑电路，该电路含有几种逻辑门？写出 Y 逻辑表达式并对应输入波形，画出 Y 的波形。

22. JK触发器组成图示电路。设初始状态为"000"。要求：写出各触发器的驱动方程；列出状态表，并判断是几进制？同步还是异步？

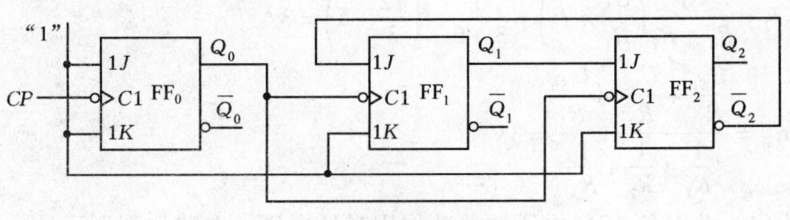

第22题图

附录 各章自测题参考答案

第1章

1. 2   2. -0.5   3. -2   4. -5

5. -24，36，电流源   6. 理想电压源   7. 24

8. **解** $I_1 = 10\text{A}$；$I_1 = \dfrac{24}{6} + \dfrac{20}{10} + \dfrac{U}{3} \Rightarrow U = 12\text{V}$

9. **解** 开关闭合前：$\dfrac{-10-10}{2+6+4} \times 4 + 10 = \dfrac{10}{2}\text{V}$；开关闭合后：$\dfrac{6}{6+4} \times 1 = 6\text{V}$

10. **解** $V_A = I_S \times \dfrac{3}{3+2+4} \times 2 - U_{S2} - U_{S1} = \left(\dfrac{3 \times 3}{3+2+4} \times 2 - 6 - 10\right)\text{V} = -14\text{V}$

第2章

1. 0.5Ω   2.   3. 14.2V，2.22Ω

解题2图

5. 1A，$\dfrac{2}{3}$Ω   6. -2   7. 50   8. 10

9. 变大，变小

10. **解** 在图(a)电路中，用等效变换法求电流 I_2：

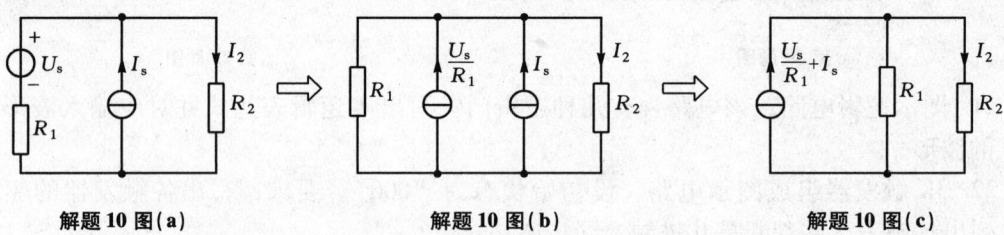

解题10图(a)   解题10图(b)   解题10图(c)

$$I_2 = \dfrac{R_1}{R_1 + R_2}\left(\dfrac{U_S}{R_1} + I_S\right) = \dfrac{3}{3+6} \times \left(\dfrac{12}{3} + 5\right) = 3\text{A}$$

11. **解** $u_{ab} = \dfrac{\dfrac{U_{S1}}{R_1} + \dfrac{U_{S2}}{R_2} - \dfrac{U_{S3}}{R_3}}{\dfrac{1}{R_1} + \dfrac{1}{R_2} + \dfrac{1}{R_3}} = 3\text{V}$

12. **解** (1) 先计算18V电压源单独作用时的电压，电路如图所示。
    $U' = 1 \times 6 = 6\text{V}$

(2) 再计算6A电流源单独作用时的电压，电路如图所示。

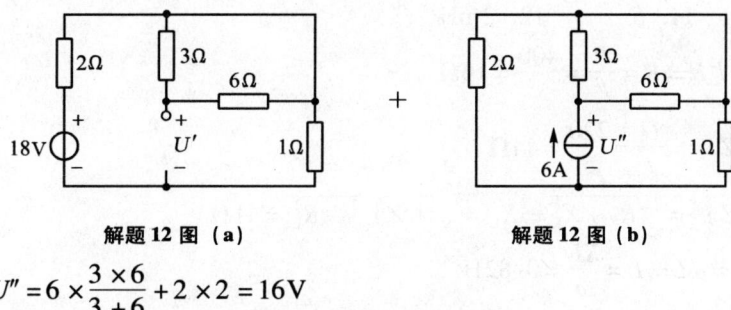

解题 12 图（a）　　　　　解题 12 图（b）

$$U'' = 6 \times \frac{3 \times 6}{3+6} + 2 \times 2 = 16\text{V}$$

（3）两电源同时作用的电压为电源分别作用时的叠加。

$$U = U' + U'' = 6 + 16 = 22\text{V}$$

13. **解**　$U_{ab} = -I_S R_1 - \dfrac{U_S}{R_4 + R_5} \times R_5 = \left(-2 \times 8 - \dfrac{36}{6+12} \times 12\right)\text{V} = -40\text{V}$

$R_0 = R_1 + R_4 // R_5 = (8 + 6 // 12)\ \Omega = 12\Omega$

$I_3 = \dfrac{U_{ab}}{R_0 + R_3} = \dfrac{-40}{12+4}\text{A} = -2.5\text{A}$

第3章

1. 0.5　　2. 3　　3. 1　　4. 0　　5. 20

6. -2　　7. 0.5　　8. 50e^{-500t}　　9. $\dfrac{U_0}{R_1}\text{e}^{-\frac{R_3}{L}t}\text{A}$　　10. $-2\text{e}^{-9t}\text{A}$

11. **解**　$u_c(0+) = u_c(0-) = 12\text{V}$；　$u_c(\infty) = \dfrac{6}{6+6} \times 12 = 6\text{V}$；

$\tau = RC = (6//6 + 5) \times 0.2 \times 10^{-6}\text{s}$

$u_c(t) = u_c(\infty) + [u_c(0+) - u_c(\infty)]\text{e}^{-\frac{t}{\tau}} = (6 + 6\text{e}^{-6.25 \times 10^6 t})\text{V}\quad t > 0$

12. **解**　$u_c(0+) = u_c(0-) = 5\text{V}$；$\tau = (R_1 // R_2 // R_3)C = 4 \times 10^3 \times 100 \times 10^{-6} = 0.4\text{s}$

$u_c(\infty) = -2.5\Omega; u_c(t) = (-2.5 + 7.5\text{e}^{-2.5t})\text{V}\quad t > 0$

13. **解**　$u_c(0+) = u_c(0-) = 0; u_c(\infty) = 2\text{V}$；

$u_c(t) = u_a(t) = (2 - 2\text{e}^{-t})\text{V}$

$i_L(0+) = i_L(0-) = 2\text{A}; i_L(\infty) = 0; \tau_L = \dfrac{L}{r} = 0.5\text{s}$

$i_L(t) = 2\text{e}^{-2t}\text{A}; u_b(t) = u_L(t) = L\dfrac{\text{d}i_L}{\text{d}t} = -4\text{e}^{-2t}\text{V}$

$u_{ab}(t) = u_a(t) - u_b(t) = [2(1 - \text{e}^{-t}) + 4\text{e}^{-2t}]\text{V}\quad t > 0$

第4章

1. 120°　　2. $10\sin(\omega t - 45°)\text{A}$　　3. 25W

4. $|Z| = \sqrt{R^2 + X_L^2}$　　5. 45°　　6. 800　　7. -433

8. 2000　　9. 同相位；电压超前电流；电流超前电压

10. $5\sqrt{2}$ 11. 5   12. 2mH

13. **解** $P = I^2R \Rightarrow R = \dfrac{P}{I^2} = \dfrac{400}{5^2} = 16\Omega$

$$|Z| = \dfrac{U}{I} = \dfrac{220}{5} = 44\Omega$$

$$|Z| = \sqrt{R^2 + X_L^2} \Rightarrow X_L = \sqrt{|Z|^2 - R_L^2} = 41\Omega$$

$$X_L = \omega L \Rightarrow L = \dfrac{X_L}{\omega} = 0.82\text{H}$$

14. **解** $\cos\varphi_1 = 0.6 \Rightarrow \varphi_1 = 53.13°$；$\cos\varphi_2 = 0.9 \Rightarrow \varphi_1 = 25.84°$

所以并联电容为：

$$C = \dfrac{P}{\omega U^2}(\tan\varphi_1 - \tan\varphi_2) = \dfrac{10 \times 10^3}{314 \times 220^2}(\tan 53.13° - \tan 25.84°) = 557\mu F$$

未并电容时，电路中的电流为：

$$I = I_L = \dfrac{P}{U\cos\varphi_1} = \dfrac{10 \times 10^3}{220 \times 0.6} = 75.8\text{A}$$

并联电容后，电路中的电流为：

$$I = I_L = \dfrac{P}{U\cos\varphi_2} = \dfrac{10 \times 10^3}{220 \times 0.9} = 50.5\text{A}$$

第 5 章

1. $\sqrt{3}10\angle 45°$ A   2. $380\angle 150°$ V   3. 34.64   4. 11.55

5. 600VA   6. 100V   7. 1.732A   8. 13.2

9. **解** 由于对称三相感性负载作三角形连接时，则 $U_L = U_P$，$I_L = \sqrt{3}I_P$

因 $P = \sqrt{3}U_L I_L \cos\varphi$

所以 $\cos\varphi = \dfrac{P}{\sqrt{3}U_L I_L} = \dfrac{18.24 \times 10^3}{\sqrt{3} \times 380 \times 34.6} = 0.8$

$$I_P = \dfrac{I_L}{\sqrt{3}} = \dfrac{34.6}{\sqrt{3}} \approx 20\text{A}$$

$$|Z| = \dfrac{U_P}{I_P} = \dfrac{U_L}{I_P} = \dfrac{380}{20} = 19\Omega$$

$$R = |Z|\cos\varphi = 19 \times 0.8 = 15.2$$

$$X_L = \sqrt{|Z|^2 - R^2} = \sqrt{19^2 - 15.2^2} = 11.4\Omega$$

10. **解** 对称三相负载三角形连接时，$U_L = U_P$，$I_L = \sqrt{3}I_P$，只选一相进行计算。

设 $\dot{U}_{AB} = \dot{U}_{ab} = 380\angle 0°$ V

所以 $\dot{I}_{ab} = \dfrac{\dot{U}_{ab}}{R_Y} = \dfrac{380\angle 0°}{8 + j6} = 38\angle -36.9°$ A

由角接时线电流和相电流的关系知，

$$\dot{I}_A = \sqrt{3}\dot{I}_{ab}\angle -30° = \sqrt{3} \times 38\angle -36.9°\text{A}$$

则 $I_P = 38\text{A}$，$I_L = 65.8\text{A}$，

$$P = \sqrt{3}\,U_L I \text{L}\cos\varphi = \sqrt{3} \times 380 \times 658 \times cos37° = 34646\text{W}$$

第 7 章

1. 旋转磁场与转子电流的相互作用　　2. $n_0 > n$　　3. 相序
4. 定子绕组的线电压、线电流　　5. 电动机轴上输出的机械功率
6. $S = 1$　　7. $\sqrt{3}\,U_N I_N \cos\varphi_N \eta_N$
8. （1）由 Y112M_ 4 型可知，$P = 2$，$n_0 = 1500\text{r/min}$

则转差率　　　　$s_N = \dfrac{15500-1440}{1500} = 0.04$

（2）额定电流　　$I_N = \dfrac{P_N}{\sqrt{3}\,U_N \cos\varphi\,\eta} = \dfrac{4000}{\sqrt{3} \times 380 \times 0.8 \times 80\%} = 9.5\text{A}$

（3）启动电流　　$I_{st} = 7 \times I_N = 7 \times 9.5 = 66.5\text{A}$

（4）额定转矩　　$T_N = 9550\dfrac{P_N}{n_N} = 9550 \times \dfrac{4}{1440} = 26.5\text{N}\cdot\text{m}$

（5）启动转矩　　$T_{st} = 2.2 T_N = 2.2 \times 26.5 = 58.4\text{N}\cdot\text{m}$

（6）最大转矩　　$T_{max} = 2.2 T_N = 2.2 \times 26.5 = 58.4\text{N}\cdot\text{m}$

（7）额定输入功率　$P_1 = \dfrac{P_N}{\eta} = \dfrac{4 \times 10^3}{0.8} = 5000\text{W}$

第 10 章

1. ⟋　　　　　　　　　　　　　　　　　2. FR，FU，KM
3. SB 是按钮，KM 是交流接触器；有 3 处自锁环节；KM_1，KM_2 均不能断电停止运行。

当 KM_1，KM_2 通电工作时，分别与按钮形成自锁，使开关 SB_2，SB_4 按钮失去控制作用。

4. **解**　闭合 S，接通主回路及控制回路。

（1）按 SB_{1-1} $\begin{bmatrix} SB_{1-2}\text{断（对 }KM_2\text{ 机械互锁）} \\ SB_{1-1}\text{合，}KM_1\text{ 通电} \begin{bmatrix} KM_{1-1}\text{合（自锁）} \\ KM_{1-2}\text{合，A、B、C 接通，电动机正转} \\ KM_{1-3}\text{断（对 }KM_2\text{ 互锁）} \end{bmatrix} \end{bmatrix}$

（2）按 SB_{2-1} $\begin{bmatrix} SB_{2-2}\text{断（对 }KM_1\text{ 机械互锁）} \\ SB_{2-1}\text{合，}KM_2\text{ 线圈通电} \begin{bmatrix} KM_{2-1}\text{合（自锁）} \\ KM_{2-2}\text{合，C、B、A 接通，电动机反转} \\ KM_{2-3}\text{断（对 }KM_1\text{ 互锁）} \end{bmatrix} \end{bmatrix}$

第 14 章

1. 0　　　　2. 截止　　　　3. 10　　　　4. 正向，正向　　5. 饱和

6. 6, 7   7. E, B, C   8. 输入电流控制输出电流

第15章

1. 100   2. Q' 3. 饱和, 增加   4. 480   5. 放大
6. 饱和;   7. 1
8. **解**

(1) 计算静态值 I_B, I_C, U_{CE}

$$V_B = \frac{R_{B2}}{R_{B1}+R_{B2}}V_{CC} = \frac{25}{75 \times 25} \times 12 = 3\text{V}$$

$$I_C \approx I_E \approx \frac{V_B}{R_E} = \frac{3}{2} = 1.5\text{mA}$$

$$I_B = \frac{I_C}{\beta} = \frac{1.5}{100} = 15\mu\text{A}$$

$$U_{CE} \approx U_{CC} - I_C(R_C + R_E) = 12 - 1.5 \times (2+2) = 6\text{V}$$

(2) 微变等效电路如下所示。

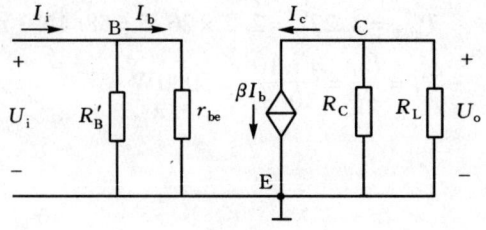

解题 8 图

其中 $R_B' = R_{B1} // R_{B2}$。

(3) $r_i = \frac{\dot{U}}{\dot{I}} = R_{B1} // R_{B2} // r_{be} = 961\Omega$

$r_0 \approx R_C = 2\text{k}\Omega$

$$A_u = \frac{\dot{U}_o}{\dot{U}_i} = -\beta\frac{R_C}{r_{be}} = -57.5 \times \frac{2000}{961} \approx -120$$

(4) 接入负载后

$$A_{uo} = \frac{\dot{U}_o}{\dot{U}_i} = -\beta\frac{R_C // R_L}{r_{be}} = -57.5 \times \frac{2000 // 3000}{961} \approx -72$$

第16章

1. 1mA   2. -12 3. 6   4. $U_+ = U_-$, $i_+ = i_- = 0$;
5. 同相, 反相, 同相, 反相, 差分   6. ∞, ∞, 0
7. **解** $U_o = \frac{-R_X}{1\text{M}\Omega} \times 10 \Rightarrow R_X = -\frac{1\text{M}\Omega}{10}U_o$
8. **解** $u_{o1} = -(10/20)(u_i + 5) = -(u_i+5)/2$
        $u_o = -(20/20)u_{o1} = -u_{o1} = (u_i+5)/2 = 5\text{V}$

第 17 章

1. 串联电压负反馈　　2. 降低　　3. 串联电压负反馈电
4. 串联，电压

第 18 章

1. 122，0.7，173　　2. −24　　3. 24　　4. −15　　5. $0.9U_2$
6. **解**

（1）$U_o = \left(\dfrac{5}{R_3} + I_3\right)R_2 + 5$；$U_o = 10\text{V}$

（2）R_2 可调节输出电压的大小。

第 20 章

1. 异或门　　2. t_1　　3. $Y_1 = A + B$，$Y_2 = A \oplus B$
4. 把某种状态转换成相应的二进制代码
5. 把某种二进制代码转换成某种输出状态

第 21 章

1. 1001　　2. 6　　3. $Q^{n+1} = 1$　　4. 5.1
6. 11　　7. 六
8. **解**

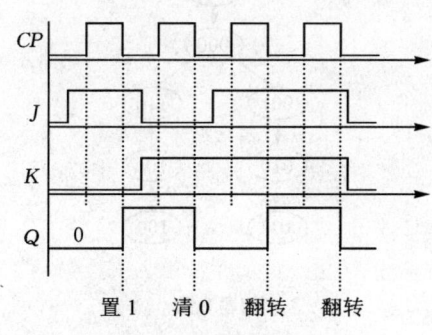

解题 8 图

9. **解**　　（1）各触发器的驱动方程为

$$J_0 = \overline{Q_1 Q_2},\ K_0 = 1\quad J_1 = Q_0,\ K_1 = \overline{\overline{Q_0}\,\overline{Q_2}} = Q_0 + Q_2\quad J_2 = K_2 = 1$$

Q_1、Q_0 在 CP 下降沿时触发，Q_2 在 Q_1 的下降沿时触发

（2）逻辑状态表为：

CP	Q_2	Q_1	Q_0	J_0	K_0	J_1	K_1	J_2	K_2
0	0	0	0	1	1	0	0	1	1
1	0	0	1	1	1	1	1	1	1
2	0	1	0	1	1	0	0	1	1
3	0	1	1	1	1	1	1	1	1
4	1	0	0	1	1	0	1	1	1
5	1	0	1	1	1	1	1	1	1
6	1	1	0	0	1	0	1	1	1
7	0	0	0						

（3）波形图如下：

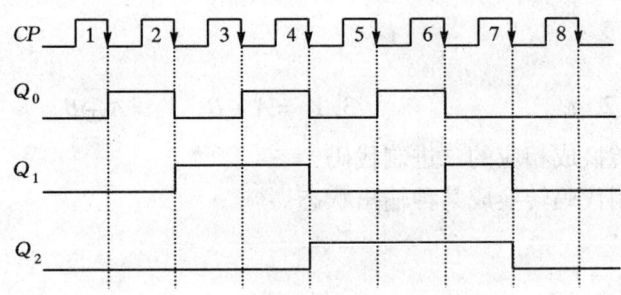

解题 9 图

（4）状态循环如下：

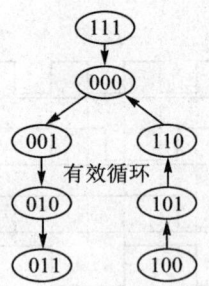

解题 9 图

判断可以自启动，并且是异步七进制加法计数器。